金沙江干热河谷
退化土壤改良及其生态效应

◎ 唐国勇　李晴婉　冯德枫　著

中国农业科学技术出版社

图书在版编目（CIP）数据

金沙江干热河谷退化土壤改良及其生态效应／唐国勇，李晴婉，冯德枫著 . --北京：中国农业科学技术出版社，2023.7
ISBN 978-7-5116-6324-5

Ⅰ.①金… Ⅱ.①唐…②李…③冯… Ⅲ.①金沙江-河谷-土壤退化-土壤改良-研究②金沙江-河谷-土壤退化-土壤生态学-研究 Ⅳ.①S156.91②S154.1

中国国家版本馆 CIP 数据核字（2023）第 114522 号

责任编辑	申　艳
责任校对	王　彦
责任印制	姜义伟　王思文

出 版 者	中国农业科学技术出版社
	北京市中关村南大街 12 号　　邮编：100081
电　　话	(010) 82103898 (编辑室)　　　(010) 82109702 (发行部)
	(010) 82109709 (读者服务部)
网　　址	https://castp.caas.cn
经 销 者	各地新华书店
印 刷 者	北京捷迅佳彩印刷有限公司
开　　本	185 mm×260 mm　1/16
印　　张	14.5
字　　数	335 千字
版　　次	2023 年 7 月第 1 版　2023 年 7 月第 1 次印刷
定　　价	98.00 元

前　言

在我国西南横断山区的高（中）山峡谷地区，存在大量热量高、降水量少的河谷盆地，这些地区气候炎热干旱，被当地人们称为"干坝子""干热坝子""干热河谷"，许多地方甚至将农事缺水的河谷盆地都称为"干热坝子""干热河谷"。当地人们称为"干热河谷"的地区与本书探讨的"干热河谷"不完全相同。1970 年以前，有相关文献将具有稀树草原植被景观的地区称为"干热河谷"。因此，干热河谷实际上交错了气候、植被和社会经济 3 个方面的概念，由此产生的不同性质的问题也交错在一起。干热河谷主要分布于金沙江、红河、澜沧江和怒江中上游地区，这些河流上游和更高海拔地带还分布有同样植被稀少、土壤干旱瘠薄、水土流失严重的干暖河谷和干温河谷等生态脆弱区。另外，在南盘江、北盘江、雅砻江、岷江、龙川江、大渡河等河流的部分地段，也有一定面积的干热河谷分布。干热河谷、干暖河谷和干温河谷共同构成了我国西南几大江河流域高山峡谷区邻水周山地带的最后生态保护屏障，也是我国造林极端困难的地区。干热河谷光照充足、热量丰富、地表水缺乏，大气和土壤干旱严重，自然植被中乔木层发育差，多为灌木草本植物构成的单优植物群落。土壤发育较差，地表板结、石砾含量高、变性土分布面积大，细粒土组成的泥岩坡地降水入渗浅，地面蒸发消耗水分多，土壤水分环境较差，水土流失严重；加之植被稀少，旱季凋落物难以分解，雨季凋落物随地表水流失，导致土壤腐殖质层发育差，土壤保水能力弱。区域内山坡陡峭，地表物质易被搬运且移动快，稍加外部干扰，山坡稳定性即被破坏。因此，干热河谷植被恢复与生态治理，在我国西南几大江河流域，尤其是在长江上游的生态环境保护与治理中占有十分重要的位置。该地区的土壤与植被恢复对于治理整个流域的生态环境、构建国土安全体系、保障国家西部大开发战略的顺利实施和西南水利水电资源的开发利用、改善和促进国与国之间的关系（红河、澜沧江、怒江等属于涉外河流），以及为地方经济社会发展和长江中下游地区的经济社会可持续发展提供生态保护屏障，均具有十分重要的意义。

本书研究重点是金沙江干热河谷土壤生态系统。据相关研究，金沙江干热河谷土壤退化率曾高达 50%，这与干热河谷植被退化严重、气候变化异常、自然灾害频发和人为活动剧烈等密切相关。在干热河谷植被严重或极度退化的地区，土地多数为无植被覆盖的光板地，少数为以黄茅为主、稀疏生长着矮小灌木（如车桑子）的荒山荒坡地。这些地区生态最脆弱、物种最缺乏、土地裸露、土壤极度退化，是干热河谷植被恢复与生态治理的重点地区，也是生态恢复最困难的一种特殊地域类型，非辅以人工手段难以恢复植被。就陆地生态系统而言，其退化的主要原因和特点是植被破坏，进而造成植被赖以生存的土壤条件丧失。而植被恢复是陆地退化生态系统恢复与重建的主要途径，也是陆地退化生态系统恢复的首要内容和主要工作。根据生态系统退化程度和人类社会发展要求，植被恢复可以在人类较为严格的管护措施下，通过现存植被自身的演替和发展得到实现，但严重或极度退化的生态系统是无法在完全自然条件下恢复植被的，必须在一定的人工启动下，通过引入种源、改良土壤、人工培育和控制水土流失等配套技术措施才能达到恢复植被的目的，最终实现生态治理。修复干热河谷退化生境，必须消除地表物理条件的限制，以达到保水、保土、保肥和保种的目的，即必须先期开展退化土壤改良工作。本书研究结果可为干热河谷土壤恢复和生态治理提供科学依据，亦将裨益于干暖河谷、干温河谷或其他类似区域的土壤恢复和生态治理。

全书共分 8 章。第一章主要介绍干热河谷，尤其是金沙江干热河谷的形成原因、空间分布、气候特征、植被及土壤特征等；第二章主要介绍金沙江干热河谷土壤退化类型、分类改良措施及综合改良关键技术；第三章主要介绍金沙江干热河谷土壤氮磷元素的特征、生物调控效应及其影响因素；第四章主要介绍金沙江干热河谷植物根系空间分布特征，植物-土壤系统碳、氮、磷化学计量，人工林植被混交效应机制；第五章主要介绍金沙江干热河谷有机碳分布特征和活性、土壤固碳潜力与稳定性；第六章主要介绍金沙江干热河谷不同区域土壤肥力特征、酶活性及土壤肥力影响因素；第七章以实例说明金沙江干热河谷土壤改良效应与长期生态监测结果；第八章对干热河谷退化土壤改良效应未来研究进行展望。

在任务分工上，唐国勇负责各章的撰写和统稿，李晴婉参与第一章的撰写，冯德枫参与第五章和第八章的撰写。需要特别说明的是，本书是集体智慧的结晶，共有 20 余位科技人员和研究生参加了研究工作。本书的研究成果凝聚了他们许多辛劳和汗水，在此深表感谢。本书部分研究工作依托云南元谋干热河谷生态系统国家定位观测研究站和云南元谋干热河谷荒漠综合治理国家长期科研基地开展。本书的出版受国家自然科学基金"干热河谷燥红土解磷细菌解磷动态及其环境控制因子"（31100462）、"非对称升温对高原喀斯特土壤生化特征的影响"（31670613），以及"云南中北部干热河谷区土壤侵蚀调查监测与评价"（ZD20220145）和"云贵高原自然资源碳汇综合调查与潜力评价"（ZD20220135）等项目经费的支持，在此一并表示感谢。

本书总结了著者 20 余年来在金沙江干热河谷退化土壤改良与生态效益监测方面所做的研究工作，尽管近年来干热河谷退化生态系统修复与生态监测研究取得了一定的进展，但仍有许多未知的科学问题需要去探索和解决。由于著者学识积累和时间有限，书中疏漏之处在所难免，恳请广大读者不吝指正（电子邮箱：tangguoyong1980@ caf. ac. cn）。

著 者

2023 年 1 月于昆明

目　　录

第一章　金沙江干热河谷概述

干热河谷是我国西南横断山区众多江河深切后形成的自然景观，是一种局地特殊的地理景观和气候类型，主要分布于我国西南金沙江、红河、澜沧江、怒江、岷江、大渡河、雅砻江、南盘江、北盘江等江河的河谷。区域内热量丰富，气候炎热少雨，大气和土壤干旱，水土流失严重，生态环境脆弱，旱、虫、火等自然灾害突出。

干热河谷的形成原因有很多，自然环境因素叠加频繁的人为干扰使干热河谷生态脆弱。干热河谷气候是在特殊地貌背景下形成的一种奇特气候，是复杂的地理环境和局部小气候综合作用的结果。当这些地区的水汽凝结会释放大量热量，导致空气湿度降低、空气温度增加。在地形封闭的局部河谷地段，土壤水分受气候干热影响而过度损耗。伴随干热河谷气候的还有另外一种奇特的自然现象——焚风。当暖冷空气从海拔四五千米的高山下沉至河谷地面时，空气温度会急剧升高，使凉爽的空气变得火热而干燥，强大的焚风甚至可造成旱灾和森林火灾。第四纪以来，由于高原隆起和河谷深切，焚风效应逐渐加强，干热河谷气候日趋干热。干热河谷燥热干旱的气候是受远离海洋和高山深谷地形的焚风效应综合影响的结果。

干热河谷植被的自然演化相当缓慢，且滞后于气候演化，而频繁的人类活动破坏植被，加速了植被的演化进程。但近几十年来，干热河谷的河谷平原和缓丘部分由于机械整地、土地大面积灌溉，降水量有所增加，气温有所降低，蒸发量减少，气候已向有利于人类生存和资源利用的良性方向发展。

金沙江蜿蜒于四川、西藏、云南三省区，从青海省玉树藏族自治州到四川省宜宾市，全长约 2 300 km。金沙江干热河谷主要指介于云南省鹤庆县龙开口镇至四川省金阳县对坪镇的金沙江干流及其支流流域河谷地区（通常位于海拔 1 600 m 以下）。金沙江干热河谷位于我国西南大断裂带分布区，由于受大气环流和地理位置、地形因素的影响，该地区形成了特殊的气候和土壤条件，加上人类活动的干扰破坏，这里已成为我国环境质量差、水土流失严重、造林极端困难的地区之一，尤其是干热同季和焚风效应对其生态恢复造成极大困难。金沙江干热河谷是古人类文明的发源地，人类活动历史悠久，这里不仅是区域人口与城镇村落的集中分布区、农业发展的精华之地，也是云南省西北区域交通、能源、通信与物资集散运输中心，已经成为区域社会经济可持续发展的关键地带。金沙江干热河谷所在区域处在长江上游干流，其生态质量不仅关系到本地区的区域生态安全，对整个长江流域的生态环境保护也有重要的意义。如何积极保护、恢复与持续管理干热河谷仍然是一项重要的任务。本章将具体介绍干热河谷的形成、分布、特征，以及金沙江干热河谷的空间分布、气候、植被和土壤等情况，分析当前金沙江干热河谷存在的主要生态环境问题。

1.1 干热河谷及其生态环境

1.1.1 干热河谷概念与形成原因

在我国西南横断山区的高（中）山峡谷地区，存在大量热量较高、降水量极少的河谷盆地，这些地区气候炎热干旱，被当地人们称为"干坝子""干热坝子""干热河谷"，许多地方甚至将凡是农事缺水的河谷盆地都称为"干热坝子""干热河谷"。但是，当地人们称为"干热河谷"的地区与本书探讨的干热河谷不完全相同。有研究认为，干热河谷是指存在于我国西南横断山区气候干旱炎热的高（中）山峡谷地区，这些地方普遍存在热量较高、降水量极少的河谷盆地（张荣祖，1992；李昆，2007）。实际上，干热河谷交错了气候、植被和社会经济3个方面的概念，由此产生的不同性质的问题也交错在一起。过去，对干热河谷的认识仅仅是一种相对的概念，没有明确的定义。通过多年研究，目前干热河谷已经不是一个单纯对西南河谷地区干热环境的称谓了，而是被赋予了明确的气候指标，特指在这种气候环境下所形成的具有独特植被景观和土壤类型的地区，是西南几大江河流域炎热干旱河谷这一特殊生境的代名词。干热河谷所谓的"干热"，指的是水分条件与热量条件的配合，"河谷"指的是地形地貌因素（李昆，2007）。

全球干旱环境分布很广，一般分为干旱区、半干旱区和局部干旱区三大类。局部干旱区通常出现于盆地或山区谷地，西南干热河谷就属此类型。关于干热河谷的形成原因，国内普遍的看法是"主要由于焚风效应"，国外学者则主张"主要由于局地环流"（张荣祖，1992）。在国内，多年来人们都认为形成干热河谷气候的主要原因是河谷两侧（特别是西南侧和西侧）高山山脉的屏障阻挡了来自海洋的暖湿气流，使暖湿气流在迎风坡面降落水分，越山脊线后下沉增温，加上河谷底部接受辐射后散热差，在谷底形成干热气候。从地质历史的变迁来看，自第四纪更新世晚期以来，随着青藏高原海拔上升的加速，云南高原海拔逐渐抬升至2 400 m左右，最高的地区超过4 000 m，而金沙江等河流沿大断裂带深刻切割，使河谷谷底海拔降至1 000 m左右，形成北、西、南三面为高山叠嶂阻挡的深陷封闭河谷地形。周边的高山叠嶂，既阻挡了来自四川、西藏南下的寒流，又隔断了西南暖湿气流的长驱直入，于迎风坡面降落雨水而在背风坡出现焚风效应并形成雨影区，产生强劲的干热气流，加上峡谷地貌的封闭性，形成了河谷谷地特殊的干热气候（魏汉功等，1991）。显然，该地区干热环境的形成有其大气环流和地理位置、地形成因的背景，垂直地带性在以热带和南亚热带为基础的自然地带分异中起主要作用，使干热河谷镶嵌于云贵高原热带或亚热带湿润、半湿润背景中，分布于深陷封闭的河谷两岸山坡。有关大气环流的研究表明，在夏季副热带高压带摆动范围内（25°~30°N），北非、西亚出现大面积的荒漠，其毗邻地区出现萨瓦纳植被景观，印度和中南半岛也有大面积的萨瓦纳植被景观。由于青藏高原的存在破坏了副热带高压带，形成青藏低压，使横断山区受到强大而持续的西南季风影响，而没有出现大面积的荒漠、干旱或半干旱草原景观。但是，该地区冬半年高空受南支西风气流控制，近地层受西方大陆干暖气团控制，形成晴朗少云、降水甚少、日照丰富、冬暖显著、四季不分、干湿季分明的气候特点（王宇，1990）。也有研究指出，青藏高原因热力与动力作用而产生的垂直环流系统决定了其外围（含横断山区）区域性降水从东到西呈"多雨—少雨—多雨"的带圈状分布，西南干热河谷区正好位于少雨带圈区（汤懋苍等，1979）。雨量和湿度分布状况也说明，夏季云南高原为湿润中心，东西两侧相对成为干区，冬季有一条明显的狭长干旱带正好位于横断山脉东侧，表明横断山区夏季盛行风受到大尺度地形的显著影响，其山脉东侧处于西南暖湿气流的背风坡和绝热下沉区。地学和植被学的研究也说明，地处内陆并且封闭深陷的河谷地形，既使寒流难以入侵，也阻挡了暖湿气流，使得冬春干暖、夏秋少雨，所分布的植被及其植物种类表现出明显的旱生形态（金振洲等，1995，2000；金振洲，2002；王宇，1990）。

　　通常认为，低纬度高原内陆的地理位置是形成干热河谷特殊气候的前提，而山脉的走向和深陷封闭的河谷地形是促成干热化的主要原因。云南省大部和四川省西南部，下半年受热带海洋气团影响（云南省以昆明市准静止锋的多年平均位置为界，以西地区主要受西南暖湿气流的影响，以东地区则主要受东南暖湿气流的控制），多云雨天气。干热河谷分布区地处我国西南内陆，距海洋较远，暖湿气流经长途跋涉，至该地区时其水汽含量已大为减少，加上高山叠嶂阻拦（区域内横断山脉的走向大体上均垂直于西南季风或东南季风的风向），位于云南高原西部和北部的金沙江等大江大河的局部河谷地段成了少雨区和背风坡气流下沉区。在强烈的焚风效应和以整个高原为尺度的大型山谷风、围绕某个山系的中型山谷风和各个孤立山峰附近的小型山谷风等局地环流周而复始、长期而强烈的影响和作用下，横断山区几大江河流域的局部深切下陷的河谷谷地及其阶地形成了带状连续或间断分布的炎热干旱的特殊气候环境，发育了特殊的土壤类型——燥红土，以及与气候、土壤环境相适应的稀树灌草丛植被类型。张荣祖（1992）认为，地壳上升、河流下切对气候近期（千年、百年）变迁的影响可以忽略不计。不过，地壳上升、河流下切，放到地质历史变迁的长河中，可能就是区域气候变化的主要影响因素之一。更新世晚期以后，受印度板块的进一步推挤，青藏高原上升加速，云南高原逐渐隆起，中部高原海拔上升到2 400 m左右，最高地区上升到4 000 m以上，金沙江、红河、怒江、澜沧江等几大河流沿大断裂带深刻切割，使金沙江干热河谷谷地海拔在1 200 m以下，红河、怒江干热河谷海拔在800 m以下，澜沧江干热河谷海拔在1 000 m以下，几大河流的北、西、南三面为高山峻岭，河谷深陷，地形封闭，气候逐渐变暖变干，耐干热的植物种类逐步占据优势，植被则演替为热带稀树草原类型（周跃，1987；魏汉功等，1991；金振洲，1995）。

　　干热河谷植被形成的生态成因主要是地理位置、地貌地势、大区气候及人为干扰，而大区气候是主要成因或比较直接的成因（金振洲等，2000）。当然，如果局部小环境的土壤和水分条件较好，也存在以乔木树种为主的乔木矮林植被和面积相对较大的稀树灌丛植被。干热河谷的稀树灌丛不是典型的萨瓦纳植被（热带稀树草原），而被认为是"河谷型萨瓦纳植被"（即河谷型热带稀树草原），它有着独特的群落外貌和植物区系组成，是我国西南几大江河河谷热区存在的一类特殊植被类型，是世界植被中萨瓦纳植被的干热河谷残存者，也是我国一类珍稀濒危植被类型（金振洲等，2000）。目前存在的以低禾草植物为主，灌木低矮、稀疏，乔木偶见的植被景观，以及大面积的荒山秃岭，是在现代条件下长期人为活动破坏和严重水土流失的结果（李昆，2007）。

因此，地理位置、大气环流（季风环流）和局地气流、地貌地势等，是形成干热河谷特殊气候的主要原因，而垂直地带性在低纬度以热带或南亚热带为基础的自然地带性分异中起主要作用。季风气候和地处低纬度高原内陆的地理位置、山脉走向和深陷封闭的河谷地形促成了干热化。而近代植物区系和植被的形成与河谷历史变迁中古植物和古植被的演化变迁有关，稀树灌草丛植被就是这种变迁与演变的结果。在这一植被分布格局背景下，由于复杂地形引起的区内地面水热状况分配差异，干热河谷局部地区可能发育有热带或南亚热带性质的森林植被。目前，干热河谷木本植物稀少，主要是由低禾草植物组成的草丛植被，而植被稀少、土壤裸露、冲沟发育、生态严重退化则是人为干扰破坏和水热条件严重失衡双重影响的结果（李昆，2007）。

1.1.2 干热河谷范围与分布

我国西南部的干热河谷主要连续或间断分布在位于 23°00′~27°21′N、98°49′~103°23′E 的金沙江、红河、怒江、澜沧江河谷两侧海拔 1 600 m 以下的地区，总面积约 3.0×10⁴ km²（李彬，2013）。金沙江干热河谷主要分布在云南省鹤庆县龙开口镇和四川省金阳县对坪镇之间，全长约 850 km，河谷底部海拔 700~1 200 m，海拔上限 1 600 m 左右；红河干热河谷主要分布在云南省新平县嘎洒镇和个旧市蔓耗镇之间的干流和几个主要支流河段，全长约 260 km，河谷底部海拔 300~400 m，海拔上限 800 m 左右，在中游的主要支流——六汁江流域两岸也有少量分布，该地区河谷谷底海拔 550~600 m，海拔上限 800 m 左右，全长约 40 km；怒江干热河谷主要分布在云南省六库县和龙陵县勐兴镇之间的主干流河段，全长约 220 km，海拔 1 000 m 以下；澜沧江干热河谷主要分布在云南省南涧县与凤庆县接壤的澜沧江主干流河段两侧山地，全长约 50 km，河谷底部海拔 800~900 m，海拔上限 1 300 m 左右（金振洲等，2000；李昆，2007）。李昆（2007）根据多年的野外调查结果，再结合航空照片，测算出云南省干热河谷的面积为 2.4×10⁴ km²，加上四川和贵州两省干热河谷面积，我国西南地区干热河谷面积约为 3.0×10⁴ km²。

金沙江干热河谷是一个沿江河两岸呈带状、连续或间断分布的狭长区域，相对海拔高差为 400~600 m。虽然海拔 1 600 m 以下的地带都具有干热河谷性质，但上、中、下各段，不同海拔之间的气候条件有明显的差别。例如，金沙江流域干热河谷上段为西北—东南向，下段为西南—东北向，越向两端延伸，纬度越高，热量水平越低，冬、春季温度条件没有中段地区高，受寒流影响的频率更高，辐射霜冻偶尔发生，一般每年都有 1~30 d 的霜冻期。近几十年的人工植被恢复实践表明，海拔 1 600 m 以下地带的气候条件存在较大差异，有些树种只能在海拔 1 350 m 以下地带生长良好，1 350 m 以上地区则成活率低或生长慢、长势差。张信宝等（2003）根据不同海拔地带的热量条件，将金沙江流域元谋盆地干热河谷划分为 3 个垂直气候带：海拔 1 100 m 以下为燥热区，1 100~1 350 为较燥热区，1 350~1 600 m 为干热区。不过，海拔 1 350 m 以下地带的年际热量差异实际并不大，海拔低的凹陷地带在冬、春季凌晨的气温反而更低；而且，该地区金沙江江面最低点海拔已是 960 m，低于 1 100 m 的土地面积相当小，燥热区与较燥热区可以合并为一个类型区，这样更便于用相同的植物种类、栽培模式和技术措施进行人工植被恢复与生态治理。但是，海拔 1 350 m 以下地带与以上地带间的气温，在冬季和早春期间有明显差异，依据该海拔高度将其划分为上、下两个区比较合理，李昆（2007）的研究也证明了这一点。上述从实际工作中逐渐认识到的干热河谷内部生态环境的差异，推动了人们对干热河谷实质的更深层次认知。虽同为干热河谷，但不同地段、不同海拔段之间存在明显的气候差异，尤其应区别对待涉及流域更长的金沙江干热河谷区上、中、下各段，以及海拔 1 350 m 以下和 1 350~1 600 m 的地带（杜寿康，2022）。

1.1.3　干热河谷基本特征

干热河谷气候干热、水分缺乏，导致植物物种多为单优植物群落，抵抗力低、稳定性差，进而造成土壤发育较差、地表板结、石砾含量高、变性土分布面积大，加之地质条件复杂、地形起伏坡度陡峭，最终造成了干热河谷植被覆盖率低、土壤水分环境较差、水土流失强度和面积较大、生态环境恶化、造林效果差等，使得干热河谷成为我国典型的生态脆弱区（王道杰等，2004）。通常，在低纬度高原山地环境下，随海拔的降低，气温升高而降水减少或蒸发增强。但是，在我国西南横断山区有 3 个方面的现象最为特殊和明显：一是河谷低地在热量条件上已达到热带水平，二是在水分条件上已达到干旱程度，三是从山地至河谷短距离内景观从常绿阔叶林或针叶林变迁到稀树灌草丛。干热河谷的特点可简单概括为：气温较高，全年无冬；降雨较少而集中，气候干燥；干湿季明显，干季较长；日照时间长，太阳能有效性高；植被为河谷型萨瓦纳类型。

干热河谷位于低纬度高原季风气候区，年平均气温>20 ℃，最冷月平均气温>14 ℃，极低平均气温≥2 ℃，月平均最高气温出现在 5 月，≥10 ℃年平均积温>7 500 ℃。由此可见，干热河谷热量资源十分丰富，是云南省乃至西南地区热量资源最丰富的地区。例如，红河干热河谷（以元江坝为例）年平均气温 23.7 ℃，最冷月平均气温 16.7 ℃（1 月），≥10 ℃年平均积温>8 709 ℃；怒江干热河谷（以潞江坝为例）年平均气温 21.5 ℃，最冷月平均气温 14.1 ℃（1 月），≥10 ℃年平均积温>7 800 ℃；金沙江干热河谷（以元谋盆地为例）年平均气温 21.8 ℃，最冷月平均气温 14.5 ℃（12 月），≥10 ℃年平均积温>7 996 ℃。同时，元谋盆地气温随着海拔的升高迅速降低，海拔每上升 100 m 年平均气温降低 0.87 ℃，大于通常的 0.65 ℃。河谷盆地或谷地凹陷封闭的地形，冬季因强烈的辐射降温和冷空气下沉，多存在逆温现象，如7:00 左右在攀枝花市近地面存在 300~400 m 的逆温层（马焕成等，2001）。金沙江干热河谷呈"V"形，干热河谷上、下两端在冬季存在不同程度的霜冻现象。此外，从干热河谷的热量条件看，应该属于一年三熟制的农耕区，但由于其干湿季分明，干季持续时间长，雨季较短且降水比较集中，单纯依靠天然降水无疑很难满足一年三熟制。例如，元江坝平均年降水量 600~750 mm，年平均蒸发量达 2 750~3 850 mm，年平均相对湿度 69%，年平均干燥度 1.9；潞江坝平均年降水量 805 mm，年平均蒸发量达2 750.9 mm，年平均相对湿度 70%，年平均干燥度 1.9；元谋盆地平均年降水量

634 mm，年平均蒸发量达 3 847.8 mm，年平均相对湿度 54%，年平均干燥度 2.8（金振洲，2002）。不同流域干热河谷的地理位置、大气环流或局地气流以及地形地貌等方面的差异，使其在水分条件方面各有不同。

地处西南高山峡谷区的干热河谷，主要受到西南季风有规律的进退、高山叠嶂的层层阻挡和焚风效应的影响，形成了干湿季鲜明的特点（钱纪良和林之光，1965），干湿季气候差异显著，干季气温也相当高，全年最高气温出现在 5—6 月，且旱情严重，时间长达半年以上。例如，红河流域的元江坝、怒江流域的潞江坝和金沙江流域的元谋盆地 3 个干热河谷代表地区，多年雨季正式开始时间分别为 5 月 24 日、6 月 1 日和 6 月 3 日。上述三地从 11 月至翌年 5 月的平均气温和相对湿度分别为 21.4 ℃、18.9 ℃、19.8 ℃ 和 65.4%、64.3%、44.6%；累计降水量分别为 249.7 mm（占全年降水量的 31.0%）、205.9 mm（占全年降水量的 33.2%）和 91.6 mm（占全年降水量的 14.5%）；同期蒸发量分别达 1 690.5 mm（占全年蒸发量的 61.5%）、1 281.2 mm（占全年蒸发量的 60.7%）和 2 528.4 mm（占全年蒸发量的 65.7%）；平均干燥度分别达 4.5、4.5 和 16.2。干热河谷在干季的降水量仅占全年总降水量的 15%～33%，同期蒸发量却占全年总蒸发量的 60% 以上，充分反映出干热河谷水热条件的极大不协调性和干湿季节的明显差异性。干热河谷降水量较少，且雨季比较集中，很少有阴雨连绵的天气，使年内各月的太阳辐射量相近，元江坝、潞江坝和元谋盆地的最大太阳月辐射量与最小太阳月辐射量之差分别为 8 087 cal·cm^{-2}、4 303 cal·cm^{-2} 和 5 933 cal·cm^{-2}，不到上述任何一地的月平均太阳辐射量，最大太阳月辐射量出现在每年的 3 月或 4 月，冬春低温期又受焚风和局地干热风的强烈影响，气温并不很低，3 个地方气温年较差分别为 11.2 ℃、12.5 ℃ 和 12.5 ℃，而平均日较差比较大，冬季的日较差可达 20 ℃ 以上，形成该地区气温年较差小而日较差大的特点。因此，干热河谷光照充足，辐射能有效性高，如元江坝、潞江坝和元谋盆地的全年日照时数分别达 2 340.6 h、2 333.7 h 和 2 653.3 h，全年总辐射量分别达 128 354 cal·cm^{-2}、138 449 cal·cm^{-2} 和 52 790 cal·cm^{-2}（李昆，2007）。

干热河谷植被在群落外貌上多数是以低禾草草丛为背景构成大片草地植被，在此基础上散生稀疏乔木和灌木的"稀树灌木草丛"状；群落结构上多数分乔、灌、草 3 层，或灌、草 2 层，明显以草本层为群落优势层；在群落植物种类组成上多数为热带性（或热带起源）耐干旱的种类，有长期适应干热河谷生长的植物群落特征种和植物区系标志种（干热河谷特有种及干热河谷生态适生种）。植被优势种或常见种多数为生态适生种或耐干热种，如黄茅（*Heteropogon contortus*）、孔颖草（*Bothriochlora pertusa*）、车桑子（*Dodonaea viscose*）、余甘子（*Phyllanthus emblica*）、滇榄仁（*Terminalia franchetii*）等。

1.1.4　干热河谷类型

干旱气候区划指标：年干燥度为 1.5～4.0 的属于半干旱类型范畴，包括 3 个亚类型。其中，年干燥度 1.5～2.0、雨季干燥度＜1.0 的为半干旱偏湿类型；年干燥度 2.1～3.4、雨季干燥度 1.0～1.4 的为半干旱类型；年干燥度 3.5～4.0、雨季干燥度 1.5～3.0 的为半干旱偏干类型。根据温度和干旱程度这两种分类指标的实际组合，将金沙江干热河谷划分为半干旱亚类型，红河、怒江、澜沧江干热河谷划分为半干旱偏湿亚类型

（张荣祖，1992）。从 3 个典型地点气象统计资料看（表 1-1），元江坝是热量最高的干热河谷段，而元谋盆地则是最干旱的干热河谷盆地。从地理位置看，元江坝地处 23°36′N、101°59′E，潞江坝地处 24°58′N、98°53′E，元谋盆地地处 25°44′N、101°52′E，从中可以明显地看出纬度对各干热河谷热量和水分条件的显著影响。元江坝因为地理位置偏南，热量和降水量均比位置更为偏北的潞江坝和元谋盆地高；而潞江坝的地理位置偏西，且纬度相对较低，受西南暖湿气流的影响更大，降水较多，气温也比元谋盆地稍低。红河干热河谷与怒江干热河谷属于半干旱偏湿亚类型，金沙江干热河谷则属于半干旱亚类型。从年均降水量、年均蒸发量、年均相对湿度、年均干燥度等气候指标来看，干热河谷的气候在我国干旱气候分类系统中属于半干旱类型。

表 1-1　不同流域干热河谷典型区域气候特征

流域	地点	海拔/m	年平均气温/℃	最冷月平均气温/℃	≥10℃年平均积温/℃	平均年降水量/mm	年平均蒸发量/mm	年平均相对湿度/%	年平均干燥度
红河	元江坝	396	23.7	16.7	8 709	805	2 751	69	1.9
怒江	潞江坝	704	21.5	14.1	7 800	746	2 147	70	1.9
金沙江	元谋盆地	1 120	21.8	14.5	7 996	634	3 848	54	2.8

注：数据来源于云南省气象局 1956—1996 年气象统计资料。

1.2　金沙江干热河谷生态环境

1.2.1　金沙江干热河谷空间分布

干热河谷是我国特有的典型生态脆弱区。金沙江是长江的源头干流，流域内社会经济发展受制于当地生态环境质量，对长江中下游生态安全造成影响（胡建忠，2021）。通常认为，金沙江干热河谷起于云南省丽江市永胜县与大理白族自治州鹤庆县交界地区，向金沙江下游延伸到四川省金阳县与云南省巧家县毗邻的干、支流流域河谷，海拔一般在 1 600 m 以下，全长约 850 km，面积约 3.0×10⁴ km²（黄成敏等，2001；李昆，2007）。

元谋干热河谷地处云南高原北部边缘，是金沙江干热河谷的典型区域，在金沙江一级支流龙川江下游，面积宽广。地理坐标为 25°25′~26°07′N，101°35′~102°15′E，东倚云南省武定县，南接禄丰县，西邻大姚县，西南与牟定县接壤，西北与永仁县毗连，北接四川省会理县。县城距云南省省会昆明市 189 km，距楚雄彝族自治州首州府楚雄市 134 km，距四川省攀枝花市 143 km。

1.2.2　金沙江干热河谷气候特征

由于特殊的地理位置和河谷深切及两旁高山叠嶂、高低悬殊，形成了水热条件垂直分异十分明显的干热河谷气候。从河谷至山顶依次出现了北热带性质的干热河谷（山地下部)、中亚热带性质的干暖河谷（山地中部）、北亚热带—暖温带性质的干温河谷（山地上部）、山地暖温带—中温带（山顶地区）等垂直气候带。

金沙江干热河谷呈"V"形，干热河谷上、中、下段气候略有差异，尤其是干燥度（表1-2）。从干热河谷上段至下段，年平均气温增加。平均年降水量以金沙江中段最小，但年平均蒸发量最大，因而中段年平均干燥度最大。笔者认为，由于全球变暖的影响，加之水电站蓄水和农林业开发强度的提高，金沙江干热河谷的海拔上限可划分至1 650 m，尤其是中段和下段。

表1-2　金沙江干热河谷不同区段气候特征

区段	年平均气温/℃	平均年降水量/mm	年平均蒸发量/mm	年平均干燥度	海拔/m
上段（宾川）	19.4	775.0	1 557	2.0	1 200~1 600
中段（元谋）	21.8	634.0	3 911	6.4	900~1 650
下段（东川）	22.5	823.0	1 997	2.4	800~1 650

注：数据来源于云南省气象局1956—1996年气象统计资料。

以金沙江干热河谷中段元谋盆地为例，元谋干热河谷为低纬度高原季风气候，年平均气温21.8 ℃，最冷月平均气温14.5 ℃（12月），极低平均气温-0.8 ℃，最热月平均气温27.1 ℃（5月），极高平均气温42.0 ℃，≥10 ℃年平均积温8 003 ℃，年平均日照时数2 670 h，无霜期350~365 d。该地区干湿季分明，平均年降水量634.0 mm，其中雨季降水量为583.8 mm（5—10月），占全年总降水量的92%左右，最大日降水量44.3 mm，最大月降水量168.8 mm（6月），最小月降水量2.9 mm（3月）；年平均蒸发量3 911.2 mm，为降水量的6.4倍；年平均相对湿度53%，水热系数0.6~1.8。该地区是具有北热带热量条件、干燥度达半干旱气候标准的特殊地区。这一地区干旱少雨，气候炎热干燥，光照充足，无四季之分，干湿季明显，全年基本无霜，有"天然温室"之称。

1.2.3　金沙江干热河谷植被特征

植物种类组成及分布决定了其所构成的植被类型的性质，植被类型除构成特殊的植物区系外，其生态结构和外貌景观也能反映当地的自然气候条件和历史条件。在群落外貌上，干热河谷植被多数为"稀树灌草丛"状，即以低草的禾草为背景构成的大片草地植被，在草丛上散生稀疏的乔木（以高2~5 m为主）和灌木（以高0.5~2 m为主），在人为活动干扰下形成"稀树草丛""稀灌草丛""草丛"等外貌状态；少数为含禾草草丛和灌木的"稀树林"（乔木层盖度在30%以上）、含禾草草丛的"稀灌丛"（灌木层盖度在30%以上）和以肉质多浆植物为主的"肉质多刺灌丛"；而"密林"和"密灌"只在局部偏湿地域出现。在群落结构上，多数含乔、灌、草3层，或者灌、草2层，各层常见的层盖度分别为5%~20%、5%~20%、60%~90%，或者5%~20%、60%~90%，明显以草本层为群落的优势层。在此基础上，因人为干扰而常有不同的层盖度变化，但上小下大的特征不变。少数"稀树林"或"稀灌丛"群落，其层盖度常上大、中小、下大，或上大、下大，草本层也常为优势层，但在外貌上已不显著。在群落植物种类组成上，种类独特而多样，多数为热带性（或热带起源）耐干旱的种类，或耐干热种，草丛的优势种有黄茅（*Heteropogon contortus*）、孔颖草（*Bothriochloa pertusa*）、双花草（*Dichanthium annulatum*）等，稀疏乔灌木包括红河干热河谷的豆腐果（*Buchanania latifolia*）、厚皮树（*Lannea coromandelica*）、三叶漆（*Terminthia paniculata*）、红花柴（*Indigofera pulchella*），怒江干热河谷的木棉（*Bombax ceiba*）、诃子（*Terminalia chebula*）、薄叶榄仁（*Terminalia franchetii* var. *membranifolia*）、滇刺枣（*Ziziphus mauritiana*），金沙江干热河谷的滇榄仁、车桑子、黄荆（*Vitex negundo*）、石山羊蹄甲（*Bauhinia esquirolii*），澜沧江干热河谷的云南黄杞（*Engelhardtia spicata*）、偏叶榕（*Ficus semicordata*）、虾子花（*Woodfordia fruticosa*）、刺蒴麻（*Triumfetta rhomboides*）等（金振洲等，2000）。上述群落的优势种都具有阳性、耐旱、耐火烧、耐土壤瘠薄的特征。稀树灌木草丛植被外貌特征近似于稀树草原，通常结构稳定。在干热河谷或河谷盆地的多数地段上，植被发育主要层次为草本层，茂密均匀，大面积伸展，灌木呈丛状不均匀分布，乔木稀疏，有些地段甚至是偶见生长；在沟谷谷地及阴坡下部、半阴坡等水肥条件好的局部地区，有一定的稀树灌木丛植被分布（周跃，1987）。目前，区域内植被组成以禾本科草本植物为主，多数地段基本为低草草本群落，木本植物稀少；而多数地段缺乏植被、土壤裸露等地表景观的发生发展，则明显是受人为干扰破坏和水热条件严重失调的双重影响，是植被逆向演替、生态退化的结果。在元谋干热河谷，除个别水湿条件较好的沟谷、人为活动少的偏远山区的阴坡山地，目前尚遗存少量高大乔木外，大面积的自然植被呈现出稀树草原景观，群落外貌以黄茅等禾草低草丛为背景，稀少生长低矮的乔木和灌木树种，具有相似于非洲和中南半岛的萨瓦纳植被景观，一般被称为稀树灌草丛，也被称为"河谷型萨瓦纳植被"。本区只有1个群目，即"车桑子-黄茅群目"，它是金沙江干热河谷植被的共同特征，而元谋干热河谷只有1个群属，即"灰叶-黄茅群属"，代表本区河谷型萨瓦纳或稀树灌草丛类型，反映本区河谷植被的特征（金振洲等，2000）。

1.2.4 金沙江干热河谷土壤状况

元谋干热河谷被称为"飞地""天然温室"，无四季而干湿季分明，旱季和高温期较长，全年92%的降水发生在雨季，此时盆地气候高温高湿，在雨养农业耕作制度下极有利于一年一熟的山地利用。因此，在山坡中、下部较平缓地带的农业用地面积增长很快。同时，也由于土壤很快贫瘠化，大面积的土地耕作几年后被弃耕。元谋县的水土流失非常严重。其中，微度侵蚀面积占全县总面积的26.0%，轻度侵蚀占41.6%，中度侵蚀占23.5%，强度侵蚀占8.9%。境内强度侵蚀几乎全部分布于海拔1 350 m以下的盆周低山干热河谷，中度侵蚀也几乎全部发生在海拔1 100~1 600 m的干热河谷山地（李昆，2007）。盆周低山区由于水土流失严重，地表冲沟发育、地形破碎、千沟万壑，在强烈水土流失后留下大量的"土林"，成为干热河谷水土流失后形成的一大自然景观。土壤退化是该地区生态环境退化最主要的表现之一，盆周低山区的土壤退化主要表现为表土冲蚀、土层变薄、肥力下降。燥红土虽为本区内地带性土壤，但在许多地方表层燥红土已被冲蚀殆尽，裸露出了大面积的变性土。变性土中直径>2 μm 的黏粒含量达 65%，粗孔隙（>0.02 mm）含量高是裂隙增多的主要原因，膨胀系数达 0.34，比变性土规定的下限指标（0.06）高出近 5 倍。变性土有机质含量 15~62 g·kg⁻¹，全氮、全磷、全钾含量分别为 0.38~0.44 g·kg⁻¹、0.17~0.23 g·kg⁻¹、23.7~26.0 g·kg⁻¹；碱解氮含量 1.5 mg·kg⁻¹，有效磷仅为痕迹水平，速效钾为 16~23 mg·kg⁻¹，最大吸湿系数达 12.0%（燥红土 6.25%），凋萎系数 18.0%（燥红土 9.38%）。变性土养分含量低、膨胀性大、凋萎系数高，这说明它是一种难以利用的土壤类型，雨季膨胀、黏性极高，旱季龟裂，造成植物根系断裂。此外，金沙江干热河谷的沙质荒漠化现象也十分明显。海拔 1 350 m 以下的干热河谷，其沙质荒漠化面积已达 5 000 hm²。张建平等（2001）将元谋干热河谷土地荒漠化过程简单地总结为脆弱生态环境+不合理的社会经济活动→植被破坏→生态环境恶化→水土流失严重→土壤退化、生产力下降→土地荒漠化发生发展。

第二章　金沙江干热河谷土壤
退化类型与改良

干热河谷是我国西南地区的一种特殊生态类型，主要分布于金沙江、红河、怒江和澜沧江等流域，连续或间断分布于河谷两侧海拔 1 650 m 以下地带，总面积约为 3.0× 10^4 km²。金沙江流域地势陡峭，山地面积占流域总面积的 86%。气候炎热、降雨集中，植被覆盖率最低时不足 5%，使该区域土壤物理化学性状恶化，土壤具有板结、黏性、酸性、缺磷和贫有机质等特点，土壤流失严重。金沙江干热河谷土壤类型以燥红土为主，土层薄，含有大量砾石，保水性差，养分缺乏。位于金沙江一级支流龙川江下游的元谋县，地处云南高原中北部，横断山区的东部，是干热河谷的典型代表。该地区光热资源丰富，是我国宝贵的热区资源之一，但由于降水量少、蒸发量大，水热矛盾突出，生态环境脆弱，抗外界干扰能力弱，自身稳定性差；且植被破坏严重，土壤退化呈发展趋势，导致水土流失，加速了土壤退化，甚至形成了土柱和土林等强侵蚀景观（张建平等，2001）。为修复金沙江干热河谷的退化土壤，研究者们提出了不同的解决方案，其中植被恢复是最有利且有效的方法。20 世纪 80 年代以后，在干热河谷相继引进了众多生态适应性强的优良树种，并营造了各种类型的人工植被，为区域植被恢复提供了充足的具有高抗性、高适应性的植物资源，成功营造了大面积人工植被，使干热河谷生态恢复得到了较大发展。目前，新银合欢（*Leucaena leucocephala*）、苏门答腊金合欢（*Acacia glauca*）、印楝（*Azadirachta indica*）、桉属（*Eucalyptus* spp.）和相思类（*Acacia* spp.）等树种的引进营造，在改善区域小气候、控制水土流失、改良土壤等方面均发挥了较大的生态效益。混交林能有效改善群落的结构，具有较强的抗逆性，是提高人工林生产力、改善生态环境的重要营林技术措施，特别是选择具有固氮能力的树种作为伴生树种与目的树种混交能切实有效地提高土壤肥力，促进目的树种快速生长（沈国舫等，1997；Tang 等，2013）。为了进一步探索引进树种在金沙江干热河谷的生长特性，科研人员对该地区新银合欢、苏门答腊金合欢、印楝、桉树和大叶相思等引进树种人工林以及不同树种配置的混交林开展试验，并进行长期的调查与监测。长期以来，干热河谷部分人工林生长缓慢，为解决这一问题，已开展了大量的研究和实践。例如，为了促进印楝生长，将具有固氮能力的大叶相思与之混交造林，然而印楝的生长状况明显不如辅佐树种大叶相思（Tang 等，2013，2014）。另外，干热河谷植被恢复方面的研究和试验主要集中在树种引进以及抗旱、抗高温等生理学方面的研究（李昆等，1999；李昆，2007）。

2.1 金沙江干热河谷土壤退化类型与特征

2.1.1 金沙江干热河谷土壤类型

横断山区各地热量条件不同，致使干热河谷类型不一。土壤是成土因素综合作用下产生的特殊的历史自然体。土壤剖面是土壤的基本形态特征，它是成土过程和土壤内在性质的外在反映。通过观察和研究土壤剖面，可以了解成土因素的影响、肥力特性和土壤物质运动等特点。同时，土壤剖面的完整性直接反映土壤退化状况。干热河谷土壤类型以燥红土为主，伴有褐红壤、紫色土和赤红壤等典型的干热气候特征土壤，这些土壤抗蒸发能力弱。另外还有燥褐土、石灰性褐土和淋溶褐土等土壤类型，这些土壤类型受侵蚀情况都比较严重。研究表明，在蒸发 75 h 后，各类燥红土的失水比（蒸发量与有效水储量之比）皆大于 1，表明有效水储量（174.2～285.0 g·kg^{-1}）已经耗尽；蒸发300 h 后，土壤失水比达 1.36～1.53，表明在经历一定的旱季后，土壤干旱相当严重（张建辉，2002）。作为干热河谷地带性土壤的燥红土，其中性偏碱的土地面积较大，在自然土壤中占 60.4%，在耕作土壤中占 79.9%。而且燥红土土壤贫瘠，养分缺乏，有机质、全氮、全磷的平均含量仅分别为 0.420%、0.034%、0.016%。全氮含量处于缺和极缺的面积占 51.4%，磷含量处于缺和极缺的面积占 81.8%，表现为土壤氮、磷元素严重不足（唐国勇等，2012）。另外，干热河谷土壤黏重、板结，渗透性差，土壤膨胀收缩强烈，干旱时土壤易开裂，退化的变性燥红土尤其严重。土壤发育较差，地表板结，石砾含量高，变性土分布面积大（黄成敏等，1995），细粒土组成的泥岩坡地降水入渗浅，地面蒸发消耗水分多，土壤水分环境较差（杨忠等，2003），水土流失严重；加之植被稀少，干季凋落物难以分解，雨季凋落物随地表水流失，使土壤腐殖质层发育差，土壤保水性能弱；而且山坡陡峭，地表物质易被搬运且移动快，只需中等程度的外部干扰，山坡的稳定性即遭破坏。元谋干热河谷，尤其是在海拔 1 350 m 以下地带，土壤类型主要为燥红土；而在海拔 1 350～1 650 m 地带，燥红土和红壤大约各占一半，阴坡山地基本为红壤，阳坡或人为干扰频繁、水土流失严重的山地多为燥红土。此外，还有小面积的紫色土镶嵌分布于上述 2 类土壤中，水稻土分布于河谷平坝区（黄成敏等，1995；李昆，2007）。

2.1.2 金沙江干热河谷土壤退化特征

土壤退化是众多因素相互作用的结果，而且存在明显的分阶段退化过程。土壤退化可能呈现诸多退化特征，而某类退化特征也可能存在于不同退化类型的土壤中（何毓蓉等，1997）。就金沙江干热河谷而言，土壤退化主要呈现以下特征。

土壤干旱化：金沙江干热河谷气候干热，降水量小，年均温高，蒸发量大，干燥度大，干湿季明显且雨季也存在长时间的干旱。旱季降水量仅占全年的 7%，时间跨度6～7 个月。退化土壤的含水量在旱季经常处于凋萎湿度以下，而同期土壤温度却远超过活动温度，土壤水热矛盾较突出。土壤干旱化是干热河谷退化土壤普遍和共性的特征。近年来，由于机械整地和灌溉设施的应用和普及，干热河谷农林生产进入高耗水阶段，土壤地表水和浅层地下水消耗量极大，加剧了该地区的土壤干旱化。

土壤板结：疏松表层土壤被冲刷，侵蚀后出露紧实的下层土壤。降雨溅蚀和冲刷破坏土壤结构，使土粒分散填充土壤孔隙而导致土壤板结。粉砂质母质发育的土壤或受侵蚀细土粒被冲蚀的退化土壤，其颗粒组成中普遍富含细砂和粉砂，易被分散而沉实，导致板结。据典型区调查，约有80%的样点表层土壤容重超过 $1.55\ g \cdot cm^{-3}$，土壤硬度大于 $25\ kg \cdot cm^{-2}$，土壤板结明显（何毓蓉等，1997）。

土壤瘠薄化：干热河谷降雨集中且多为暴雨，土壤侵蚀强烈，表层土壤流失较为普遍。加之土壤板结，退化土壤入渗率低，因而与同样坡度、覆盖、利用等条件下的未退化土壤相比，土壤发生径流的强度也较大。细砂和粉砂都是易被水分散悬移的土粒成分，这是土壤侵蚀导致土壤瘠薄化的重要内因。据典型区调查，约有25%的土壤缺乏腐殖质层，紧实板结的心土层或母质层裸露（何毓蓉等，1997）。

障碍层高位：土壤剖面中凡是能够阻碍水分、养分正常运移和妨碍植物根系生长的土层称为障碍层，例如黏磐层、铁磐层、砂姜层、砾石层、盐碱层等。该区主要为第四纪早更新世元谋组半胶结河湖相沉积物母质，母质层中夹有姜石层、铁质硬板层等。因侵蚀作用这类原本埋于土层较深的层次距地表越来越近。这些层次物理性状不良，影响根系发育和水分运行，属土壤肥力的障碍层次。典型区障碍层深度<30 cm 的约占该区面积的1/5，障碍层有高位化发展趋势（何毓蓉等，1997）。

土壤石质化：砾石土沉积物是金沙江干热河谷成土母质之一，主要分布在河谷 II 级、III 级阶地。砾石和土无序混合堆积，砾石无分选性，大小不均，磨圆度不好。一般砾石直径 5~30 cm，砾石含量 60%~80%（容积比），土呈填充状，土质以砂土或壤土为主。砾石土中孔隙较丰富，一般其下阶地基座透水性弱，砾石土层常有贮水量较高的特点，在干热气候下有利于抗旱。因此，在砾石土层上发育的土壤，植被生长状况较好。但是，砾石土层及其发育的土壤由于砾石含量过多，且砾石层在剖面中出现部位高（深度<60 cm），即成为影响植物生长的障碍层，肥力降低。一旦砾石土层中的土壤流失严重，就会呈现石质化退化现象，所以这类土壤常出现"小老树"生长现象。

土壤粗骨化：细砂土层和砾石土层发育的土壤遭受水土流失后，土壤石砾和粗砂含量高，土壤中粗骨碎屑物等岩屑体较多，结构性和保水保肥能力差、土壤矿质养分不足，通常表土层以下即是风化和半风化的母质层。

土壤胶结化：在上新世至早更新世的巨厚河湖相沉积层中，细砂土层出露较零星，厚度也不均匀。土色为红棕色、浊棕色，质地为均质细砂土，被胶结成半成岩，局部地区土壤遭受强烈侵蚀后，形成光板地。

土壤变性化：干热河谷土壤变性化是指土壤黏粒含量过高，且以膨胀性黏土矿物（如蒙脱石）为主，土壤膨胀收缩强烈，土壤物理性状极为不良，造成土壤肥力和生产性极差的一类土壤退化现象。在金沙江干热河谷，强烈的侵蚀作用使黏土层和亚黏土层出露地表，造成此类退化土壤分布面积较大，对当地生态环境和农业生产有重大的负面影响。此外，全垦导致底土层出露，也会使土壤变性化。随认识的加深，干热河谷土壤变性化及其表观旱季裂隙特征已经纳入林业行业标准《西南干热干旱河谷生态系统定位观测指标体系》（LY/T 2255—2014）的野外观测范畴。

土壤有机质和养分贫瘠：土壤养分是土壤肥力的重要内容，是反映土壤结构性、营养性、生物性的综合指标，通常以表层土壤有机质、养分的数量和质量来鉴别土壤退化程度。燥红土、变性土等主要土壤的养分储量变幅：全氮 $0.29 \sim 0.60$ g·kg^{-1}、全磷 $0.08 \sim 0.30$ g·kg^{-1}、全钾 $11.8 \sim 26.0$ g·kg^{-1}、碱解氮 $1.5 \sim 32.0$ mg·kg^{-1}、有效磷未检出、速效钾 $16.0 \sim 23.0$ mg·kg^{-1}。按照土壤养分分级标准，全量及碱解氮、有效磷都属缺乏，钾则较丰富（何毓蓉等，1997）。土壤有机质和养分贫瘠是干热河谷退化土壤普遍和共性的特征。通常判断干热河谷土壤退化的先决条件就是退化土壤需呈现干旱化和贫营养化等特征。

2.1.3 金沙江干热河谷土壤退化类型及其成因

干热河谷由于土层瘠薄，立地条件恶劣，水源涵养功能退化严重，植物生长繁育受到严重限制。因此，土壤水源涵养功能是干热河谷植被恢复的焦点，也是评价该地区植被恢复的重要指标。地形通过改变气候环境，导致光照、温度、风速、降水量、土壤含水量等环境因子的空间差异，进而对植被类型和土壤性状产生重要影响（徐长林，2016；杜寿康等，2022）。干热河谷具有丰富的微地形，这导致土壤含水量、土壤结构等发生变化，进而引起土壤理化性质的改变。干热河谷土壤水分是影响土壤养分转化、植被生长、群落空间分布格局的主要因素。

土壤退化受到多种因素的影响，如土壤母质。金沙江干热河谷土壤母质有10多类，主要有古红土层、粉砂质层、黏土层、细砂母质层等。这些母质具有坚硬紧实，较难风化成土，分布不均，岩性松散，冲刷严重，养分淋溶，易蚀、易旱，碱化严重等特性。此外，土壤侵蚀引起土壤退化的类型不同，在不同土壤侵蚀作用下，由轻度到极强度，土壤退化类型增多，由土壤性状反映的退化程度加重（何毓蓉等，1997）。

根据干热河谷土壤主要退化特征，可将土壤退化分成土壤变性退化和土壤结构性退化两大类（表2-1）。其中，土壤变性退化又可分为近中性变性退化和碱性变性退化两个亚类；土壤结构性退化可分为胶结退化、瘠薄退化、石质退化、板结退化、粗骨退化、障碍层高位退化和其他退化等。土壤退化需呈现明显的退化特征和具有明确的定量指标界定。定量指标包括土层厚度、土壤机械组成、石砾含量、硬度、线胀系数、pH值、容重、有机质、养分含量、水分有效性等（何毓蓉等，1997）。其中所有退化类型都包含干旱化、贫有机质化、贫养分化等基本退化特征。

表 2-1 金沙江干热河谷土壤退化类型及划分指标

退化类型	亚类型	基本退化特征	表层土壤属性指标	土壤类型	成土母质
变性 退化	近中性变性 退化	变性化、 黏重化	黏粒含量≥30%、线胀系数> 0.05、pH值>7.0	变性土、 变性燥红土	亚黏土沉积物
	碱性变性 退化	变性化、盐碱 化、黏重化	黏粒含量≥30%、线胀系数> 0.12、pH值>7.5	变性土	黏土沉积物

退化类型	亚类型	基本退化特征	表层土壤属性指标	土壤类型	成土母质
结构性退化	胶结退化	胶结化	全土层厚度<5 cm且土壤容重>1.75 g·cm⁻³或全土层厚度<30 cm且土壤容重<1.70 g·cm⁻³	新成土、薄层土	细砂质沉积物
	瘠薄退化	瘠薄化	表土层<10 cm或全土层深度<30 cm，但未达到胶结退化的标准	新成土、粗骨土、紫色土	古红土、粉砂质沉积物、细砂质沉积物
	板结退化	板结化、胶结化、瘠薄化	表土层土壤硬度>30 kg·cm⁻²，土壤容重>1.60 g·cm⁻³	新成土、薄层土、粗骨土	粉砂质沉积物、细砂质沉积物
	石质退化	石质化、粗骨化	>5 mm石砾和石块含量>50%（容积比）	新成土、石质燥红土	砾石沉积物
	粗骨退化	粗骨化、砂化	≥2 mm石砾含量>35%（容积比）或<2 mm粒径中≥0.02 mm土粒含量>60%（质量百分比）、表土层厚度>10 cm，但未达到石质退化标准	新成土、粗骨土、紫色土	古红土、细砂质沉积物、砾石沉积物
	障碍层高位退化	障碍层高位化	卵石层、砂姜层、铁盘层等障碍层埋深度<30 cm	燥红土	古红土、细砂质沉积物、砾石沉积物
	其他退化	其他	其他	—	—

注：干热河谷退化土壤的退化特征除表格中"基本退化特征"栏内显示的外，均包含干旱化、贫有机质化、贫养分化等特征；干热河谷退化土壤的属性指标除表中"表层土壤属性指标"栏内显示的外，均包含年内土壤水分吸力>10×10⁵ Pa的月份数超过6个月、土壤有机质含量<1.0 g·kg⁻¹、旱季土壤有效磷含量<5 mg·kg⁻¹等指标。

2.2　金沙江干热河谷退化土壤分类改良技术

2.2.1　金沙江干热河谷植被恢复探讨

生态恢复是针对人类不合理开发利用自然资源而引发的生态系统退化所采取的帮助生态整体恢复和管理的过程。生态恢复的目标是生态系统自身可持续的恢复，但这个目标时间尺度太大，加上生态系统是开放的，可能会导致恢复后的系统状态与原状态不同。而且，因为不同的社会、经济、文化与生活的需要，人们往往会对不同的退化生态系统制定不同水平的恢复目标。有研究者提出了一个基本恢复目标或要求，主要包括：①生态系统的地表基底（地质地貌）是生态系统发育与存在的载体，基底不稳定（如滑坡），就不可能保证生态系统的持续演替与发展；②恢复植被和土壤，保证一定的植被覆盖率和土壤肥力；③增加生物种类组成和生物多样性；④实现生物群落的恢复，提高生态系统的生产力和自我维持能力；⑤减少或控制环境污染；⑥实现视觉和美学享受。恢复退化生态系统的最终目标是恢复并维持生态系统的服务功能（任海等，2002）。森林是陆地生态系统的主体，森林植被的破坏是陆地生态系统退化的主要原因，恢复退化的生态系统首先就是要恢复植被。

随着干热河谷不断的引种筛选及其造林效果的逐步显现，人们发现原产于澳大利亚，后在我国华南地区大量引种造林的部分金合欢属和桉属树种，在金沙江干热河谷生长得比较好，同时可为当地群众提供数量可观的农用小径材和薪炭材，成为该地区植被恢复的重要树种。虽然我国部分地区和澳大利亚在气候、土壤、植被方面有一定的相似性，但热量条件、降水类型以及寒潮等因素决定了澳大利亚树种只能引种到我国的热带和亚热带地区。澳大利亚第三纪以前的植被史带有明显的古冈瓦纳植物群的烙印，此后气候干旱化及低肥力土壤（如中新世红土）大量形成，促进了植物的迅速分化。桉属树种的分化与低肥力土壤发育有关，而相思类树种的分化与干旱气候和干旱土壤的发育有关（王豁然等，1994）。我国西南干热河谷植物区系起源于古地中海沿岸，特别是起源于古南大陆。第四纪以来的长期地质演化过程，使该地区气候变干变热，形成了干热气候，并发育了相应的燥红土类型。这种相似性使澳大利亚的许多桉属树种和相思类（金合欢属）树种在干热河谷引种成功。大量试验示范林的建立及实地造林试验，为后续的深入研究奠定了基础。余丽云等（1997）根据不同树种在元谋干热河谷的高生长和保存率，经过方差分析，认为在引种造林的赤桉（Eucalyptus camaldulensis）、柠檬桉（E. citriodora）、大叶相思（Acacia auriculiformis）、马占相思（A. mangium）、绢毛相思（A. holosericea）、薄荚相思（A. leptocarpa）、肯氏相思（A. cunninghamia）、纹荚相思（A. aulacocarpa）、黑荆树（A. mearnsii）、新银合欢（Leucaena leucocephala）、刺槐（Robinia Pseudoacacia）、滇刺枣、木豆（Cajanus cajan）、大翼豆（Macroptilium atropurpureum）树种中，赤桉、大叶相思、马占相思3个树种是金沙江干热河谷的最优选造林树种。高洁等（1997a，b）以实地栽培的薄荚相思、大叶相思、马占相思、绢毛相思、肯氏相思、纹荚相思、赤桉、柠檬桉、新银合欢、刺槐、铁刀木（Senna Siamea）、木豆、滇刺枣、车桑子、大翼豆树（草）种为研究对象，在3—4月和8—10月，测定其叶片的保水力、相对含水量、质膜相对透性、超氧化物歧化酶活性、植物水势、自由（束缚）水、恒重时间、自然饱和亏、蒸腾速率9个耐旱性生理指标，并通过主分量分析法进行评价，认为保水力、相对含水量、质膜相对透性、超氧化物歧化酶活性是决定上述树种耐旱性的主导因子，而各树种耐旱性强弱排序：薄荚相思>大叶相思>肯氏相思>马占相思>柠檬桉>绢毛相思>纹荚相思>新银合欢>大翼豆>赤桉>木豆>车桑子>铁刀木>滇刺枣>刺槐。高洁等（1996）在5—8月对攀枝花干热河谷实地栽培的台湾相思（A. confusa Merr.）、大叶相思、新银合欢、攀枝花苏铁（Cycas panzhihuaensis）、顶果木（Acrocarpus fraxinifolius）、小桐子（Jatropha curcas）、云南石梓（Gmelina arborea）、象牙杧果（Mangifera indica cv. Xiangya）、三年杧果（M. indica cv. Sannian）、木豆、大叶桉（E. Robusta Smith）、蓝桉（E. globulus）、非洲桃花心木（Khaya senegalensis）和木棉（Bombox malabarica）14个树种进行了耐旱性排序，结果认为：台湾相思>大叶相思>新银合欢>攀枝花苏铁>顶果木>小桐子>云南石梓>象牙杧果>三年杧果>木豆>大叶桉>非洲桃花心木>蓝桉>木棉。李昆等（1999）对大叶相思、绢毛相思、台湾相思、珍珠相思（*A. podalyriifolia*）、马占相思、赤桉、泰国赤桉、柠檬桉、尾叶桉（*E. urophylla* S. T. Blake）、大叶桉、苏门答腊金合欢、新银合欢、木豆、白灰毛豆（*Tephrosia candida* DC.）、铁刀木、滇刺枣和车桑子17个实地栽培树种的研究表明，大叶桉、马占相思造林死亡率高，旱季叶片温度较其他树种高，树皮开裂并流出胶脂状物；铁刀木成活率高，但植株严重矮化，且由常绿树种变成了旱季落叶树种。在干季的3—5月，滇刺枣、新银合欢和苏门答腊金合欢呈基本落叶或大部分落叶的特点；大叶相思、绢毛相思、台湾相思、马占相思、木豆、白灰毛豆和车桑子则表现出叶片易萎蔫、部分或较多落叶、蒸腾强度相对较小的特点；赤桉、泰国赤桉、柠檬桉、尾叶桉、大叶桉和珍珠相思则表现出基本无落叶、叶片无明显萎蔫、蒸腾强度相对较大的特点。在生理生态分析测定方面，旱季落叶或大部分落叶的树种，很难测定其叶片的水分特征；叶片易萎蔫、有部分或较多落叶、蒸腾强度较弱的树种容易积累较多游离脯氨酸；基本无落叶、萎蔫现象也不明显、蒸腾强度相对较大的树种不容易积累游离脯氨酸。所以，若不仔细结合观察各树种在实地栽培试验中的适应性变化，而用一般意义上的耐旱性指标测定结果，对参试树种进行耐旱性排序意义不大，结果也与实际有较大出入。马焕成等（2001，2002）对窿缘桉（*E. exserta*）、赤桉、柠檬桉、绢毛相思、肯氏相思、厚荚相思、大叶相思、马占相思等树种的研究也说明马占相思的抗旱能力最低，并反映出树种水分利用效率越高，对干热环境的适应性越强的特点。李吉跃等（2003）也证明干热河谷最主要的乡土树种车桑子，在干旱季节具有利用较高的水分利用效率及较低的光合速率和净光合速率来适应水分胁迫的特点。

　　岩土组成是干热河谷坡地土壤水分环境和植被恢复的关键因子，根据坡地岩土组成可将干热河谷坡地初步划分为阶地砾石层坡地、元古界变质岩低山、上新统沙沟组砂砾岩低山、早更新统元谋组泥岩坡地4种类型（李昆，2007）。坡地的降水入渗能力是决定干热河谷坡地土壤水分条件的主要因素之一，孔隙状况的差异导致了干热河谷不同岩土组成坡地降水入渗能力的差异，由此决定了干热河谷不同岩土组成坡地的水分条件和植被分布格局。侵蚀泥岩坡地是干热河谷坡地的主要类型，其通透性能差，对降水的入渗能力弱；天然降水入渗浅，主要储存在60 cm以内的浅层土体，容易蒸发损失，干旱季节储水量低于无效储水量，适合草本植物的生长，天然植被为草原或草灌丛，宜恢复稀树灌草植被。阶地砾石层坡地和裂隙发育片岩坡地土体通透性好，对降水的入渗能力强；天然降水入渗量大，入渗深，储存在1 m至数米的深层土体，不易蒸发损失，干旱季节尚有少量有效储水供深根性植物吸收利用，适合灌乔植物生长，天然植被为灌草丛或森林，可以恢复森林植被。

　　随着适宜物种选择研究的深入，树种配置和造林模式方面的研究也得到相应发展。干热河谷虽然水分资源缺乏、干旱期长、土壤贫瘠，但该地区光热资源充沛，土地资源丰富，具有独特的环境资源优势，有利于发展特色种植业、养殖业和农副产品加工业。在进行植被恢复时，在生态效益优先的前提下，兼顾经济效益和社会效益，选择多用途树种（或多年生作物），营建多目标生态经济型防护林，走干热河谷土地资源可持续利用的道路。利用该地区丰富的光热资源，在立地条件较好并有灌溉条件的地方，大力发展高效经济植物栽培，充分开发利用该地区丰富的余甘子、酸豆（*Tamarindus indica*）、番石榴（*Psidium guajava*）、滇刺枣等植物资源（陈玉德等，1990）；将生态治理与资源培育及开发相结合，走生态林业的道路，如营建以紫胶寄主林为主的人工生态系统（喻占仁，1992）；营造赤桉+新银合欢混交林，将水土保持与土壤改良、饲料生产、薪炭林建设相结合，发展生态经济型水土保持林人工植被（刁阳光，1994）；选择窿缘桉、念珠相思、赤桉和苦楝等树种，营造薪炭林、用材林（农用小径材）与防护林相结合的多目标人工植被（武聚奎等，1996）。20世纪90年代末，通过研究紫胶蚧（*Kerria lacca*）优良寄主久树（*Schleichera oleosa*）的繁殖栽培及利用技术，在红河干热河谷的红河县建立了上千亩①的优质紫胶生产基地（李昆等，2003）；通过研究复合群落构建技术及模式，在红河干热河谷的新平县嘎洒段，建立了数千亩的杧果+菠萝、余甘子+木豆绿肥饲料作物，以及柠檬桉材油两用丰产林（刘中天等，1993）。自21世纪以来，通过对印楝的引种繁殖及栽培技术研究，在金沙江和红河干热河谷地区营造6万余亩的印楝农药原料林，林下种植香叶天竺葵（*Pelaronium graveolens*）；在金沙江干热河谷上段（鹤庆及永胜一带）的退耕还林工程中，采用川楝+木豆的行间配置模式，建立3万余亩培育农用小径材、农药原料和薪柴、饲料等森林资源的多用途生态林。

人工植被恢复是进行生态治理和防治土地荒漠化的主要措施，这是由该地区的生态环境条件、植被恢复目的所决定的。在干热河谷生态严重退化区，由于长期的人为干扰破坏，生态环境极度退化，许多地方既是无植被覆盖、表土散失殆尽的光板地，又是水土流失严重、沟壑纵横密布的地区，极大地影响了当地的经济社会发展。而且，这些地区的退化生态系统本身处于植被演替的初始阶段，植被受到严重破坏，种类组成贫乏，结构非常简单，功能衰退，或基本没有任何植物物种生长，种源补充极为困难，可以说已经完全失去自然补充种源的能力。在人为干扰和环境胁迫的双重压力下系统极不稳定，单纯依靠自然的力量恢复植被和退化生态系统，使其达到目前公认的森林结构、功能和动态等的标准，其恢复过程所需要的时间尺度，无论是在国家全局的层面上还是在区域局部的层面上都是难以接受的。此外，干热河谷干季高温伴随严重的缺水干旱，采用人工补播或飞播等技术措施人工补充种源，很难实现幼苗的有效补充，达不到恢复和重建植被的目的。干热河谷除天然降水外，根本没有其他水源可为恢复植被所利用。缺少种子不可能有幼苗产生，即使人工补充了种源，由于水源缺乏，也难以实现植被恢复。表土散失殆尽的光板地，若不依靠综合配套的人工技术措施，有种源且雨季有降水，幼苗也难以成活、生长。因此，在这些生态环境严重退化，水资源严重缺乏，短期内无法依靠自然的力量恢复天然植被的地区，必须辅助以人工措施方可恢复植被和治理退化的生态环境。在这里许多适用于非干旱区的行之有效的植被恢复技术和办法，因受干旱气候和水资源等因素的强烈制约而难以直接采用，极大地限制了植被恢复有关技术措施的选择（黄培祐，2002）。进行人工植被恢复，并不否认天然更新或人工促进天然更新是退化植被

---

① 1亩≈667 m^2，15亩=1 hm^2。全书同。

恢复的重要途径。通过当地植被的天然更新能力恢复植被，以及在一定人工促进措施辅助下恢复天然植被，是植被恢复的有效途径，但并非唯一的途径，也无法就此评价是最佳途径，而是需要根据具体情况进行分析。利用自然的力量恢复天然植被是有前提条件的，也就是拟恢复地区必须有数量较多、分布均匀的目标物种及充足的可繁殖材料，以及适宜这些物种繁衍生长的土壤和林地环境条件。反之，进行人工恢复植被也是有前提条件的，即上述提及的环境没有自身恢复的能力，在短期或可以预见的时间内难以单纯依靠自然的力量恢复天然植被并明显改善退化生态环境和导致生态环境退化的主要因素。人工植被恢复没有必要、也不可能在可以通过天然更新恢复植被的地区实施，因为这样会大量浪费宝贵的人力、物力和财力资源，而且人工植被恢复的最终目的就是尽快遏止生态环境严重恶化的趋势，使退化生态系统迅速进入自我更新、自我维护和自我发展的良性循环轨道。在偏僻而又无人生活的山区，完全没有必要投入巨大的人力、物力和财力，通过人工的办法去恢复植被和治理退化环境，转而可以采用最小的成本，通过时间的无限延伸恢复与当地气候、土壤条件相适应的地带性植被。中国科学院小良热带海岸带生态系统定位研究站40多年植被恢复的研究实践证明，热带地区极度退化生态系统（没有土壤 A 层，面积大，缺乏种源）不能自然恢复，而是需要一定的人工启动，先锋树种在此前提下40 a 可恢复森林生态系统结构，100 a 恢复生物量，140 a 恢复土壤肥力及大部分森林植被功能。因此，退化生态系统的所谓恢复，就是要启动人工植被恢复这个阶段，目前该研究站分阶段地人为推进极度退化生态系统的植被恢复已经取得相当的成绩（彭少麟，2003）。他们的成功经验就是首先启动人工植被恢复阶段。

针对干热河谷的气候特点和土壤退化特征，对金沙江干热河谷主要退化土壤类型进行土壤改良。干热河谷土壤改良的目的是服务生态林或经济林建设。因此，土壤改良的成本不宜过高、改良后的土壤肥力状况适中，且土壤必须具备自我修复和自我维持的正向演替能力，改良后不需要过多的人工措施。土壤恢复与植被恢复是相辅相成的，土壤改良及其自我修复过程必须与植被恢复过程相结合。从成土过程来看，只有生物（尤其是植物）恢复了土壤才可能正向演替。因此，土壤恢复的长期过程主要依靠植被恢复来完成，造林时退化土壤的改良则主要是消除阻碍植被恢复的土壤物理障碍，以达到保水、保土、保肥和保种的目的。通常，一旦制约土壤改良的因素被消除，就可以通过构建相应的植被来恢复退化生态系统。

2.2.2　金沙江干热河谷土壤变性退化改良措施

燥红土退化反映了从无（未）退化、轻度退化、中度退化到重度退化的各个阶段的特征，而变性土是金沙江干热河谷区的一类特有土壤，其过黏和剧烈的膨胀收缩性使土壤物理性状极差、肥力低，是金沙江干热河谷土壤退化较突出的一类土壤。土壤变性退化包括近中性变性退化和碱性变性退化两个亚类。近中性变性退化土壤具体改良措施（表2-2）：①植塘内土壤需充分破碎；②施腐熟的羊粪（阴坡）或猪粪（阳坡和平地）、过磷酸钙、硫酸铵、木屑作为底肥；③在根系层均匀混入一定量的细砂和腐殖土。碱性变性退化土壤具体改良措施：①植塘内土壤需充分破碎；

②施腐熟的羊粪+猪粪（阴坡）或猪粪（阳坡和平地）、过磷酸钙、硫酸铵、木屑作为底肥；③在根系层均匀混入一定量的细砂和腐殖土，根系层之上可以均匀混入一定量的石砾（粒级<1 cm）。

表2-2　金沙江干热河谷退化土壤改良及其配套造林措施

退化类型	亚类型	土壤改良措施	造林措施	改造用途
土壤变性退化	近中性变性退化	①植塘内土壤需充分破碎；②施腐熟的羊粪（阴坡）或猪粪（阳坡和平地）、过磷酸钙、硫酸铵、木屑作为底肥；③在根系层均匀混入一定量的细砂和腐殖土	①局部整地；②撩壕规格不低于60 cm×80 cm，植塘规格不低于75 cm×75 cm×80 cm；③苗木采用轻基质容器大苗（百日苗）；④回塘后壕沟（植塘）内土壤稍低于沟外（塘）土壤，壕沟处形成80 cm宽的集水区；植塘周围形成100 cm×100 cm的集水区	生态林
	碱性变性退化	①植塘内土壤需充分破碎；②施腐熟的羊粪+猪粪（阴坡）或猪粪（阳坡和平地）、过磷酸钙、硫酸铵、木屑作为底肥；③在根系层均匀混入一定量的细砂和腐殖土，根系层之上可以均匀混入一定量的石砾（粒级<5 cm）	①局部整地；②撩壕规格不低于75 cm×75 cm，植塘规格不低于90 cm×90 cm×100 cm；③苗木采用轻基质容器大苗；④回塘后壕沟（植塘）内土壤稍低于沟外（塘）土壤，壕沟处形成90 cm宽的集水区；植塘周围形成120 cm×120 cm的集水区	生态林、经济林
	胶结退化	①植塘内土壤需充分破碎；②施腐熟的羊粪+猪粪（阴坡）或猪粪（阳坡和平地）、过磷酸钙、硫酸铵、泥炭作为底肥；③有条件的可以在根系层均匀混入一定量的泥炭	①局部整地；②撩壕规格不低于60 cm×60 cm，植塘规格不低于75 cm×75 cm×80 cm；③苗木采用轻基质容器大苗；④回塘后壕沟（植塘）内土壤稍低于沟外（塘）土壤，壕沟处形成80 cm宽的集水区；植塘周围形成100 cm×100 cm的集水区	生态林
	瘠薄退化	①植塘内土壤需充分破碎；②施腐熟的羊粪+猪粪（阴坡）或猪粪（阳坡和平地）、过磷酸钙、硫酸铵、泥炭作为底肥；③有条件的可以在根系层均匀混入一定量的泥炭	①局部整地；②撩壕规格不低于60 cm×60 cm，植塘规格不低于75 cm×75cm×80cm；③苗木采用轻基质容器大苗；④回塘后壕沟（植塘）内土壤稍低于沟外（塘）土壤，壕沟处形成80 cm宽的集水区；植塘周围形成100 cm×100 cm的集水区	生态林
	石质退化	①植塘内>5 cm的石块必须拣出；②施腐熟的羊粪+猪粪（阴坡）或猪粪（阳坡和平地）、过磷酸钙、硫酸铵、泥炭作为底肥	①全垦或局部整地；②撩壕规格不低于75 cm×75 cm，植塘规格不低于90 cm×90 cm×100 cm；③苗木采用轻基质容器大苗；④回塘后壕沟（植塘）内土壤稍低于沟外（塘）土壤，壕沟处形成90cm宽的集水区；植塘周围形成120cm×120cm的集水区	生态林、经济林

（续表）

退化类型	亚类型	土壤改良措施	造林措施	改造用途
土壤结构性退化	粗骨退化	①植塘内>5 cm 的石块必须拣出；②施腐熟的羊粪+猪粪（阴坡）或猪粪（阳坡和平地）、过磷酸钙、硫酸铵、泥炭作为底肥；③有条件的可以在根系层均匀混入一定量的泥炭	①全垦或局部整地；②撩壕规格不低于 75 cm×75 cm，植塘规格不低于 90 cm×90 cm×100 cm；③苗木采用轻基质容器大苗；④回塘后壕沟（植塘）内土壤稍低于沟外（塘）土壤，壕沟处形成 90 cm 宽的集水区；植塘周围形成 120 cm×120 cm 的集水区	生态林、经济林
	障碍层高位退化、板结退化	①植塘内障碍层需充分破碎；②施腐熟的羊粪+猪粪（阴坡）或猪粪（阳坡和平地）、过磷酸钙、硫酸铵、泥炭（砂性土壤）或木屑（黏性土壤）作为底肥；③若障碍层较薄（<80 cm），可以打穿障碍层	①全垦或局部整地；②若障碍层较薄（<80 cm），可以打穿障碍层；③撩壕规格不低于 60 cm×60 cm，植塘规格不低于 75 cm×75 cm×80 cm；④苗木采用轻基质容器大苗；⑤回塘后壕沟（植塘）内土壤稍低于沟外（塘）土壤，壕沟处形成 80 cm 宽的集水区；植塘周围形成 100 cm×100 cm 的集水区	生态林、经济林
	其他退化	视具体情况而定	视具体情况而定	

注：干热河谷退化土壤底肥中限制使用钙镁磷肥、草木灰等强碱性肥料，酸性和强酸性土壤除外；土壤改良后土地若用作经济林，则每公顷土地至少配套 3 个面积不小于 20 m²、深度不低于 0.5 m 的集水堰塘或者深度不低于 30 cm、宽度不低于 60 cm，数量不小于 10 条的集水沟槽。

2.2.3 金沙江干热河谷土壤结构性退化改良措施

土壤结构性退化可分为胶结退化、瘠薄退化、石质退化、板结退化、粗骨退化、障碍层高位退化和其他退化等。胶结退化土壤具体改良措施：①植塘内土壤需充分破碎；②施腐熟的羊粪+猪粪（阴坡）或猪粪（阳坡和平地）、过磷酸钙、硫酸铵、泥炭作为底肥；③有条件的可以在根系层均匀混入一定量的泥炭。瘠薄退化土壤具体改良措施：①植塘内土壤需充分破碎；②施腐熟的羊粪+猪粪（阴坡）或猪粪（阳坡和平地）、过磷酸钙、硫酸铵、泥炭作为底肥；③有条件的可以在根系层均匀混入一定量的泥炭。石质退化土壤具体改良措施：①植塘内>5 cm 的石块必须拣出；②施腐熟的羊粪+猪粪（阴坡）或猪粪（阳坡和平地）、过磷酸钙、硫酸铵、泥炭作为底肥。粗骨退化土壤具体改良措施：①植塘内>5 cm 的石块必须拣出；②施腐熟的羊粪+猪粪（阴坡）或猪粪（阳坡和平地）、过磷酸钙、硫酸铵、泥炭作为底肥；③有条件的可以在根系层均匀混入一定量的泥炭。障碍层高位退化、板结退化土壤具体改良措施：①植塘内障碍层需充分破碎；②施腐熟的羊粪+猪粪（阴坡）或猪粪（阳坡和平地）、过磷酸钙、硫酸铵、泥炭（砂性土壤）或木屑（黏性土壤）作为底肥；③若障碍层较薄（<80 cm），可以打穿障碍层。

2.2.4 金沙江干热河谷退化土壤综合改良关键技术

（1）干热河谷抗逆树种优树选择及苗期选育效果评价 通过长期观察及实地调查发现，树种内个体之间存在明显的差异，对干热气候环境的适应程度有所不同。根据选择育种的原理，树种的许多变异特征是可以稳定遗传的。据此，对笔者前期选择出的耐高温、耐干旱、耐贫瘠、生长速度快的优树进行进一步的选择和繁殖栽培试验。树种包括：桃金娘科的赤桉和柠檬桉，楝科的印楝，含羞草科的新银合欢、苏门答腊金合欢、马占相思和大叶相思，蝶形花科的木豆和白灰毛豆，无患子科的车桑子。

具体选择方法：在金沙江干热河谷对涉及个体选优的树种进行全面清查，样方面积不小于总面积的 1%（表 2-3）。制定备选优树优选标准：备选树种的选优指标≥指标平均值+2 倍标准差，为极优个体；指标平均值+1 倍标准差≤备选树种的选优指标≤指标平均值+2 倍标准差，为优树个体；备选树种的选优指标≤指标平均值+1 倍标准差，不能作为优树个体。在树龄上，以培育大径材为主要目的的赤桉、柠檬桉树龄为 15 a 以上；以培育小径材为主要目的的印楝、新银合欢、苏门答腊金合欢、马占相思、大叶相思的树龄为 10 a 以上；以植被恢复和绿化为主要目的的木豆、白灰毛豆、车桑子的树龄为 5 a 以上。对待选优树总面积 3 468.9 hm² 按 1% 抽查力度（524 个 400 m² 样方）进行调查，结合统计分析，得出赤桉等 10 个树种在元谋干热河谷优良个体选优初步标准（表 2-4，表 2-5），在统计时将备选树种的选优指标值≥选优指标平均值+1 倍标准差均作为优树处理。选择 15 株在种子成熟时采收种子，晾干后进行保存，并进行超干保存。对筛选出的 8 个优良树种（各 15 株优树的种子）与在元谋县林业和草原局（无木豆和白灰毛豆种子）购买的种子进行千粒重、室内发芽率、发芽势以及场圃发芽率、苗木苗期生长情况相比较，分析其优良性状（表 2-6）。此 8 个树种选优后各树种的种子千粒重均比不选优直接采种的高，分别提高了 0.01 g、0.05 g、0.67 g、0.49 g、0.70 g、0.26 g、0.43 g、0.18 g。

表 2-3　金沙江干热河谷抗逆树种优树选择抽样面积及样方个数

树种	树龄/a	面积/hm²	样方面积/m²	样方个数/个
赤桉	16	1 854.0	400	278
柠檬桉	16	369.1	400	55
新银合欢	12	520.0	400	78
苏门答腊金合欢	10	16.7	400	5
印楝	10	190.7	400	29
木豆	5	26.7	400	4
白灰毛豆	5	31.7	400	4
马占相思	15	6.7	400	3
大叶相思	15	20.0	400	3

（续表）

树种	树龄/a	面积/hm²	样方面积/m²	样方个数/个
车桑子	7	433.3	400	65
合计	—	3 468.9	4 000	524

表2-4　金沙江干热河谷抗逆树种优树选择指标的平均值及标准差

树种	株高/m		胸（地）径/cm	
	平均值	标准差	平均值	标准差
赤桉	11.89	9.52	9.86	3.44
柠檬桉	11.98	2.40	10.60	4.13
新银合欢	7.12	1.96	6.75	2.56
苏门答腊金合欢	2.78	0.58	2.17	0.70
印楝	6.45	1.06	5.68	0.37
木豆	1.96	0.93	1.51	1.44
白灰毛豆	1.69	0.59	1.53	0.37
马占相思	6.83	1.12	6.00	0.95
大叶相思	6.58	1.82	6.48	1.84
车桑子	1.86	0.80	2.54	0.91

表2-5　金沙江干热河谷抗逆树种优良个体选优标准

树种	株高/m	胸（地）径/cm	优良个体数/株
赤桉	13.30	21.42	218
柠檬桉	14.38	14.73	92
新银合欢	9.08	9.31	78
苏门答腊金合欢	3.37	2.88	45
印楝	7.51	6.42	127
木豆	2.89	2.55	68
白灰毛豆	2.72	2.61	41
马占相思	7.95	6.95	22
大叶相思	8.40	12.32	59
车桑子	2.66	3.45	157

注：优良个体数是指在调查样方中优良个体的数量。

表2-6 金沙江干热河谷抗逆树种优树种子千粒重及发芽情况

树种	金沙江干热河谷优选母树					生产用种				
	种子千粒重/g	室内发芽率/%	室内发芽势/%	室内平均发芽时间/d	发芽系数	种子千粒重/g	室内发芽率/%	室内发芽势/%	室内平均发芽时间/d	发芽系数
赤桉	0.26	92.2	70.6	7.7	4.8	0.25	81.8	66.8	8.7	5.8
柠檬桉	4.82	83.8	70.2	7.1	5.6	4.77	70.0	64.4	8.3	6.7
新银合欢	49.86	89.0	76.0	7.8	4.1	49.19	70.4	69.2	9.1	5.3
苏门答腊金合欢	14.90	85.0	72.8	7.1	4.2	14.41	65.8	63.0	7.6	4.6
印棟	29.48	92.0	74.2	8.1	5.6	28.78	74.0	66.4	9.2	7.2
马占相思	12.43	89.8	75.0	6.6	5.0	12.17	72.4	64.8	7.9	6.5
大叶相思	23.19	89.0	74.2	7.2	5.2	22.76	68.6	67.8	7.9	6.6
车桑子	10.54	94.0	74.6	8.6	6.0	10.37	77.8	63.2	10.3	8.1

选优后各树种的室内发芽率较生产用种分别高出10.4个、13.8个、18.6个、19.2个、18.0个、17.4个、20.4个、16.2个百分点,较生产用种分别提高了12.71%、19.71%、26.42%、28.18%、24.32%、24.03%、29.74%、20.82%。选优后,各树种的室内发芽势均有所提高,其中以车桑子和马占相思两树种提高最多,分别为11.4个和10.2个百分点;苏门答腊金合欢的室内发芽势从63.0%提高到72.8%;印棟从66.4%提高到74.2%;新银合欢和大叶相思则分别从69.2%和67.8%提高到76.0%和74.2%;柠檬桉提高了5.8个百分点;赤桉的发芽势提高量较小,只有3.8个百分点,即从66.8%增加到70.6%。抗旱树种选优对8个树种室内发芽势的影响不尽相同,影响较大的有车桑子、马占相思以及苏门答腊金合欢;对印棟、新银合欢、大叶相思有一定的影响;对赤桉影响不大。选优后,各树种的室内平均发芽时间均有所减少,其中以车桑子、马占相思、新银合欢、柠檬桉4个树种减少最多,分别减少了1.7 d、1.3 d、1.3 d、1.2 d;印棟和赤桉则分别减少了1.1 d和1.0 d;大叶相思和苏门答腊金合欢只减少了0.7 d和0.4 d。选优后,各树种的室内发芽系数均有所降低,其中以车桑子、印棟、马占相思、大叶相思4个树种降低最多,分别降低了2.1、1.6、1.5、1.4;赤桉降低了1.0,而苏门答腊金合欢只降低了0.4。从结果来看,从选优母树上采集种子的发芽整齐度要高于一般性生产种子采集。

地苗播种时间为2月18日,播种量为300粒,发芽率调查时间为3月18日,所有参试树种选优后的场圃发芽率比选优前均有所提高。印棟提高了32.42%,新银合欢与马占相思均提高了14.00%,大叶相思、柠檬桉、车桑子分别提高了12.55%、11.32%、10.57%,赤桉提高了8.48%,苏门答腊金合欢提高了5.03%。

3月18日地苗转入轻基质营养袋培育,对苗木生长情况进行了调查并二次选优(表2-7)。8个树种在地苗转入营养袋培育时的二次选优的苗高标准分别定为5.7 cm、4.8 cm、7.4 cm、3.3 cm、5.8 cm、3.1 cm、5.4 cm、4.7 cm(依据平均值+1倍标准差<H<平均值+2 倍标准差优选苗木)。

表 2-7 金沙江干热河谷抗逆树种优树苗木生长情况调查及二次选优

树种	平均株高/cm	标准差/cm	优树指标		极优优树指标	
			平均值<H<平均值+1 倍标准差/cm	数量/株	平均值+1 倍标准差<H<平均值+2 倍标准差/cm	数量/株
赤桉	3.5	1.1	4.6	148	5.7	98
柠檬桉	3.2	0.8	4.0	152	4.8	104
新银合欢	4.2	1.6	5.8	138	7.4	127
苏门答腊金合欢	2.1	0.6	2.7	96	3.3	82
印棟	3.4	1.2	4.6	118	5.8	102
马占相思	1.7	0.7	2.4	134	3.1	86
大叶相思	2.8	1.3	4.1	129	5.4	117
车桑子	1.9	1.4	3.3	117	4.7	81

注：H 为备选树种的优选指标。

经过近 3 个月的培育，与对照相比，经过二次选优（母树选优、苗期选优）后，苗木的生长情况较好，株高提高了 7.0%~75.7%。其中以印棟表现最为突出，提高幅度达 75.7%；其次为马占相思和新银合欢，分别提高了 23.3% 和 22.9%；大叶相思的高生长量提高了 19.4%；车桑子提高了 15.5%；赤桉和苏门答腊金合欢则分别提高了 13.6% 和 7.0%。桉属的 2 个树种中，柠檬桉的高生长量提高幅度大于赤桉；而含羞草科的 4 个树种的高生长量较选优前的提高幅度由大到小依次为：马占相思、新银合欢、大叶相思、苏门答腊金合欢。

干热河谷植被恢复还须考虑到经济效益，以使恢复植被能够持续稳定地发展。基于此，笔者选择了对干旱环境适应性强、应用价值高的黑黄檀（*Dalbergia fusca*）和印度黄檀（*D. sissoo*），采用工程辅助措施（用推土机等）改坡造田，进行了干热河谷珍贵用材树种培育试验。结果表明，2 种珍贵用材树种适宜在干热河谷生长，黑黄檀和印度黄檀的存活率分别达到了 78% 和 84%，株高和地径等生长指标良好（表 2-8）。

表 2-8 金沙江干热河谷珍贵用材树种造林生长状况

树种	定植时		造林 5 个月后		增加值（平均值）	
	株高/cm	地径/mm	株高/cm	地径/mm	株高/cm	地径/mm
黑黄檀	13.76	1.82	15.16	1.99	1.40	0.17
印度黄檀	43.56	3.26	48.00	3.44	4.44	0.18

（2）干热河谷主要造林树种生理生态适应性　季节性干热是限制干热河谷植被恢复的重要因子，干热季时造林树种的光合能力及光合限制对策可作为适生树种评判的重要指标。笔者选择典型干热河谷野外条件下生长的 10 余个树种为材料，深入探讨季节性干热生境条件下供试树种在干季、干热季节以及湿润季节的光合作用规律，利用叶绿素荧光分析技术对光合作用内在发生机制展开研究，并结合人工控制环境因子试验予以论证。

在干旱胁迫转向干热胁迫阶段，大多数供试树种净光合速率的日变化峰值有所提前，光合"午睡"减弱或转向不明显，光合限制提早、增强；在干热胁迫解除、湿润环境来临阶段，净光合速率受限程度减轻或消失，日变化进程趋于正常，多数供试树种净光合速率日变化进程呈比较典型的峰状曲线。在干季、干热季节以及湿润季节里，供试树种均可分为高、亚高、亚低和低净光合速率树种 4 个类别，划分结果表明，没有一个树种一直属于同一类别，但大多数树种均在相邻的两个类别波动，即净光合速率日均值相对大小排序较为稳定。

干热胁迫降低了大部分树种的气孔导度，而干热胁迫的解除有利于树种气孔导度的恢复和大幅上升，这与树种净光合速率的季节变化规律一致；叶肉细胞光合活性的增强可能是树种上午净光合速率上升的主要因素。供试树种在干季的光合作用在一天当中均存在气孔限制与非气孔限制两种主导因素。干热胁迫的加深导致了气孔限制的更早发生，亦导致了非气孔限制的更多发生。总的来看，在干热胁迫加深和干热胁迫解除两个先后发生的季节性阶段里，供试树种经历了光合作用气孔限制减少和气孔限制增多两种过程，但不同树种光合作用气孔限制的发生过程不同。单一控制因子试验结果表明，高温、低湿均引起了以非气孔限制为主导因素的光合限制的发生。在其他条件一致的情况下，叶水势的下降成为苗木光合作用减弱的重要限制因素，随着苗木叶水势的降低，由相对湿度引起的苗木净光合速率的差异逐渐减弱。

云南松、木豆、史密斯桉、新银合欢 4 个树种的饱和光能利用效率最大且依次降低，白灰毛豆、赤桉、车桑子、龙眼、山合欢及川楝 6 个树种的饱和光能利用效率居中，印楝、马占相思、大叶相思及杧果的饱和光能利用效率最低。供试树种饱和光能利用效率的相对大小排序与 PSⅡ原初光能转换效率（Fv/Fm）的大小排序基本一致。供试树种羧化效率大小排序：新银合欢>木豆>白灰毛豆>川楝>史密斯桉>山合欢>龙眼>云南松>大叶相思>印楝>赤桉>马占相思>车桑子>杧果。羧化效率越低，说明叶片中活化的 Rubisco 量越少，光合作用的羧化限制程度越大。

固定荧光参数动态变化表明湿润季节有利于光合机构处于一个良好的反应状态，从而提高光合生产力，这与供试树种在湿润季节表现出更高的净光合速率的现象一致。与树种、季节无关，荧光参数 Fv/Fm 的日动态总是表现为先下降后上升的变化特征；在干热季节里，PSⅡ原初光能转换效率（Fv/Fm）更易受到中午强光的抑制，这与供试树种净光合速率在中午受到抑制的现象相一致，这亦是荧光参数 Fv/Fm 下降能够作为"光抑制"发生的指示性指标的缘由所在；湿润环境有利于减轻或消除强光所导致的"光抑制"，从而提高光合作用能力并延长日光合作用时间；供试树种大多在 5 月干热季节里具有最低的 PSⅡ原初光能转换效率及叶肉细胞光合活性。PSⅡ有效光化学效率（Fmv/Fms）对环境条件改变的响应较 Fv/Fm 更为灵敏，非光化学淬灭系数 NPQ 与 Fmv/Fms 恰好相反，一般表现为先上升后下降的凸状分布特征，表明启动热耗散机制是干热河谷植被恢复树种光合机构自我保护的一种常见策略。

特定干热生境中植被恢复树种蒸腾作用及水分利用效率是衡量树种生态用水适应性及物质合成经济用水特性的重要生理生态反应，有助于揭示树种的适生机制及耐旱机理。金沙江干热河谷主要植被恢复树种叶水势在不同季节的日变化曲线均具有一个明显的高峰，绝大多数呈单峰凸状分布。元谋干热河谷主要树种的叶水势受季节变化影响大，所有树种均表现为 3 月水势>5 月水势，5 月水势<10 月水势，5 月干热胁迫的加深加剧了树种间水势的进一步分化，而雨季后干热胁迫的解除能降低分化的程度。研究发现供试树种的蒸腾速率日变化进程与净光合速率十分吻合，两者峰值出现次数、时间及强度均很接近，同步现象相对稳定。供试树种蒸腾速率随季节的变化具有不同程度的改变，树种在不同季节里的控制失水能力存在很大差别。树种蒸腾速率的季节性变化方向与气孔导度的变化方向存在不一致的现象，树种蒸腾速率的季节性增减表现为以气孔因素为主与以非气孔因素为主两种控制形式，且当气孔导度增大、蒸腾速率减弱或气孔导度减小、蒸腾速率增强时，表现为以非气孔因素为主。

探讨了元谋干热河谷引进树种印楝树干液流动态特征。结果表明，无论是在干热季节还是在湿润季节，印楝树干液流密度昼夜变化的规律性较强，呈明显的单、宽峰曲线，在由干热季节转向湿润季节时，印楝树干液流密度降低；干热季节里植株蒸腾耗水具有相当的被动性，而在湿润季节植株蒸腾耗水则表现出主动性和平衡性。在 3 月干季，大部分树种的水分利用效率日变化都表现为一条双峰或多峰曲线；干热胁迫的加深则明显促进了水分利用效率峰值的提前出现，亦使峰值更早地受到抑制而下降，与其对树种净光合速率的影响规律一致。峰值中午的"午睡"现象表明，植物在受到严重干热胁迫时的水分消耗不仅仅是为了物质的合成，更多的可能是用来降低叶温，保护光合机构免受伤害。

干热河谷树种选择的根本原则是适地适树，造林区域、造林微环境、造林模式及水分人为与自然调控等因素均会对树种的适应性造成不同程度的影响。笔者比较分析了海拔区域、坡位、混交方式、人为灌溉及自然降水对野外试验树种光合与水分生理生态发生机制的影响，为河谷区植被恢复树种的选择、立地控制、配置方式以及经营管理措施提供坚实的理论与实践依据。鹤庆县与元谋县属金沙江干热河谷上段和中段，鹤庆县为高海拔区段，探讨不同海拔区段植被恢复树种光合生理特性的异同对树种生态适应区的评价和适生树种选择意义重大。研究发现，海拔区段的变化对供试树种的光合特性具有较大的影响，且不同树种随海拔区段的变化规律亦具有明显区别。供试树种净光合速率随海拔区段的变化而变化的现象具有一定的季节稳定性；很显然，随着干热胁迫的持续与加深，绝大部分供试树种在不同海拔区段的差异愈趋显著（表 2-9）。

表 2-9　不同季节里 8 个树种在不同海拔区段 Pn、Cond 和 Ci 的有重复方差分析

参数	树种	干季（3月）		干热季节（5月）		F_{crit}
		F	P	F	P	
Pn	赤桉	0.654 3	0.463 9	121.584 9**	0.000 4	7.708 6
	车桑子	0.721 4	0.443 5	17.684 0*	0.013 6	7.708 6
	余甘子			46.841 0**	0.002 4	7.708 6
	山合欢	13.174 3*	0.022 2	3.070 8	0.154 6	7.708 6
	白灰毛豆	4.529 6	0.100 4	9.466 0*	0.037 1	7.708 6
	新银合欢	1.360 3	0.308 3	2.204 6	0.211 8	7.708 6
	苏门答腊金合欢	0.713 8	0.445 8	252.885 3**	0.000 1	7.708 6
	木豆	6.196 3	0.067 5	240.751 0**	0.000 1	7.708 6
Cond	赤桉	2.846 5	0.166 8	83.424 4**	0.000 8	7.708 6
	车桑子	1.700 6	0.262 2	9.499 6*	0.036 9	7.708 6
	余甘子			52.155 0**	0.001 9	7.708 6
	山合欢	3.375 3	0.140 1	1.195 4	0.335 7	7.708 6
	白灰毛豆	14.647 4*	0.018 7	1.254 5	0.325 4	7.708 6
	新银合欢	0.000 5	0.982 8	10.428 1*	0.032 0	7.708 6
	苏门答腊金合欢	0.472 7	0.529 6	627.577 4**	0.000 0	7.708 6
	木豆	23.590 1**	0.008 3	52.591 8**	0.001 9	7.708 6
Ci	赤桉	1.527 9	0.284 0	2.433 1	0.193 8	7.708 6
	车桑子	11.041 9*	0.029 3	8.405 7*	0.044 2	7.708 6
	余甘子			54.108 1**	0.001 8	7.708 6
	山合欢	25.444 9**	0.007 3	29.052 1**	0.005 7	7.708 6
	白灰毛豆	12.732 2*	0.023 4	3.799 9	0.123 1	7.708 6
	新银合欢	14.897 3*	0.018 2	177.631 8**	0.000 2	7.708 6
	苏门答腊金合欢	9.172 3*	0.038 8	1.635 8	0.270 1	7.708 6
	木豆	0.505 6	0.516 3	178.107 7**	0.000 2	7.708 6

注：Pn，苗木净光合速率；Cond，气孔导度；Ci，胞间 CO_2 浓度；* 和 ** 分别表示差异达显著（$P<0.05$）和极显著水平（$P<0.01$）；F_{crit} 为鹤庆（高海拔）与元谋（低海拔）成对样品 t 检验值。

海拔区段对不同树种的蒸腾作用具有不同的影响程度。干热胁迫的持续与加深增强了元谋县与鹤庆县 2 个不同海拔区段的相同试验树种蒸腾速率间的差异，这一现象与净光合速率的变化规律一致。树种不同，海拔区段对树种水分利用效率的影响程度不同，且随着干热胁迫的加深，树种受海拔区段的影响程度具有较大变化。海拔区段对树种光合及水分生理生态特性形成了鲜明的影响，且影响程度因树种的不同而异；受影响较小的树种表现出更宽的生态适应区。测定不同坡位生长树种在干热季节与湿润季节的叶片气

体交换参数，以对坡位引起造林树种生长差异的生理机制进行探讨，结果如下。①低的坡位有助于树种维持相对高的净光合速率，且这种低坡位的光合增益效应因树种而异；在干热季节里，低坡位的光合增益效应更为明显，而随着湿润季节的来临，干热胁迫解除，低坡位的光合增益效应较大程度地降低；由坡位差异形成的光合限制主要受非气孔因素主导。②无论是在干热季节还是在湿润季节，与净光合速率的变化情形一致，低的坡位均有利于树种蒸腾速率的提高。③水分利用效率受坡位的影响较为复杂，因树种及季节而异。

在以往对相同试验点、相同试验树种叶水势时空变化的研究中已发现，与高坡位相比较，低坡位有利于树种叶水势维持在一个相对高的水平，且土壤养分条件相对更好，这样坡位差异就导致了土壤养分、水分条件的差异，因此在金沙江干热河谷，往往可以看到不同坡位生长的自然植被不同。本研究中供试树种在低坡位的苗木净光合速率与蒸腾速率均高于高坡位，这一现象意味着低坡位相对良好的水分条件等环境因子更有利于供试树种与环境物质与能量的交换，也说明在干热河谷，植被恢复工作宜遵循先易后难原则，前期选择低坡位造林，确保取得成效，而后逐步向中、高坡位推进。不同树种苗木净光合速率与蒸腾速率在坡位效应上的差异，表明不同树种适宜生长的坡位生态幅度不一，造林时需根据具体坡位选择适宜造林树种，例如，小桐子在干热季中坡的光合作用与蒸腾作用几乎停滞，表现为不能进行正常的生理活动，故在元谋可能仅适宜于在坡底或水分条件较好的地方造林。

不同混交方式时印楝的光合参数日进程具有一定的变化。印楝的净光合速率日均值在3种混交模式下的大小次序为印楝与新银合欢>印楝与久树>印楝与大叶相思，净光合速率日均值分别为 5.43 $\mu mol \cdot m^{-2} \cdot s^{-1}$、3.41 $\mu mol \cdot m^{-2} \cdot s^{-1}$ 和 2.21 $\mu mol \cdot m^{-2} \cdot s^{-1}$。可见印楝在与大叶相思混交的模式中，处于被压的地位，生长空间受到抑制，致使净光合速率低于另外两种混交模式。印楝在与新银合欢混交时表现出最高的净光合速率，说明这一混交模式更有利于印楝的正常生长。重复双因素方差分析结果表明，印楝的净光合速率在3种混交模式中的两两之间均具有极显著的差异；3种混交模式的气孔导度与胞间 CO_2 浓度差异均不显著。3种混交模式中，印楝与新银合欢混交模式下印楝的蒸腾速率及水分利用效率均最高，日均值分别为 3.10 $mmol \cdot m^{-2} \cdot s^{-1}$、1.75 $\mu mol \cdot mmol^{-1}$，印楝与久树混交模式下印楝的蒸腾速率及水分利用效率其次，分别为 3.02 $mmol \cdot m^{-2} \cdot s^{-1}$、1.13 $\mu mol \cdot mmol^{-1}$，印楝与大叶相思混交模式下印楝的蒸腾速率及水分利用效率最低，分别为 2.26 $mmol \cdot m^{-2} \cdot s^{-1}$、0.98 $\mu mol \cdot mmol^{-1}$。在3种混交模式中，印楝的生长空间在印楝与新银合欢混交模式下受到的竞争压力居中，且光合能力最强，表明在干热河谷适度的遮阴有利于印楝光合能力及光合效率的提高，而过度的被压则不利于或限制了印楝正常的生理活动。极端生境下，水分条件有时成为造林的关键。灌溉能有效地提高植被恢复树种在3月干季节和5月干热季节时的叶水势；灌溉能显著减轻或解除木豆、大叶相思和印楝在干季或干热季节所受到的光合抑制，且其对光合能力的影响主要体现在干热季节，并随着湿润季节的来临而减弱；无论是在干季、干热季节，还是在湿润季节，灌溉条件下供试树种的蒸腾速率均高于无灌溉条件；灌溉对水分利用效率的影响因树种、季节而异。

采用人工气候室控制环境因子的方法，探讨了干热河谷地区 7 个植被恢复树种光合作用对温度的响应规律。试验结果表明（表 2-10），40 ℃高温能明显降低试验树种苗木的光化学效率，增加苗木的蒸腾速率，严重制约苗木的净光合速率，但高叶片含水量有利于苗木净光合速率的提高；干热河谷的高温引起的光合限制以非气孔因素为主导；在土壤水分充足条件下，不同种类苗木的净光合速率受高温的影响程度不同，与蓝桉、小桐子相比，印楝及赤桉显然更适应高温干旱的干热河谷生境。

表 2-10　充分浇水条件下苗木光合指标对温度处理的响应

树种	温度处理 30 ℃					温度处理 40 ℃				
	Pn	Cond	Ci	Tr	WUE	Pn	Cond	Ci	Tr	WUE
大叶相思	12.40	0.16	282.00	4.21	2.95	5.48	0.27	376.00	6.15	0.89
印楝	9.90	0.13	285.33	3.65	2.71	7.71	0.12	312.00	2.49	3.10
蓝桉	7.28	0.09	271.33	2.92	2.49	2.03	0.18	404.67	10.50	0.19
赤桉	18.47	0.41	314.00	9.92	1.86	14.30	0.30	331.00	15.10	0.95
木豆	7.89	0.07	214.00	2.33	3.39	3.16	0.12	381.00	7.62	0.41
柠檬桉	16.80	0.19	251.00	5.75	2.92	7.56	0.12	314.67	7.67	0.98
小桐子	9.18	0.08	215.00	2.68	3.42	3.11	0.05	327.00	3.40	0.92

注：Pn，苗木净光合速率，$\mu mol \cdot m^{-2} \cdot s^{-1}$；Cond，气孔导度，$\mu mol \cdot m^{-2} \cdot s^{-1}$；Ci，胞间 CO_2 浓度，$\mu mol \cdot m^{-2} \cdot s^{-1}$；Tr，蒸腾速率，$\mu mol \cdot m^{-2} \cdot s^{-1}$；WUE，水分利用效率，$\mu mol \cdot m^{-2} \cdot s^{-1}$。

树种抗性的综合性评价指标一般包括植物体内在性生理生化指标、外在性生理生态指标以及各种外观性形态指标。笔者采用隶属函数法，分别构建了基于生长指标以及生理指标的适应性评价体系。其中，基于生长指标的评价体系采用的评价指标有地径、株高及冠幅，基于生理指标的评价体系采用外在性生理生态指标（净光合速率、蒸腾速率、水分利用效率）及内在性生理生化指标（内禀光能转化效率）为评价指标，综合评价干热河谷 10 余个树种的生存能力及适应性。

基于生长指标评价体系的评价结果表明，元谋干热河谷区 8 个试验树种的综合生长量由大至小依次为新银合欢、大叶相思、赤桉、印楝、苏门答腊金合欢、马占相思、木豆、久树。在鹤庆干热河谷区，11 个试验树种的生长指标综合指数由大至小依次为苦楝、新银合欢、木豆、白灰毛豆、新银合欢、余甘子、山合欢、黑荆树、墨西哥柏、车桑子和干香柏。基于生理指标评价体系的评价结果表明（以元谋县为例），在 3 月干季，试验树种对干旱的抗性从强到弱排序为赤桉>车桑子>山合欢>大叶相思>新银合欢>川楝>白灰毛豆>苏门答腊金合欢>久树>印楝>马占相思；在 5 月干热季节，14 个树种综合抗干热能力大小排序为久树>车桑子>余甘子＝赤桉>川楝>苏门答腊金合欢＝山合欢>小桐子>新银合欢>木豆>白灰毛豆>印楝>大叶相思＝马占相思；在 10 月湿润季节，试验树种潜在生长能力从强到弱排序为新银合欢>苏门答腊金合欢>木豆>白灰毛豆＝印楝>余甘子>大叶相思>车桑子＝小桐子>山合欢>马占相思>赤桉>久树>川楝。研究结果表明，生理特征综合指数与生长量综合指数具有较好的相关关系。综合不同季节评价结果可以发现，乡土树种或引种栽培历史久且呈野生状态的树种如车桑子、余甘子、山合欢、小桐子具有良好的光合与水分适应特性，可作为干热河谷区生态植被恢复的主要选择树种，木豆和白灰毛豆可作为很好的先锋树种或伴生树种，新银合欢、印楝、苏门答腊金合欢及大叶相思具有较好的造林前景。马占相思、赤桉、久树及川楝在湿润季节均属于低度适应型树种，均不太适宜作为主要的植被恢复树种。

（3）干热河谷轻基质网袋容器育苗技术及造林效果 根据金沙江干热河谷土壤退化特征和主要土壤退化类型，轻基质配比筛选不仅要考虑轻基质重量、吸水性、网袋苗质量，也要考虑基质的仪器灌装性能以及轻基质及其苗对造林地退化土壤的适应性。腐殖土具有较好的改良和适应黏性土的特征，泥炭具有较好的改良和适应砂性土、壤性土的特征。因此，轻基质类型分为腐殖土类轻基质和泥炭类轻基质，同时进行配比试验，筛选出各自较适宜基质配比方案，使之适宜干热河谷主要生态恢复造林树种的播种育苗。所用的网袋容器育苗轻基质主要包括价格较便宜的材料或干热河谷当地农林废弃物，如珍珠岩、腐殖土、泥炭、玉米秸秆（粉碎）、粗锯末等。实际使用时在玉米秸秆中掺混20%粗锯末。

基质配比试验分3个阶段：第一阶段为基质初配阶段，主要考虑基质的容重和基质吸水性；第二阶段为基质灌装阶段，主要考察基质的机器（ZL-Ⅱ-1型容器成型机）灌装性、基质在肠状容器中的吸胀性、肠状容器截断后基质的松散性；第三阶段为轻基质育苗阶段，主要考察轻基质苗的苗高、地径、主根长、侧根数、侧根平均长度以及苗木耐旱性。根据轻基质配比试验的3个阶段，可用以下11个指标评价轻基质配比的初期效果：轻基质容重、轻基质吸水率、轻基质灌装性、轻基质吸胀性，轻基质苗的苗高、地径、主根长、侧根数、侧根平均长度、苗木耐旱性以及基质成本。

在轻基质配比试验中，腐殖土类轻基质的容重范围为$0.36\sim0.59\ g\cdot cm^{-3}$，明显高于泥炭类轻基质（$0.20\sim0.27\ g\cdot cm^{-3}$），但腐殖土类轻基质的吸水率（52%～112%）明显低于泥炭类轻基质（80%～140%）；两类轻基质在灌装性和吸胀性方面差异较小（表2-11）。本试验中基质材料都为轻基质材料，均具有一定的吸水性（珍珠岩除外），且灌装性也较好，因此配比后的基质均比较轻便、吸水性能好，能满足轻基质网袋育苗的要求。因此，对所配比的轻基质均开展育苗试验。

表2-11 混合轻基质材料的基质体积比、容重、吸水率、灌装性及吸胀性特征

序号	基质体积比	容重/（g·cm⁻³）	吸水率/%	灌装性/（m·m⁻³）	吸胀性
1	珍珠岩∶腐殖土∶玉米秸秆＝5∶4∶1	0.44	52	582	1.08
2	珍珠岩∶腐殖土∶玉米秸秆＝5∶3∶2	0.40	64	579	1.08
3	珍珠岩∶腐殖土∶玉米秸秆＝5∶2∶3	0.36	76	576	1.07
4	珍珠岩∶腐殖土∶玉米秸秆＝4∶5∶1	0.50	60	579	1.08
5	珍珠岩∶腐殖土∶玉米秸秆＝4∶4∶2	0.46	72	576	1.08

（续表）

序号	基质体积比	容重/ $(g \cdot cm^{-3})$	吸水率/%	灌装性/ $(m \cdot m^{-3})$	吸胀性
6	珍珠岩：腐殖土：玉米秸秆＝4：3：3	0.42	84	573	1.08
7	珍珠岩：腐殖土：玉米秸秆＝3：5：2	0.53	80	573	1.09
8	珍珠岩：腐殖土：玉米秸秆＝3：4：3	0.49	92	570	1.09
9	珍珠岩：腐殖土：玉米秸秆＝3：3：4	0.45	104	567	1.08
10	珍珠岩：腐殖土：玉米秸秆＝2：6：2	0.59	88	570	1.09
11	珍珠岩：腐殖土：玉米秸秆＝2：5：3	0.55	100	567	1.09
12	珍珠岩：腐殖土：玉米秸秆＝2：4：4	0.51	112	564	1.09
13	珍珠岩：泥炭：玉米秸秆＝5：4：1	0.20	80	584	1.06
14	珍珠岩：泥炭：玉米秸秆＝5：3：2	0.22	85	581	1.06
15	珍珠岩：泥炭：玉米秸秆＝5：2：3	0.24	90	577	1.06
16	珍珠岩：泥炭：玉米秸秆＝4：5：1	0.20	95	582	1.06
17	珍珠岩：泥炭：玉米秸秆＝4：2：4	0.22	100	578	1.06
18	珍珠岩：泥炭：玉米秸秆＝4：3：3	0.24	105	575	1.06
19	珍珠岩：泥炭：玉米秸秆＝3：5：2	0.23	115	576	1.06
20	珍珠岩：泥炭：玉米秸秆＝3：4：3	0.25	120	572	1.06
21	珍珠岩：泥炭：玉米秸秆＝3：3：4	0.27	125	569	1.07
22	珍珠岩：泥炭：玉米秸秆＝2：6：2	0.23	130	574	1.06
23	珍珠岩：泥炭：玉米秸秆＝2：5：3	0.25	135	570	1.06
24	珍珠岩：泥炭：玉米秸秆＝2：4：4	0.27	140	566	1.07

　　轻基质育苗试验所用树种主要为赤桉、新银合欢、大叶相思、加勒比松和车桑子。育苗100 d后，各树种生长状况均好于常规营养袋育苗，各处理间差异不大。以赤桉为例（表2-12），腐殖土类轻基质处理中，珍珠岩：腐殖土：玉米秸秆为3：4：3或4：3：3时，苗木品质较高，整齐度高（变异系数小）。在泥炭类轻基质处理中，珍珠岩：泥炭：玉米秸秆为4：4：2或3：4：3时，苗木品质较高，整齐度高。主根长均超过网袋容器的长度，表明干热河谷网袋容器育苗时，10 cm长的网袋容器可能会影响百日苗的生长。本试验中，网袋容器截断长度为10 cm。在干热河谷采用轻基质网袋容器育苗对基质配比要求并不严格，通常珍珠岩类材料添加比例为30%～40%，腐殖土或泥炭类材料添加比例为30%～40%，玉米秸秆类添加比例为20%～30%。

　　肠状网袋容器直径较小（4 cm左右），因此，培养百日苗至能适应干热河谷的大苗时，苗木主根已超过10 cm（网袋容器长度），势必需要加长网袋容器的长度。笔者开展了肠状网袋容器长度试验以确定干热河谷轻基质网袋容器的最适长度。由

表 2-13可见，网袋容器长度为 15 cm 或 20 cm 时，供试的新银合欢、大叶相思和赤桉苗的苗高、地径、主根长、侧根数、侧根平均长度和苗木耐旱性等指标均优于网袋容器长度为 10 cm 的处理。网袋容器长度为 15 cm 时，苗木品质略逊色于长度为 20 cm 的处理，但差异极小。在考虑基质成本和运输成本的情况下，可以将网袋容器长度截短至 15 cm 左右。

表 2-12　轻基质网袋容器播种育苗赤桉苗木性状（百日苗）

序号	基质体积比	苗高/cm	地径/cm	主根长/cm	侧根数	侧根平均长度/cm	苗木耐旱性/d	基质成本/(元·株$^{-1}$)
1	珍珠岩：腐殖土：玉米秸秆=5：4：1	35.2	0.6	10	19	2.2	8.2	0.08
2	珍珠岩：腐殖土：玉米秸秆=5：3：2	37.8	0.7	10	21	2.5	8.5	0.08
3	珍珠岩：腐殖土：玉米秸秆=5：2：3	35.7	0.7	10	19	2.2	8.8	0.07
4	珍珠岩：腐殖土：玉米秸秆=4：5：1	34.8	0.6	10	17	2.2	8.3	0.09
5	珍珠岩：腐殖土：玉米秸秆=4：4：2	35.6	0.6	10	18	2.2	9.5	0.08
6	珍珠岩：腐殖土：玉米秸秆=4：3：3	37.4	0.7	10	21	2.5	10.6	0.09
7	珍珠岩：腐殖土：玉米秸秆=3：5：2	35.1	0.6	10	19	2.2	9.8	0.09
8	珍珠岩：腐殖土：玉米秸秆=3：4：3	36.5	0.7	10	19	2.5	10.4	0.09
9	珍珠岩：腐殖土：玉米秸秆=3：3：4	34.1	0.6	10	18	2.0	9.2	0.09
10	珍珠岩：腐殖土：玉米秸秆=2：6：2	30.1	0.5	10	14	1.8	8.4	0.10
11	珍珠岩：腐殖土：玉米秸秆=2：5：3	32.5	0.6	10	15	2.0	8.5	0.09
12	珍珠岩：腐殖土：玉米秸秆=2：4：4	31.4	0.5	10	16	1.8	8.7	0.09
13	珍珠岩：泥炭：玉米秸秆=5：4：1	36.1	0.6	10	22	2.5	8.5	0.05
14	珍珠岩：泥炭：玉米秸秆=5：3：2	38.4	0.7	10	23	2.5	8.8	0.05
15	珍珠岩：泥炭：玉米秸秆=5：2：3	37.7	0.7	10	21	2.3	8.9	0.06
16	珍珠岩：泥炭：玉米秸秆=4：5：1	35.2	0.6	10	21	2.3	8.4	0.05
17	珍珠岩：泥炭：玉米秸秆=4：4：2	40.1	0.6	10	23	2.5	11.2	0.06
18	珍珠岩：泥炭：玉米秸秆=4：3：3	38.8	0.7	10	23	2.5	9.9	0.06
19	珍珠岩：泥炭：玉米秸秆=3：5：2	36.7	0.6	10	24	2.5	10.2	0.05
20	珍珠岩：泥炭：玉米秸秆=3：4：3	39.8	0.7	10	23	2.8	11.5	0.06
21	珍珠岩：泥炭：玉米秸秆=3：3：4	36.6	0.6	10	23	2.5	10.0	0.06
22	珍珠岩：泥炭：玉米秸秆=2：6：2	32.7	0.5	10	20	2.0	8.5	0.05
23	珍珠岩：泥炭：玉米秸秆=2：5：3	33.5	0.6	10	21	2.3	8.6	0.06
24	珍珠岩：泥炭：玉米秸秆=2：4：4	32.7	0.5	10	21	2.3	8.8	0.06
25	燥红土（对照）	18.8	0.3	9.5	11	1.5	4.3	—

表2-13 网袋容器长度试验结果

树种	网袋长度/cm	基质类型	苗高/cm	地径/cm	主根长/cm	侧根数	侧根平均长度/cm	苗木耐旱性/d
新银合欢	10	腐殖土类	38.6	0.7	10	22	2.4	11.0
		泥炭类	39.9	0.7	10	23	2.8	11.2
	15	腐殖土类	42.2	0.7	14.8	28	3.2	12.6
		泥炭类	44.4	0.7	15.0	30	3.4	12.8
	20	腐殖土类	43.1	0.7	15.2	28	3.3	13.0
		泥炭类	45.0	0.7	15.4	31	3.5	13.2
大叶相思	10	腐殖土类	32.7	0.9	10	16	3.0	16.8
		泥炭类	36.1	1.0	10	16	3.8	17.7
	15	腐殖土类	34.8	1.0	14.0	17	4.4	20.1
		泥炭类	38.0	1.0	14.8	17	4.8	21.4
	20	腐殖土类	35.0	1.0	14.4	17	4.5	22.9
		泥炭类	38.2	1.0	15.1	17	5.0	23.8
赤桉	10	腐殖土类	25.4	0.9	10	14	3.8	10.4
		泥炭类	24.5	0.9	10	14	3.8	11.2
	15	腐殖土类	28.6	1.0	14.5	15	4.2	11.6
		泥炭类	27.4	1.0	14.3	15	4.0	12.0
	20	腐殖土类	28.8	1.0	14.8	16	4.2	12.1
		泥炭类	27.8	1.0	14.8	16	4.1	12.3

基于以上研究，得出轻基质网袋育苗技术要点如下：①轻基质材料主要为珍珠岩（蛭石）类、腐殖土（泥炭）类、玉米秸秆（含木屑和腐熟厩肥）类等，其基质配比要求不严格，推荐珍珠岩类材料添加比例为30%~40%，腐殖土或泥炭类材料添加比例为30%~40%，玉米秸秆类添加比例为20%~30%；②肠状网袋容器直径不小于4 cm，长度为15 cm左右；③网袋容器最好摆放在架空托盘上，并置于育苗架上，有利于水分等集约化管理，每次浇水时均须浇透；④网袋容器育苗的管理可参照常规育苗。

（4）干热河谷退化土壤改良技术模式评价与筛选 由于干热河谷土壤退化类型多样、退化原因复杂、土地所有权和土地利用方式各异，加之退化土壤同时具有多种退化特征，笔者选取了几种典型的土壤退化类型加以改良，并进行相应的造林试验示范。

碱性变性退化坡地土壤改良试验示范林及评价。2012年5—6月，选择25亩碱性变性退化荒坡地，进行变性土微域土壤改良造林试验，造林树种为大叶相思、新银合欢和赤桉，具体试验处理见表2-14。

变性土微域土壤改良试验林受牛羊啃食等人为活动干扰非常严重。大叶相思和赤桉试验样地处于沟谷底部，遭到牛羊啃食折断后极易死亡，造林3个月后保存率不足

30%；而新银合欢苗遭啃食易折断但不易死亡，因而本试验中只考虑新银合欢试验样地，面积核算也只计新银合欢林面积。2012年8月和2015年4月分别对新银合欢试验样地林木生长状况进行了调查（表2-15）。结果显示，采用微域土壤改良造林其株高、地径（胸径）和保存率均高于干热河谷常规技术造林。需要说明的是：受人为干扰，造林3a后尚未成林。

表2-14　金沙江干热河谷碱性变性退化土壤改良造林试验

项目	微域土壤改良造林	常规技术造林
面积	22亩	3亩
坡度	>50°	>40°
坡向	南坡、东坡、西坡	北坡、东坡、西坡
树种	新银合欢、大叶相思、赤桉	新银合欢、大叶相思、赤桉
种植季节	雨季初期	雨季初期
土壤改良措施	①土壤微域改良，改良剂为细沙土和腐殖土；②植塘内土壤充分破碎；③施腐熟的羊粪（阴坡）或猪粪（阳坡和平地）、过磷酸钙、硫酸铵、腐殖土、粗木屑作为底肥	①植塘内土壤未充分破碎；②施钙镁磷肥、硫酸铵、羊粪作为底肥
造林措施	①块状整地；②植塘规格60cm×60cm×60cm；③苗木采用轻基质容器大苗；④回塘时根系层深度不低于30cm；⑤回塘后塘内土壤低于周边5~10cm，形成80cm×80cm的集水区；⑥种植密度为2.5m×1.0m	①块状整地；②植塘规格45cm×45cm×45cm；③苗木采用常规实生苗；④种植密度为2.0m×1.0m
管理措施	雨季末期补植补造，旱季末期在种植塘内形成80cm×80cm的集水区，其间不浇水	雨季末期补植补造，其间不浇水

注：改良剂中腐殖土与细沙土的体积比约为1:5。

表2-15　金沙江干热河谷碱性变性退化土壤改良造林试验结果

树种	处理	面积/亩	定植时		造林3个月后			造林3a后		
			株高/cm	地径/cm	株高/cm	地径/cm	存活率/%	株高/cm	胸径/cm	保存率/%
新银合欢	微域土壤改良造林	18	62	0.6	124	1.0	95	160	1.5	80
	常规技术造林	2	55	0.6	72	0.9	80	85	1.0	60
大叶相思	微域土壤改良造林	2	57	0.9	69	1.0	28	—	—	—
	常规技术造林	0.5	57	0.9	64	1.0	14	—	—	—
赤桉	微域土壤改良造林	2	48	1.2	56	1.3	22	—	—	—
	常规技术造林	0.5	45	1.1	50	1.1	15	—	—	—

注：2012年8月对试验林进行了补植补造。

由于碱性变性退化土壤主要分布在干热河谷地势陡峭的冲蚀沟基部或某些新垦台

地，冲蚀沟基部分布的变性退化土壤面积相对较小，且坡度大，不宜采取全垦和条状整地等大规模的整地措施以防止造成新的水土流失，通常用速生耐旱先锋树种新造生态林；新垦台地大多有灌溉条件，可以采用大规模的机械整地造林，土地利用方式也主要以经济林为主。

近中性变性退化台地土壤改良试验示范林。2011 年 5—6 月，选择 22 亩近中性变性退化台地，进行近中性变性退化土壤改良造林试验，造林树种为小桐子，具体试验处理见表 2-16。2011 年 8 月和 2015 年 4 月分别对试验林林木生长状况进行调查（表 2-17）。结果显示，近中性变性退化土壤改良试验林小桐子株高、胸径和保存率均高于干热河谷常规技术造林。若灌溉条件好，近中性变性退化土壤经改良后可形成高产经济林地。

表 2-16　金沙江干热河谷近中性变性退化土壤改良造林试验

项目	土壤改良造林	常规技术造林
面积	20 亩	2 亩
坡向	东南坡	东南坡
树种	小桐子	小桐子
种植季节	雨季初期	雨季初期
土壤改良措施	①植塘内土壤充分破碎；②施腐熟的猪粪、过磷酸钙、硫酸铵、腐殖土作为底肥	①植塘内土壤未充分破碎；②施钙镁磷肥、硫酸铵、羊粪作为底肥
造林措施	①台状整地，台宽 10 m 左右，台高 5 m 左右；②植塘规格 120 cm×120 cm×100 cm；③苗木采用 3 a 生树；④回塘时根系层深度不低于 50 cm；⑤回塘后塘内土壤低于周边 30 cm，形成 140 cm×140 cm 的集水区；⑥种植密度为 3.0 m×3.0 m	①台状整地，台宽 10~20 m，台高 2~4 m；②植塘规格 60 cm×60 cm×60 cm；③苗木采用 3 a 生树；④种植密度为 3.0 m×2.0 m
管理措施	旱季末期在种植塘内形成 140 cm×140 cm 的集水区，造林 3 个月内定期浇水	其间不浇水

表 2-17　金沙江干热河谷近中性变性退化土壤改良造林试验结果

处理	面积/亩	定植时		造林 3 个月后			造林 4 a 后		
		株高/cm	胸径/cm	株高/cm	胸径/cm	存活率/%	株高/cm	地径/cm	保存率/%
土壤改良造林	20	120	11	135	11	100	210	24	100
常规技术造林	2	120	11	130	11	90	190	22	85

瘠薄退化、石质退化土壤改良试验示范林。2013 年 5—6 月，选择 120 亩石质瘠薄退化疏林坡地（原有稀疏马尾松和赤桉），进行石质瘠薄退化土壤改良造林试验，造林树种为车桑子，具体试验处理见表 2-18。2013 年 8 月和 2015 年 4 月分别对试验林林木

生长状况进行调查（表2-19）。结果显示，石质瘠薄退化土壤改良试验林车桑子株高、地径和保存率均高于干热河谷常规技术造林。

表2-18 金沙江干热河谷石质瘠薄退化土壤改良造林试验

项目	土壤改良造林	常规技术造林
面积	118 亩	2 亩
坡度	>25°	>25°
坡位	山腰	山腰
坡向	东南坡	东南坡
树种	车桑子	车桑子
种植季节	雨季初期	雨季初期
土壤改良措施	①土壤微域改良，改良剂为细沙土和泥炭；植塘内土壤充分破碎；②植塘内>5 cm的石块必须拣出；③施腐熟的猪粪、过磷酸钙、硫酸铵、泥炭作为底肥	①植塘内土壤未充分破碎；②植塘内>10 cm的石块拣出；③施钙镁磷肥、硫酸铵、羊粪作为底肥
造林措施	①撩壕整地，沟壕规格为60 cm×75 cm；②苗木采用轻基质容器大苗；③回塘时根系层深度不低于30 cm；④回塘后壕沟内土壤稍低于沟外，壕沟内形成80 cm宽的集水区；⑤种植密度为3.0 m×0.75 m	①未整地；②植塘规格45 cm×45 cm×45 cm；③苗木采用常规实生苗；④种植密度为3.0 m×1.5 m
管理措施	雨季末期补植补造，旱季末期在种植沟内形成80 cm宽的集水区，其间不浇水	雨季末期补植补造，其间不浇水

注：土壤改良剂中泥炭与细沙土的体积比为1∶5。

表2-19 金沙江干热河谷石质瘠薄退化土壤改良造林试验结果

处理	面积/亩	定植时		造林3个月后			造林3 a后		
		株高/cm	地径/cm	株高/cm	地径/cm	存活率/%	株高/cm	地径/cm	保存率/%
土壤改良造林	118	38	1.2	42	1.3	98	72	2.2	95
常规技术造林	2	38	1.2	42	1.3	92	61	2.1	84

胶结退化、粗骨退化、障碍层高位退化土壤改良试验示范林。2013年5—6月，选择40亩粗骨胶结荒坡地，进行胶结退化、粗骨退化、障碍层高位退化土壤改良造林试验，造林树种为车桑子和小桐子，具体试验处理见表2-20。2013年8月和2015年4月分别对试验林林木生长状况进行调查（表2-21）。结果显示，胶结退化、粗骨退化、障碍层高位退化土壤改良试验林车桑子和小桐子株高、地径（胸径）和保存率均高于干热河谷常规技术造林。

表 2-20　金沙江干热河谷胶结退化、粗骨退化、障碍层高位退化土壤改良造林试验

项目	土壤改良造林	常规技术造林
面积	38 亩	2 亩
坡度	<15°	<15°
坡位	山顶（局部）	山顶（局部）
障碍层深度	障碍层为 5 cm 厚的岩石层，1 m 土层内 2~3 个障碍层，障碍层间距为 20~30 cm	障碍层为 5 cm 厚的岩石层，1 m 土层内 2~3 个障碍层，障碍层间距为 20~30 cm
树种	车桑子、小桐子	车桑子、小桐子
种植季节	雨季初期	雨季初期
土壤改良措施	①植塘内土壤充分破碎；②植塘内>5 cm 的石块必须拣出；③打破 80 cm 土层内所有障碍层；④施腐熟的猪粪、过磷酸钙、硫酸铵、泥炭作为底肥	①植塘内土壤未充分破碎；②植塘内>10 cm 的石块拣出；③仅打破 40 cm 土层内的障碍层；④施钙镁磷肥、硫酸铵、羊粪作为底肥
造林措施	①撩壕整地，沟壕规格为 60 cm×80 cm；②苗木采用轻基质容器大苗；③回塘时车桑子和小桐子根系层深度分别不低于 30 cm 和 40 cm；④回塘后壕沟内土壤稍低于沟外，壕沟内形成 80 cm 宽的集水区；⑤种植密度为 2.5 m×1.0 m，车桑子和小桐子行间混交	①未整地；②植塘规格 45 cm×45 cm×45 cm；③苗木采用常规实生苗；④种植密度为 3.0 m×2.0 m
管理措施	雨季末期补植补造，旱季末期在种植沟内形成 100 cm 宽的集水区，其间不浇水	雨季末期补植补造，其间不浇水

表 2-21　金沙江干热河谷胶结退化、粗骨退化、障碍层高位退化土壤改良造林试验结果

树种	处理	面积/亩	定植时		造林 3 个月后			造林 2 a 后		
			株高/cm	地径/cm	株高/cm	地径/cm	存活率/%	株高/cm	地径/cm	保存率/%
车桑子	土壤改良造林	19	34	1.1	35	1.1	94	55	1.9	88
	常规技术造林	1	34	1.1	35	1.1	87	50	1.8	79
小桐子	土壤改良造林	19	45	3.8	53	4.2	96	114	11	92
	常规技术造林	1	42	3.6	50	4.1	93	88	8	84

2.3　本章总结

　　金沙江干热河谷土壤肥力低，保水保肥能力弱；土壤侵蚀严重，石砾含量高，无结构，土壤水分缺失，有机质和养分含量低，特别是氮、磷元素缺乏。贫瘠的土壤严重制约干热河谷植被的生长和农林业的发展。

　　金沙江干热河谷土壤类型主要为燥红土，且随着时间的推移以及人为活动的影响，部分土壤转为变性土，且面积增加幅度较大。就土壤养分而言，干热河谷土壤富钾、缺氮、少磷、贫有机质，因而土地生产力普遍不高，但由于该地区光热条件优越，土地生产潜力大。因此，土地退化被认为是该地区的主要生态环境问题。干热河谷土壤退化特征包括土壤干旱化、板结化、瘠薄化、障碍层高位化、石质化、粗骨化、胶结化、变性化、有机质和养分贫瘠等十几类，主要受土壤母质、土壤养分、水分及微地貌的影响。综合分析表明，金沙江干热河谷土壤退化类型主要包括变性退化和结构性退化两大类，可能原因是植被的稀疏导致土壤暴露于大风等条件下，最终加深了干热河谷的土壤退化甚至生态环境的自然退化。

　　总体来看，干热河谷的土壤变化也呈现了时空变化的趋势，干热条件严重制约土壤结构与功能，制约土壤肥力的发挥。缓减土壤退化，根据土壤退化特征具体改善土壤环境，提高土壤生存条件，这一切有利于植被恢复，但具体的方法措施还需加强改进以及深入研究。

第三章　金沙江干热河谷土壤
氮磷生物调控效应

与黄土高原一样，干热河谷是我国特有的生态环境最脆弱的地区之一，也是我国生态建设的重点和难点。金沙江干热河谷是长江泥沙的主要来源地，长江宜昌段以上45.3%的泥沙来自该地区。脆弱的生态环境已成为当地可持续发展的瓶颈，这已对长江中下游地区国土安全和社会经济构成了严重威胁。金沙江干热河谷土壤富钾、缺氮、少磷、贫有机质的特征，导致该地区土壤退化日益严重，生态环境逐渐脆弱，这就说明研究干热河谷土壤氮磷的生物调控及其影响因素至关重要。提高林地土壤氮磷含量具有改善土壤质量的效果。科研人员对干热河谷的植被恢复问题开展了大量的研究，结果表明，通过运用相应的植被恢复措施，人工恢复植被可以改善被损坏的生态环境，但是取得大面积成功的案例并不多见。原因主要是当地的自然环境空间异质性复杂，人类活动的影响导致生态环境破坏、植物多样性降低、土壤退化严重，生态恢复难度极大（马焕成等，2020）。许多学者在进行植被恢复过程中，从植物生理生态、经济和社会效益上提出了不同的植被恢复方式（段爱国等，2013）。但是，从土壤养分状况方面探讨植被恢复效应的研究相对较少。另外，环境因子对金沙江干热河谷气候、土壤和植被均具有一定的影响。干热河谷海拔与气温、年降水量和干燥度等主要气象因子密切相关。海拔和坡向会影响土壤水分和肥力的空间格局，以及植被群落物种的多样性。

3.1　金沙江干热河谷土壤氮素生物调控效应

3.1.1　金沙江干热河谷土壤氮素特征

氮素是作物生长的重要营养元素之一，土壤氮在土壤肥力中起着重要的作用，土壤氮含量及其存在形态与植物生长密切相关。干热河谷土壤氮含量及其有效性普遍较低，被认为是该地区生态修复的主要障碍因子之一（赵琳等，2009）。

2021年1月在金沙江干热河谷上段（云南省鹤庆县和宾川县）设22个样方，中段（四川省仁和区和云南省元谋县）设13个样方，下段（云南省东川区和四川省宁南县）设12个样方，包括16个天然林样方、25个人工林样方（林龄20 a左右）和6个稀树灌草丛样方，样方大小为20 m×20 m（杜寿康等，2022）。在样方内进行植被调查和土壤样品采集。对金沙江干热河谷各区段表层土壤全氮含量状况进行统计分析（表3-1）。结果显示，土壤全氮含量范围为1.10~2.16 g·kg⁻¹。土壤全氮含量反映土壤中的营养元素水平，对植物生长具有直接影响。各区段间土壤全氮含量差异不显著。从表3-1可以看出，研究区不同林分类型土壤全氮含量与稀树灌草丛有显著差异（$P<0.05$）。上段不同林分类型土壤全氮含量和稀树灌草丛存在显著差异（$P<0.05$），除pH值外，整体表现为天然林>人工林>稀树灌草丛；中段不同植被类型间全氮含量差异不显著，除pH值外，整体表现为天然林>人工林>稀树灌草丛；下段天然林和人工林土壤全氮含量无显著差异，整体表现为天然林>人工林。

表 3-1　金沙江干热河谷各区段土壤有机质、全氮、全磷和 pH 值

区段	植被类型	有机质/(g·kg^{-1})	全氮/(g·kg^{-1})	全磷/(g·kg^{-1})	pH 值
金沙江干热河谷	天然林	37.50±7.76a	1.93±0.46a	1.20±0.45a	6.50±0.54a
	人工林	29.31±7.98b	1.57±0.44ab	0.90±0.26b	6.97±0.72a
	稀树灌草丛	26.98±3.36b	1.36±0.25b	0.83±0.10b	6.80±0.58a
	总计	31.97±8.52	1.69±0.47	0.97±0.35	6.79±0.67
上段	天然林	38.42±8.17aA	2.00±0.50aA	1.30±0.51aA	6.41±0.29aB
	人工林	33.31±5.65abA	1.58±0.31abA	1.02±0.19aA	6.34±0.26aC
	稀树灌草丛	28.68±1.85bA	1.49±0.19bA	0.89±0.06aA	6.48±0.32aB
	总计	34.56±7.19A	1.74±0.43A	1.11±0.37A	6.40±0.27B
中段	天然林	34.97±8.44aA	1.70±0.43aA	0.93±0.24aA	6.20±0.31bB
	人工林	29.32±8.39aA	1.65±0.56aA	0.87±0.18aA	6.85±0.63abB
	稀树灌草丛	23.59±3.39aB	1.10±0.11aB	0.71±0.00aB	7.45±0.35aA
	总计	30.61±8.42AB	1.59±0.49A	0.87±0.19A	6.69±0.65A
下段	天然林	39.67±6.02aA	2.16±0.27aA	1.45±0.41aA	7.65±0.35aA
	人工林	25.72±8.50bA	1.50±0.50aA	0.80±0.32bA	7.61±0.50aA
	总计	28.05±9.58B	1.61±0.52A	0.91±0.40A	7.62±0.46A

注：各区段土壤养分含量均为同类型样地的算术平均数；同列不同小写字母表示同一区段不同植被类型间差异显著（$P<0.05$），同列不同大写字母表示同一植被类型不同区段间差异显著（$P<0.05$）。

对金沙江干热河谷各海拔段表层土壤全氮含量状况进行统计分析（表3-2），结果显示土壤全氮含量范围为 $1.13\sim2.21$ g·kg^{-1}。土壤全氮含量的最小值出现在800~1000 m海拔段，最大值出现在1800~2000 m海拔段，约为最小值的1.96倍。从整体上看，不同海拔段表层土壤养分状况差异明显，即随着海拔的上升，表层土壤养分含量升高。分析各样地土壤养分状况与海拔之间的关系，得出土壤全氮含量与海拔高度间呈现较好的线性相关关系，与土壤有机质含量的变化趋势基本一致，这主要是因为土壤中氮主要存在于有机质中（高旭等，2020）。

表 3-2　金沙江干热河谷各海拔段土壤有机质、全氮、全磷和 pH 值

海拔段/m	有机质/（g·kg⁻¹）	全氮/（g·kg⁻¹）	全磷/（g·kg⁻¹）	pH 值
1 800~2 000	42.65±4.90a	2.21±0.36a	1.44±0.43a	6.56±0.40c
1 600~1 800	36.06±3.86b	1.75±0.23b	1.08±0.24b	6.33±0.43c
1 400~1 600	31.60±4.56c	1.67±0.40b	0.93±0.12b	6.55±0.51c
1 200~1 400	27.53±2.37c	1.57±0.47b	0.83±0.11b	7.10±0.43b
1 000~1 200	21.70±2.36d	1.19±0.27c	0.76±0.16c	7.14±0.75b
800~1 000	20.09±2.21d	1.13±0.07c	0.59±0.11c	7.88±0.19a

注：同列不同小写字母表示不同海拔段间差异显著（$P<0.05$）。

分析阴坡和阳坡的土壤养分状况发现（表 3-3），金沙江干热河谷阴坡和阳坡的土壤养分状况明显不同。阴坡土壤全氮含量显著高于阳坡（$P<0.05$）。对比金沙江干热河谷各区段相同坡向的土壤养分状况发现，土壤全氮含量表现为中段和下段皆显著小于上段（$P<0.05$），而中段和下段无显著差异。阴坡土壤全氮含量在各区段间差异不显著。

表 3-3　金沙江干热河谷各区段不同坡向下土壤有机质、全氮、全磷和 pH 值

坡向	区段	有机质/（g·kg⁻¹）	全氮/（g·kg⁻¹）	全磷/（g·kg⁻¹）	pH 值
阳坡	上段	31.91±4.16aA	1.50±0.20bA	0.88±0.19bA	6.37±0.25aC
	中段	22.43±3.14bB	1.11±0.10bB	0.68±0.05bB	7.28±0.65aB
	下段	19.73±2.40bB	1.13±0.05bB	0.60±0.14bB	7.82±0.28aA
	总计	26.21±6.53b	1.30±0.24b	0.75±0.19b	6.99±0.74a
阴坡	上段	36.39±8.37a	1.90±0.48aA	1.28±0.39aA	6.42±0.30aB
	中段	35.72±6.19a	1.88±0.38aA	0.99±0.15aB	6.33±0.28bB
	下段	33.98±8.11a	1.96±0.40aA	1.13±0.38aA	7.47±0.53aA
	总计	35.60±7.53a	1.91±0.42a	1.16±0.35a	6.65±0.60a

注：表中土壤的理化性质均为同类型样地的算术平均数。同列不同小写字母表示同一区段不同坡向间差异显著（$P<0.05$），同列不同大写字母表示同一坡向不同区段间差异显著（$P<0.05$）。

金沙江干热河谷土壤全氮含量随海拔的增加而增加。在低海拔段受干热风的影响植物生长较差，枯枝落叶很难就地归还土壤；在低海拔段土壤水分严重亏缺，物质代谢能力减弱，导致土壤肥力下降，土壤自我修复能力也逐渐下降，甚至导致土壤贫瘠化。土壤全氮含量阴坡显著高于阳坡（$P<0.05$），表明阴坡与阳坡相比具有更丰富的土壤养分；阳坡植被盖度、高度、密度等都低于阴坡，而这些因素均能反映在坡向影响下植被对土壤养分的资源竞争和利用（Mark，1998）。阴坡坡度较阳坡平稳，土壤不易沙化，土壤氮素易积累保存（杜峰等，2008）。总之，金沙江干热河谷不同海拔段的土壤养分状况受海拔段和坡向的影响。

除海拔和坡向等因素外，土壤全氮含量在空间上的变化趋势可能主要与气候、生物

等因素有关。从干热河谷水平空间看，随着区域的变化，气候特征出现明显的差异，从边缘地段向核心地段过渡，干热程度增加，植被覆盖率减小，生产力和生物量降低，植被对土壤的改善作用明显减弱，致使土壤全氮含量降低，且表层与底层土壤全氮含量差异幅度降低。

3.1.2　金沙江干热河谷植物固氮效果

豆科植物–根瘤菌共生体的生物固氮是陆地生态系统中天然氮素的重要来源，能够缓解氮缺乏对生态系统生产力与其他过程的限制。因此，随着可持续农林业的发展和生态环境问题的日益突出，豆科植物的生长、分布、生物固氮能力及其对环境的适应机制已成为生态学研究与生物多样性保护的热点问题之一。近年来，在退化生态系统恢复与重建中，扩大豆科植物的种植面积，用生物固氮来改良退化土壤也被认为是一条有效途径。除水分外，土壤氮素植物有效性是影响干旱区生态系统生物活性的关键因子（Wilfred 等，1985；Lal，2004），生物可利用氮的输入量决定该类气候区生态系统的生产力（Wilfred 等，1985；Steven，2005）。干热河谷土壤氮含量及其有效性普遍较低，被认为是该地区生态修复的主要障碍因子之一（赵琳等，2009）。根瘤菌与豆科植物共生固氮是生态系统氮素的重要来源之一，尤其是在大气氮沉降极少的干旱区（Lal，2004；张鹏等，2011），但固氮酶活性和固氮能力因树种、立地环境等差异较大（Schwintzer 等，1982；Zhang 等，1996；黄维南等，2004；Lurline 等，2006；曾小红等，2008）。以往对干热河谷豆科植物根系结瘤状况（曾小红等，2008；贾风勤等，2009）、根瘤菌抗性（黄明勇等，2000）以及根瘤菌多样性与系统发育（黄昌学等，2008）进行了研究，但尚未有探究根瘤固氮潜力及其影响因素的研究。笔者通过调查不同季节和土壤环境大叶相思、新银合欢、木豆和山合欢根系根瘤菌结瘤状况，采用乙炔还原法测定其根瘤固氮酶活性，探究干热河谷根瘤固氮特征，为该地区造林树种配置提供依据和参考。

于 2011 年 4 月选择大叶相思、新银合欢、木豆和山合欢人工林作为调查样地，在各样地上设置 20 m×20 m 的标准样方各 8 个，其中 4 个标准样方土壤类型为燥红土，另外 4 个为变性土，共 32 个标准样方（唐国勇等，2012）。对标准样方内林木进行每木检尺，测定林木的胸径、树高、冠幅等（表 3-4）。大叶相思和新银合欢为乔木，木豆和山合欢为灌木，这 4 个树种是干热河谷较好的先锋固氮护坡树种，可以与不同类型、生长特征的树种混栽（赵琳等，2009；唐国勇等，2010）。

表 3-4　金沙江干热河谷大叶相思、新银合欢、木豆和山合欢人工林样地基本情况

树种	土壤类型	林龄/a	胸径/cm	树高/m	冠幅/m	土壤容重/($g \cdot cm^{-3}$)	<0.002 mm黏粒含量/%	pH值	有机碳/($g \cdot kg^{-1}$)	全氮/($g \cdot kg^{-1}$)
大叶相思	燥红土	10	6.3	8.3	3.2×3.5	1.41	31.47	6.35	3.45	0.38
	变性土	10	5.4	4.7	2.5×2.6	1.55	55.88	7.79	3.01	0.28
新银合欢	燥红土	10	6.9	8.1	2.2×2.3	1.36	34.01	6.26	3.67	0.42
	变性土	10	5.2	5.8	2.0×2.0	1.47	54.74	7.74	3.41	0.32

（续表）

树种	土壤类型	林龄 /a	胸径 /cm	树高 /m	冠幅 /m	土壤容重/ $(g \cdot cm^{-3})$	<0.002 mm 黏粒含量/%	pH 值	有机碳/ $(g \cdot kg^{-1})$	全氮/ $(g \cdot kg^{-1})$
木豆	燥红土	3	4.5	2.5	1.8×1.9	1.45	30.67	6.07	2.97	0.31
	变性土	3	3.0	1.8	1.6×1.7	1.58	60.79	7.99	2.64	0.23
山合欢	燥红土	10	3.8	3.4	2.0×2.0	1.42	31.95	6.48	3.37	0.35
	变性土	10	3.6	3.0	1.8×1.9	1.53	56.73	7.45	3.21	0.29

于 2011 年 5 月上旬（旱季末期）、7 月上旬（雨季中期）、9 月上旬（雨季末期）和 12 月上旬（旱季中期），在各标准样方内随机选取 1 株平均标准木作为样木，每株样木分层挖掘根系，现场调查根瘤的数量、大小、形状、颜色及着生点位置等特征（表 3-5），选取有新鲜健康根瘤的根系，置于冰盒内带回实验室处理，每次分别采集 32 个混合样。同时取 0~40 cm 土层的土样进行土壤理化性质测定。采样前用 TDR 水分仪多点测定 20 cm 处土壤含水量和温度。考虑土壤含水量和土壤温度的日变化，测定时间统一为采样当天 8:00—9:00，且采样前至少 1 周无降雨。固氮酶（NA）活性用乙炔还原法测定（Hardy 等，1973）。

调查发现，干热河谷大叶相思、新银合欢、木豆和山合欢的根瘤均呈圆形或椭圆形，绝大多数根瘤着生在侧根上，尤其是 <1 mm 的侧根，而且根瘤形状和着生部位几乎不受采样时间和土壤类型的影响；但根瘤颜色、数量和大小因固氮树种而异，并且存在明显的季节差异和土壤类型差异（表 3-5）。与木豆和山合欢相比，大叶相思和新银合欢的根瘤数量较多、体积较大、颜色偏红。通常颜色深表明根瘤豆血红蛋白含量相对较高，潜在固氮能力强（Schwintzer 等，1982；Zhang 等，1996）。就取样时间而言，雨季中期和雨季末期根瘤数量多、体积大，旱季中期根瘤数量较少、体积较小，而旱季末期根瘤数量最少、体积最小，在旱季末期木豆和山合欢甚至未检出有效根瘤（木豆燥红土样地除外）。燥红土样地上 4 个固氮树种的根瘤数量为变性土的 1.3~2.3 倍，根瘤体积为变性土的 2~4 倍，根瘤颜色比变性土的稍深。

参试树种根瘤绝大部分具有 NA，仅旱季末期在木豆燥红土样地中获取的根瘤因根瘤量不足（仅 2.3 g，不满足检测要求）而未测出 NA。4 个固氮树种根瘤 NA 为 1.78~27.14 μmol · g^{-1} · h^{-1}，其中，大叶相思、新银合欢、木豆和山合欢根瘤 NA 变化区间分别为 1.92~27.14 μmol · g^{-1} · h^{-1}、3.82~26.40 μmol · g^{-1} · h^{-1}、1.78~15.80 μmol · g^{-1} · h^{-1} 和 2.02~14.17 μmol · g^{-1} · h^{-1}。总体上，参试树种根瘤 NA 表现为新银合欢（16.25 μmol · g^{-1} · h^{-1}）> 大叶相思（15.85 μmol · g^{-1} · h^{-1}）> 山合欢（9.60 μmol · g^{-1} · h^{-1}）> 木豆（9.42 μmol · g^{-1} · h^{-1}），其中，新银合欢和大叶相思根瘤 NA 无显著差异（P=0.826），山合欢与木豆也无显著差异（P=0.935），但新银合欢和大叶相思根瘤 NA 显著（P<0.001）高于木豆和山合欢。从 4 种植物根瘤 NA 与土壤类型的关系来看，燥红土样地上 4 种豆科植物根瘤 NA 均高于变性土，为变性土的 1.3~1.6 倍。统计分析显示，除山合欢（P=0.264）外，燥红土样地上的其他 3 个树种的根瘤 NA 均显著

表3-5　干热河谷4种豆科植物结瘤及根瘤特征

植被	采样时间	土壤类型	样本数	根瘤数/个	根瘤颜色	根瘤大小/mm	固氮酶活性/($\mu mol \cdot g^{-1} \cdot h^{-1}$)	土壤含水量/%	土壤温度/℃
大叶相思	5月上旬	燥红土	4	9	淡黄色	0.5~1.0	5.20±0.51	6.84	15.70
	5月上旬	变性土	4	4	淡黄色	0.3~1.0	1.92±0.16	5.42	15.75
	7月上旬	燥红土	4	42	红褐色、浅黄色、棕红色	0.9~5.8	27.14±1.31	15.52	14.80
	7月上旬	变性土	4	31	红褐色、浅黄色、棕红色	0.9~4.2	18.58±0.83	13.85	14.90
	9月上旬	燥红土	4	41	红褐色、浅黄色、棕红色	0.8~5.0	26.20±1.00	15.25	15.30
	9月上旬	变性土	4	30	红褐色、浅黄色、棕红色	0.7~4.1	17.41±1.28	13.75	15.33
	12月上旬	燥红土	4	18	淡黄色、黄红色	0.7~2.2	19.30±0.92	10.54	15.28
	12月上旬	变性土	4	8	淡黄色、黄红色	0.4~1.8	11.05±0.86	8.54	15.33
新银合欢	5月上旬	燥红土	4	12	淡黄色	0.6~2.1	6.05±0.47	6.97	15.83
	5月上旬	变性土	4	7	浅褐色	0.8~1.9	3.82±0.19	5.57	15.90
	7月上旬	燥红土	4	45	粉红色、红色	1.1~7.8	26.40±0.77	15.60	14.78
	7月上旬	变性土	4	34	粉红色、红色	1.0~6.5	19.04±0.80	13.90	14.88
	9月上旬	燥红土	4	42	红色、粉红色	1.2~5.4	24.20±1.00	15.42	15.33
	9月上旬	变性土	4	31	红色、粉红色	1.0~4.5	18.24±0.73	13.79	15.33
	12月上旬	燥红土	4	22	粉红色、浅黄色	0.9~4.7	19.52±0.60	10.55	15.25
	12月上旬	变性土	4	14	淡黄色、浅褐色	0.8~3.5	12.70±0.78	8.88	15.25

（续表）

植被	采样时间	土壤类型	样本数	根瘤数/个	根瘤颜色	根瘤大小/mm	固氮酶活性/(μmol·g^{-1}·h^{-1})	土壤含水量/%	土壤温度/℃
木豆	5月上旬	燥红土	4	1	白色	0.1	—	5.56	16.00
		变性土	4	0	—	—	—	5.00	16.02
	7月上旬	燥红土	4	27	浅红色	0.8~4.0	15.80±0.63	14.98	15.63
		变性土	4	17	浅红色	0.8~4.1	10.30±0.61	12.87	15.70
	9月上旬	燥红土	4	26	浅红色	0.7~3.8	15.00±0.65	13.42	15.73
		变性土	4	17	浅红色	0.6~3.5	9.66±0.69	12.71	15.88
	12月上旬	燥红土	4	9	浓黄色	0.4~2.1	3.95±0.49	9.99	15.33
		变性土	4	5	浅灰色	0.3~2.0	1.78±0.36	8.01	15.43
山合欢	5月上旬	燥红土	4	0	—	—	—	5.98	15.88
		变性土	4	0	—	—	—	5.89	15.87
	7月上旬	燥红土	4	24	浅红色、浓黄色	0.8~3.7	14.17±0.70	14.97	15.55
		变性土	4	15	浅红色、浓黄色	0.6~3.8	12.25±0.59	12.86	15.58
	9月上旬	燥红土	4	20	浅红色	0.8~3.0	14.09±0.69	13.34	15.70
		变性土	4	14	浅红色	0.5~2.5	11.06±0.59	12.67	15.70
	12月上旬	燥红土	4	8	浅灰色	0.3~2.0	3.98±0.47	9.56	15.25
		变性土	4	5	浅灰色、白色	0.2~1.0	2.02±0.40	8.21	15.35

注：固氮酶活性用乙烯生成速率表示。

（$P<0.05$）高于变性土样地（数据未展示）。不同采样时间根瘤 NA 差异明显，各树种根瘤 NA 均表现为雨季中期>雨季末期>旱季中期>旱季末期。雨季中期和雨季末期收集根瘤的 NA 均无显著差异，但均显著高于旱季中期和旱季末期，而旱季中期根瘤 NA 也显著高于旱季末期。雨季根瘤 NA 约为旱季的 2.3 倍。旱季末期木豆和山合欢未检出有效根瘤（或极少量），即该树种在旱季末期根瘤无固氮能力。为明确植被类型、土壤类型和采样时间对根瘤 NA 的交互影响，进行了主效应方差分析。结果表明（表 3-6），不仅植被类型、土壤类型和采样时间对根瘤 NA 有显著（$P<0.001$）影响，三者的交互效应同样有显著影响（$P<0.01$）。通过线性回归分析，发现土壤含水量与 NA 呈线性正相关，而且不同土壤类型样地中土壤含水量与 NA 均呈线性正相关；但土壤温度与 NA 相关性不明确（表 3-7）。

表 3-6　植被类型、土壤类型和采样时间对干热河谷植物根瘤菌固氮酶活性的主效应方差分析

变异来源	Ⅲ 型平方和	自由度	均方	F	P
校正模型	6 566.51	27	243.20	453.93	0.000
截距	14 393.08	1	14 393.08	26 864.03	0.000
植被类型	2 637.28	3	879.09	1 640.79	0.000
土壤类型	546.34	1	546.34	1 019.71	0.000
采样时间	4 403.63	3	1 467.88	2 739.72	0.000
植被类型×土壤类型	134.41	3	44.80	83.62	0.000
植被类型×采样时间	83.28	7	11.90	22.21	0.000
土壤类型×采样时间	76.75	3	25.58	47.75	0.000
植被类型×土壤类型×采样时间	12.85	7	1.84	3.43	0.003
误差	45.00	84	0.54	—	—
总和	26 257.82	112	—	—	—
校正总和	6 611.51	111	—	—	—

表 3-7　土壤含水量、土壤温度与根瘤菌固氮酶活性相关性

参数	土壤类型	回归方程	R^2	P
土壤含水量（W）、固氮酶活性（y）	燥红土	$y=0.30W+7.68$	0.617	0.001
	变性土	$y=0.42W+6.28$	0.700	0.000
	总体	$y=0.34W+7.11$	0.660	0.000
土壤温度（T）、固氮酶活性（y）	燥红土	$y=-0.41T+21.96$	0.001	0.912
	变性土	$y=0.61T+1.46$	0.004	0.830
	总体	$y=-0.13T+15.16$	0.000	0.957

豆科植物结瘤固氮是一个复杂的生态学过程，受众多因素的影响，其中，植物本身的遗传背景是影响植物根系结瘤固氮的关键因素（Schwintzer 等，1982；Zhang 等，1996；黄维南等，2004；Lurline 等，2006；曾小红等，2008）。在采集时间和生境相近的情况下，不同豆科植物根瘤 NA 或固氮量也存在明显差异（Lurline 等，2006；曾小红等，2008；周丽霞等，2003）。周丽霞等（2003）对广东省境内的豆科植物结瘤固氮资源进行了调查，发现在采集时间相近的情况下植物根瘤 NA 差异明显，大多数根瘤 NA 为 $1 \sim 10 \ \mu mol \cdot g^{-1} \cdot h^{-1}$。本研究在金沙江干热河谷调查的 4 个固氮树种在结瘤数量、大小和根瘤 NA 等方面存在一定差异（表 3-5），总体上，新银合欢与大叶相思结瘤固氮能力相当，木豆与山合欢较类似；但新银合欢和大叶相思根瘤数量和 NA 均高于木豆和山合欢。曾小红等（2008）于旱季末期在干热河谷 3 个典型地段调查了 18 个豆科树种结瘤情况，发现银合欢结瘤数量明显高于木豆，且木豆多空瘤，而山合欢未检出根瘤。广东境内大叶相思和新银合欢根瘤体积大于山合欢，但因为新银合欢和山合欢根瘤数量较少而未检出根瘤 NA（周丽霞等，2003）。通过盆栽试验，刘国凡等（1986）发现，尽管木豆根瘤 NA 低于山合欢，但由于木豆结瘤量大于山合欢，固其固氮量反而高于山合欢，而野外调查却发现山合欢根瘤明显大于木豆。本研究调查的木豆结瘤数量和大小略高于山合欢，但二者 NA 差异不显著。土壤类型是影响植物生长及其相关土壤生态过程的重要因素。在相同林龄和种植密度条件下，燥红土土壤肥力状况和含水量明显优于变性土（表 3-4，表 3-5），林木生长状况也明显优于变性土（表 3-4），这可能导致燥红土立地条件下 4 个固氮树种结瘤量和根瘤 NA 均高于变性土。刘国凡等（1986）在四川省米易县（金沙江干热河谷）野外调查时发现，褐红土木豆结瘤量、NA 和固氮量分别是红壤的 2.0~2.7 倍、1.2~1.3 倍和 2.4~3.4 倍；盆栽试验也证实了不同立地条件下固氮树种（木豆和山合欢）结瘤量、NA 和固氮量差异显著。豆科植物结瘤量和根瘤 NA 均呈现明显的季节性动态。例如，萌芽后（5 月中旬），香杨梅（*Myrica gale* L.）根瘤菌固氮酶开始具有活性，6 月下旬至 8 月中旬达到峰值，而所有叶凋落后（11 月下旬）固氮酶失活（Schwintzer 等，1982）。也有研究表明，干旱环境下根瘤中豆血红蛋白含量并不一定下降，但根瘤干物质显著下降（Antolin 等，2010）。本研究中，4 个固氮树种根瘤 NA 在雨季中期和雨季末期较高，在旱季较低，尤其是在旱季末期，NA 极低，甚至消失。除受植物生理节律的影响外，干热河谷根瘤菌 NA 与土壤含水量的关系密切，在一定范围内其活性随土壤含水量的提高而增加，但与土壤温度的关系不密切（表 3-7）。通常认为，根瘤菌生物固氮的最适地表温度是 20~30 ℃（黄维南等，2004；Lurline 等，2006），根际土壤温度为 15~17.5 ℃（Zhang 等，1996）。本研究结果显示，土壤温度与 NA 关系不密切，这可能是由于 20 cm 土壤层温度变化幅度较小（14.78~16.02 ℃），其温度变化区间都在根瘤菌适宜生活的温度范围内。

基于以上结果分析，干热河谷造林模式中可适当混植固氮能力较强的大叶相思和新银合欢。由于木豆为 3~5 a 生灌木，也可在生态恢复中作为先锋树种考虑，但需要注意的是，固氮植物与非固氮植物混植将减少结瘤量，并降低固氮量，但 NA 并不一定下降（Bouillet 等，2008）。

3.1.3　施肥对金沙江干热河谷土壤氮素的影响

20世纪70年代后，大量外来树种成功引入金沙江干热河谷，种植面积逐年扩大，对干热河谷生态恢复和经济发展起到一定的推动和促进作用（李昆等，1999；陈奇伯等，2003；张信宝等，2003；李昆等，2006；马姜明等，2006；孟广涛等，2008）。施肥作为配套技术可以人工辅助启动和引导退化生态系统实现自我修复、促进植被生长，尤其是对极度退化的生境（张昌顺等，2006）。探究人工植被恢复区土壤氮含量对施肥措施的响应，是确定生态恢复技术和手段的关键依据（张昌顺等，2006）。此外，提高林地土壤碳、氮含量具有改善土壤质量和减缓温室效应的双赢效果（唐国勇等，2006；孟广涛等，2008）。目前，综合对比研究施肥对干热河谷生态恢复区引进树种林木生长和土壤氮素影响方面的报道较少。

笔者就不同施肥措施下印棟、新银合欢和大叶相思生长量与土壤氮含量特征进行对比分析，以期为加快干热河谷生态恢复提供技术支持。试验区设在云南元谋干热河谷生态系统国家定位观测研究站内的人工植被恢复区。生态恢复前试验区为严重退化的荒地，坡度为12°~15°，阳坡，水土流失严重，土林林立，山崩、塌方、滑坡等自然灾害发生频繁，生态环境恶劣。土壤类型为变性燥红土，土壤板结，膨胀收缩强烈，干旱时易开裂，属Ⅵ类立地级。试验区植被稀疏，以车桑子和黄茅为主。生态恢复前（2000年）测定了土壤有机碳和全氮含量。试验材料为4 a生印棟、新银合欢和大叶相思人工纯林，苗龄1 a，造林时间为2001年5月，株行距2.0 m×2.0 m。林木施肥前测定了树高和地径，方差分析结果显示，各类林分内林木树高和地径差异不显著，可以进行施肥试验。设不施肥（对照，CK）、单施氮肥（N）、单施磷肥（P）、氮磷配施（NP）、有机-无机肥配施（NPM）5个处理。于2004年5月下旬（雨季之前）采用环状、沟施的方法对林木施肥，施肥量（折纯）见表3-8。有机肥为羊粪，含有机质（鲜重）23.55%、氮（N）0.57%、磷（P）0.34%。施肥沟深度为35 cm左右，距树干40 cm。每处理林木15~20株（唐国勇等，2009）。

表3-8　金沙江干热河谷印棟、新银合欢和大叶相思人工纯林肥料施用量

单位：$g \cdot 株^{-1}$

处理	无机氮肥	矿质磷肥	有机肥
不施肥（对照）	0	0	0
单施氮肥	120	0	0
单施磷肥	0	350	0
氮磷配施	120	350	0
有机-无机肥配施	113	346	1 200

于2004年11月中旬（雨季结束）对试验林木进行每木检尺，调查林木生长量，分别计算各施肥处理下平均木的树高和地径，选取与各处理平均木接近的3株植株，在

所选植株施肥沟外侧 25 cm 处采集表层（0~20 cm）土样，每株多点采集形成 1 个混合土样。每处理取 3 个混合样，共采集 45 个土样。

印楝属于楝科（Meliaceae）植物，在 20 世纪 90 年代引入干热河谷，因其耐旱和多功能性，被誉为"可解决全球性问题的树"。云南省已成为世界人工种植印楝面积最大的地区，并将成为我国印楝生物农药原料的潜在中心产区（张燕平等，2002）。为消除树种和施肥前林木生长的差异，本调查用生长量增量表征施肥对林木生长的影响。在干热河谷 5 个月的雨季植物生长期内，不同施肥条件下印楝地径和树高增量差异明显。施肥处理间地径和树高增量大小顺序具有高度的一致性，均以 NPM 处理最大，增量分别为 1.28 cm 和 65 cm，而 CK 处理的最小，仅为 0.55 cm 和 29 cm。与对照处理相比，施肥大幅提高了印楝地径和树高，提高幅度分别为 100% 和 62%。方差分析显示，除 P 处理外，其他施肥处理下地径和树高增量均显著高于 CK 处理（$P<0.05$）。P 处理下印楝地径和树高增量均显著低于施氮处理（N、NP 和 NPM 处理）。说明施肥显著促进了干热河谷印楝幼树的生长，尤其是氮肥的施用。

新银合欢属于含羞草科（Mimosaceae）植物，具有速生、早实的特点，是干热河谷良好的造林树种之一（李昆和曾觉民，1999）。施肥措施下新银合欢地径和树高平均增量分别为 1.61 cm 和 161 cm；CK 处理增量分别为 1.12 cm 和 115 cm，显著低于施肥措施。N 和 P 处理间新银合欢生长增量差异不显著，但显著低于 NP 和 NPM 处理，NP 和 NPM 处理间差异不显著。说明施肥有利于幼龄新银合欢的生长，尤以肥料配施效果明显。

大叶相思属于含羞草科（Mimosaceae）植物，是一种速生且具有较强抗旱能力的树种，生态效益明显（李昆和曾觉民，1999）。雨季生长期内，各施肥措施下大叶相思幼树地径和树高增量范围分别为 0.64~1.40 cm 和 63~108 cm。施肥处理下地径和树高平均增量分别是 CK 处理的 2.0 倍和 1.5 倍，其差异达到显著水平。施肥处理间地径增量相对接近（1.16~1.40 cm），差异均不显著；N 和 P 处理下树高增量（87 cm 和 84 cm）显著低于 NP 和 NPM 处理（102 cm 和 108 cm）。表明氮、磷的施用明显促进了该地区大叶相思幼树的生长。

除 P 处理外，其他施肥处理下 3 种人工林生长量增量均显著高于不施肥处理。说明林木施肥显著促进了印楝、新银合欢和大叶相思的生长。总体上，单施氮肥或磷肥的促进效果明显不及有机-无机肥配施或氮磷配施。P 处理下印楝生长量显著低于 N 处理，而 P 处理和 N 处理间大叶相思和新银合欢生长量差异均不显著，这可能由于大叶相思和新银合欢同属含羞草科，根系有根瘤菌，可以固定空气中的惰性氮为植物提供有效氮，而印楝根系不能被根瘤菌侵染，植物所需的氮素必须通过根系从土壤吸收，而单施磷肥对印楝生长量并无显著影响，这间接揭示了土壤供氮不足是干热河谷幼龄印楝生长的限制性因素。鉴于此，该地区人工林培育或植被恢复宜筛选根瘤菌能侵染的树种。

土壤有机质［（以土壤有机碳（SOC）为测定指标］是土壤肥力的物质基础，也是氮、磷、硫等植物必需营养元素的载体（Lal，2004）。氮素是植物生长必需的营养元素之一，也是评价土壤肥力的重要指标（唐国勇等，2006）。严重退化的荒地植被恢复 3 a 后 SOC 平均含量为 3.51 g·kg^{-1}，变幅为 2.95~4.01 g·kg^{-1}；全氮平均含量为 0.56 g·kg^{-1}，变幅为 0.36~0.79 g·kg^{-1}，属中等程度变异（表3-9）。数据正态性检验采用柯尔莫哥洛夫-斯米诺夫检验（K-S检验），结果表明，恢复区SOC和全氮含量均服从正态分布（$P_{K-S}>0.05$），说明恢复区SOC和全氮空间变异是由多种相互独立的随机因素（如施肥模式、林分类型和管理措施等）综合作用的结果，而受成土母质、地形和土壤类型等结构性因素的影响相对较小。与恢复前荒地相比，恢复区SOC和全氮含量有不同程度的提高，提高幅度分别为8.7%和19.1%，统计分析表明其差异达到显著水平（$P<0.05$）（表3-9）。说明短期内在现有施肥措施下，植被恢复可以显著提高干热河谷严重退化地区SOC和全氮含量水平。

表3-9　金沙江干热河谷生态恢复前、后土壤有机碳和全氮含量描述性统计

项目	利用类型	样本数	平均值/ $(g \cdot kg^{-1})$	标准差/ $(g \cdot kg^{-1})$	最大值/ $(g \cdot kg^{-1})$	最小值/ $(g \cdot kg^{-1})$	变异系数/%	P_{K-S}
土壤有机碳	恢复前荒地	6	3.23b	0.069	3.33	3.15	2.14	—
	恢复3 a后	45	3.51a	0.259	4.01	2.95	7.38	0.926
土壤全氮	恢复前荒地	6	0.47b	0.039	0.52	0.41	8.30	—
	恢复3 a后	45	0.56a	0.103	0.79	0.36	18.39	0.978

注：不同小写字母表示恢复前、后各指标差异显著（$P<0.05$）。

参照第二次全国土壤普查的标准，本研究林地土壤碳、氮含量水平仍较低，属Ⅵ类立地级，这预示了干热河谷严重退化生境生态恢复的长期性。郭玉红等（2007）对元谋县林地土壤特征进行研究，得出5~15 cm土层SOC含量为3.15~6.72 g·kg^{-1}，与本研究SOC平均含量接近。陈奇伯等（2003）研究发现，乔木林0~20 cm土层有机质和全氮含量分别为1.0%和0.04%，比荒地对照分别提高17.6%和12.3%。马姜明等（2006）发现，人工林培育6~12 a后，SOC和全氮含量范围分别为3.13~6.05 g·kg^{-1}和0.45~0.81 g·kg^{-1}，比荒地对照分别提高15.1%~211.9%和6.7%~108.6%，其增幅明显高于本调查研究，这可能与本研究生态恢复时间短有关。

对恢复区SOC和全氮含量进行方差及其来源分析，结果表明，林分类型和施肥措施对SOC和全氮含量的影响各异（表3-10）。施肥措施对SOC和全氮含量的影响均达到极显著水平（$P<0.01$），林分类型对全氮含量的影响达极显著水平（$P<0.01$），而林分间SOC含量差异不显著。林分类型和施肥措施的交互作用对SOC和全氮含量的影响均不显著。表3-10还显示，在林分类型、施肥措施和两者交互作用的3个方差来源中施肥措施的方差贡献率最高，超过75%，说明SOC和全氮含量差异最主要是由施肥措施所致。林分类型对SOC和全氮含量的方差贡献率相对较低，可能与植被恢复时间较短有关。

总体来看，3类林地SOC含量接近，全氮含量呈现出一定的差异（表3-11）。其中，新银合欢林地SOC含量最高，为3.60 g·kg^{-1}；大叶相思其次（3.52 g·kg^{-1}）；印楝最低（3.42 g·kg^{-1}），约为新银合欢林地SOC的90%。方差分析表明，林分类型间SOC含量差异未达到显著水平（$P<0.05$）。3类林地全氮含量高低顺序与SOC略有不同，大叶相思（0.62 g·kg^{-1}）>新银合欢（0.57 g·kg^{-1}）>印楝（0.50 g·kg^{-1}）。大叶相思和新银合欢林地全氮含量均显著（$P<0.05$）高于印楝，这可能与含羞草科植物根瘤菌生物固氮作用有关。研究表明，根瘤菌所固定的氮不仅可以促进寄主植物的生长，也可在一定程度上维持甚至提高土壤氮素水平（马姜明等，2006）。此外，含羞草科植物林内枯落物量相对较高（李昆和曾觉民，1999），这也导致新银合欢和大叶相思林地的 SOC 和全氮含量较高。这与他人的研究结果相似（李昆等，2006；马姜明等，2006）。

表 3-10　金沙江干热河谷植被恢复区土壤有机碳和全氮方差分析和方差贡献率

方差来源	土壤有机碳		全氮	
	显著性水平	方差贡献率/%	显著性水平	方差贡献率/%
林分类型	0.060	39.3	0.005	56.2
施肥措施	0.001	84.6	0.001	75.4
林分类型×施肥措施	0.051	38.8	0.136	31.4

表 3-11　金沙江干热河谷植被恢复区土壤有机碳和全氮含量

林分类型	土壤有机碳/（$g \cdot kg^{-1}$）		全氮/（$g \cdot kg^{-1}$）	
	平均值	标准差	平均值	标准差
印楝	3.42a	0.324	0.50b	0.094
新银合欢	3.60a	0.224	0.57a	0.095
大叶相思	3.52a	0.196	0.62a	0.091

注：同列不同小写字母表示不同林分类型间差异显著（$P<0.05$）。

施肥是维护人工林地力的一种有效方法，尤其是对极端退化的生态系统（张昌顺等，2006）。总体上，3 类林地 SOC 和全氮含量对施肥措施的响应表现出高度的一致性，即 NPM 处理下林地 SOC 和全氮含量最高，其次为 NP 处理，单施肥料处理（N 和 P 处理）SOC 和全氮含量相对较低，而不施肥处理下 SOC 和全氮含量最低。NPM 处理下林地 SOC 和全氮平均含量分别是其他处理的 1.13 倍和 1.28 倍，一方面是由于有机肥的施用直接增加了土壤中有机物输入量；另一方面是由于有机-无机肥配施能有效改善表层土壤物理性质，提高表层土壤微生物数量和活性以及活化土壤养分（Li 等，2006），提高林木的净初级生产力，势必增加植物残体和根系归还量。金沙江干热河谷 5—10 月雨热同期，有利于植物残体和根系归还物的分解转化，进而提高 SOC 和全氮含量，这种特殊气候条件可能是干热河谷人工林施肥后 SOC 和全氮含量迅速提高的主要原因。此外，有机-无机肥配施为根瘤菌提供大量能源物质、碳源和有效氮，这有利于根瘤菌的生长和固氮功能的发挥，提高土壤氮素水平（马姜明等，2006）。不施肥措施下 SOC 和全氮平均含量是其他处理的 90% 和 76%，说明施肥可以明显提高干热河谷林地 SOC 和全氮含量。除 CK 和 P 处理外，各施肥处理下 3 类林地 SOC 和全氮含量均高于生态恢复前的荒地。不能被根瘤菌侵染的印楝无法通过生物固氮途径获取植物生长所需的氮素，供氮不足是干热河谷印楝生长的限制性因素，植物生长明显滞后于其他处理，这间接影响了土壤碳、氮的积累。

值得指出的是，不施肥处理下（可认为是自然条件）印楝林地 SOC 和全氮含量低于试验起始值，尤其是全氮含量，而自然条件下新银合欢和大叶相思林地 SOC 和全氮有不同程度的提高。说明在自然条件下印楝生长消耗了地力，表现出人工林的"自贫"效应，这可能会加剧干热河谷受损生境的退化；而新银合欢和大叶相思具有庞大的根系和大量的枯落物（李昆和曾觉民，1999），林地养分在土壤表层发生聚集，导致林地表层土壤肥力的提高，即人工林的"自肥"效应。土壤供氮不足是金沙江干热河谷印楝、大叶相思和新银合欢幼林生长的一个限制性因素，施肥能明显促进其生长，尤其是有机-无机肥配施。生态恢复区 SOC 和全氮含量变异主要由施肥措施所致，受林分类型的影响相对较小，这可能与生态恢复时间较短有关。在现有施肥措施下，新银合欢、大叶相思和印楝林地 SOC 含量接近，但含差草科的新银合欢和大叶相思林地土壤全氮含量显著高于楝科的印楝林地。5 种施肥措施对林地 SOC 和全氮含量影响各异。总体上，有机-无机肥配施处理下林地 SOC 和全氮含量最高，单施肥料处理下 SOC 和全氮含量较低，不施肥处理下 SOC 和全氮含量最低。因此，在干热河谷生态极端脆弱地区进行生态恢复或造林时需慎重选择树种，尽可能筛选根瘤菌可以侵染的树种。

3.2　金沙江干热河谷土壤磷素生物调控效应

3.2.1　金沙江干热河谷土壤磷素特征

磷是植物必需的三大营养元素之一，通常钙质土壤中全磷含量都较高，但是由于钙、镁、磷的结合，土壤有效磷含量较低。土壤磷素是影响土壤肥力的重要因子之一，是一种沉积性的元素，在主要的植物营养矿物中，磷素在风化壳中的物质迁移相对较少。土壤有效磷可以相对说明土壤的供磷水平，是指易被植物吸收的磷量，来自土壤有机磷的矿化和无机磷的释放。

笔者通过调查（表 3-12，表 3-13），得出金沙江干热河谷土壤磷素的主要特征：①无机磷是燥红土全磷的主要组分，占全磷的 70%~77%；②不同季节燥红土全磷、无机磷和水溶性磷含量差异不显著，雨季有机磷、有效磷和微生物生物量磷含量显著高于旱季，总体上雨季磷素有效性高于旱季；③雨季微生物生物量磷是有效磷的主要组分，但旱季水溶性磷与微生物生物量磷含量相当；④钙磷和铁磷是燥红土无机磷的主要组分，两者占无机磷的比例达 75% 以上，基于各组分的溶解性和比例，研究得出促进土壤铁磷的溶解是提高燥红土磷素有效性的关键；⑤雨季铝磷、铁磷含量低于旱季，闭蓄态磷和钙磷略高于旱季，其中铁磷显著低于旱季。

表 3-12　金沙江干热河谷旱季、雨季燥红土磷素组分

季节	全磷/ ($g \cdot kg^{-1}$)	无机磷/ ($g \cdot kg^{-1}$)	有机磷/ ($g \cdot kg^{-1}$)	有效磷/ ($mg \cdot kg^{-1}$)	水溶性磷/ ($mg \cdot kg^{-1}$)	微生物生物量 磷/ ($mg \cdot kg^{-1}$)
旱季	0.31a	0.24a	0.07a	4.23a	1.91a	1.98a
雨季	0.33a	0.23a	0.10b	11.95b	2.05a	9.56b

注：同列不同小写字母表示不同季节间的差异显著 （$P<0.05$）。

表 3-13　金沙江干热河谷旱季、雨季燥红土无机磷分级

季节	可溶性磷 含量/ ($mg \cdot kg^{-1}$)	可溶性磷 占比 /%	铝磷 含量/ ($mg \cdot kg^{-1}$)	铝磷 占比 /%	铁磷 含量/ ($mg \cdot kg^{-1}$)	铁磷 占比 /%	闭蓄态磷 含量/ ($mg \cdot kg^{-1}$)	闭蓄态磷 占比 /%	钙磷 含量/ ($mg \cdot kg^{-1}$)	钙磷 占比 /%
旱季	2.3a	1.0	16.3a	6.7	92.1a	38.0	29.7a	12.1	101.2a	41.8
雨季	2.8a	1.2	14.9a	6.4	80.2b	34.4	30.6a	13.1	104.1a	44.7

注：同列不同小写字母表示不同季节间的差异显著 （$P<0.05$）。

对金沙江干热河谷各区段表层土壤全磷含量状况进行统计分析 （表 3-1），结果显示，土壤全磷含量是 0.71~1.45 g·kg^{-1}。全磷含量反映土壤中该营养元素水平，对植物生长具有直接影响。各区段间土壤全氮含量差异不显著 （杜寿康，2022；杜寿康等，2022）。从表 3-1 可以看出，研究区天然林土壤全磷含量与人工林和稀树灌草丛有显著差异 （$P<0.05$），而人工林与稀树灌草丛无显著差异。金沙江干热河谷上段不同植被类型间土壤全磷含量无显著差异，整体表现为天然林>人工林>稀树灌草丛；中段不同植被类型间全磷含量差异不显著，整体表现为天然林>人工林>稀树灌草丛；下段天然林土壤全磷含量和人工林存在显著差异 （$P<0.05$），整体表现为天然林>人工林。对金沙江干热河谷各海拔段表层全磷含量状况进行统计分析 （表 3-2），全磷含量最小值出现在最低海拔段，最大值在最高海拔段，比值为 1:2.19。从整体上看，不同海拔段表层土壤养分状况差异明显，即随着海拔的上升，各样地表层土壤养分含量升高。随海拔升高引起的气候条件变化有利于岩石的风化和土壤养分的积累，进而增加土壤全磷含量，但同时也造成土壤全磷含量的部分淋溶，两者相互作用使得土壤全磷含量呈缓慢增加的趋势 （Liu 等，2021）。分析发现 （表 3-3），金沙江干热河谷阴坡和阳坡土壤养分状况明显不同。阴坡土壤全磷含量显著高于阳坡 （$P<0.05$）。对比金沙江干热河谷区各区段相同坡向的土壤养分状况发现 （表 3-3），全磷含量表现为上段显著高于中段和下段 （$P<0.05$），而中段与下段无显著差异。阴坡土壤全磷含量在上段、中段和下段之间差异不显著。

3.2.2　金沙江干热河谷燥红土解磷微生物种群特征

于 2012 年 4—10 月开展了干热河谷燥红土解磷微生物种群特征试验 （表 3-14，表 3-15）。主要结论如下。①燥红土中有机磷细菌数量比无机磷细菌多，尤其是雨季，其差异达到 1 个数量级。②有机磷细菌比例高于无机磷细菌。雨季解磷细菌数量远大于旱季，是旱季的 7~18 倍。③燥红土有机磷细菌主要有假单胞菌属（*Pseudomonas*）、固氮菌属（*Azotobacter*）和芽孢杆菌属（*Bacillus*）等，不同季节燥红土有机磷细菌种群分布差异明显，旱季假单胞菌属和固氮菌属占优势；雨季假单胞菌属、固氮菌属和芽孢杆菌属占绝对优势，但固氮菌属比例显著降低，而且出现一定比例的欧文氏菌属（*Erwinia*）。④燥红土无机磷细菌主要包括芽孢杆菌属、假单胞菌属、固氮菌属、欧文氏菌属、埃希氏菌属（*Escherichia*）和沙门氏菌属（*Salmonella*）等，不同季节燥红土无机磷细菌种群分布各异，旱季沙门氏菌属、埃希氏菌属和欧文氏菌属占优势，出现率为 20%~30%；雨季沙门氏菌属、埃希氏菌属、欧文氏菌属和固氮菌属占优势，出现率为 15%~25%。⑤雨季芽孢杆菌属、假单胞菌属和固氮菌属比例显著提高，而其他 3 类菌属显著降低。⑥无论季节，解磷细菌数量大小顺序均为根表土壤>根际土壤>非根际土壤；有机磷细菌比例大小顺序为根表>根际>非根际（表中未显示），而无机磷细菌比例大小顺序相反。

表 3-14　不同季节燥红土根际土壤解磷细菌数量

季节	有机磷细菌			无机磷细菌		
	数量/ （×10^5个·g^{-1}）	细菌总数/ （×10^5个·g^{-1}）	有机磷细菌 比例/%	数量/ （×10^5个·g^{-1}）	细菌总数/ （×10^5个·g^{-1}）	无机磷细 菌比例/%
旱季	1.2a	11.2a	10.7a	0.3a	12.9a	2.3a
雨季	22.1b	129.2b	17.1b	2.1b	139.9b	1.5b

注：同列不同小写字母表示不同季节间的差异显著（$P<0.05$）。

表 3-15　不同季节燥红土根际土壤有机磷细菌种群分布

季节	芽孢杆菌属/%	假单胞菌属/%	固氮菌属/%	欧文氏菌属/%
旱季	16.2a	39.1a	44.5a	—
雨季	27.2b	37.5b	33.0b	1.9

注：同列不同小写字母表示不同季节间的差异显著（$P<0.05$）。

燥红土中有机磷微生物数量远高于无机磷微生物，雨季有机磷微生物和无机磷微生物数量均远高于旱季；燥红土有机磷微生物主要包括假单胞菌属、固氮菌属和芽孢杆菌属等，无机磷微生物主要包括芽孢杆菌属、假单胞菌属、固氮菌属、欧文氏菌属、埃希氏菌属和沙门氏菌属等，不同季节优势菌属各异；解磷细菌数量大小顺序均为根表土壤>根际土壤>非根际土壤。

3.2.3　金沙江干热河谷燥红土解磷微生物解磷强度

于 2012 年 4—12 月开展了干热河谷燥红土解磷微生物解磷强度试验（表 3-16，表 3-17）。主要结论如下。①有机磷细菌解磷功能失活率高于 75%（表中未显示）。不同菌属的有机磷细菌解磷强度差异明显，同一菌属内不同菌株解磷强度也存在明显差异；

欧文氏菌属解有机磷能力较弱，假单胞菌属解有机磷能力相对较强。②无机磷细菌解磷功能失活率约为67%，稍低于有机磷细菌失活率。不同菌属、同一菌属不同菌株间有机磷细菌解磷强度差异明显。假单胞菌属和沙门氏菌属解无机磷能力相对较强。③燥红土解磷微生物解磷功能失活现象普遍；菌属间、同一菌属不同菌株间解磷微生物解磷能力差异明显；假单胞菌属解有机磷和无机磷的能力较强，沙门氏菌属也有较强的解无机磷的能力。

表 3-16　金沙江干热河谷旱季燥红土土壤有机磷细菌分解卵磷脂的能力

菌株编号	磷含量/（mg·L^{-1}）	磷增加量/（mg·L^{-1}）	磷增加率/%	平均增加率/%
B$_{a-1}$	3.44	1.29	60	54
B$_{a-4}$	3.19	1.04	48	
P$_{s-2}$	3.80	1.65	78	67
P$_{s-3}$	3.71	1.56	73	
P$_{s-5}$	3.32	1.17	54	
P$_{s-7}$	3.50	1.35	63	
A$_{z-1}$	3.17	1.02	47	52
A$_{z-2}$	3.36	1.21	56	
E$_{r-2}$	2.71	0.56	26	26
不接种	2.15	—	—	—

表 3-17　金沙江干热河谷旱季燥红土土壤无机磷细菌分解磷矿粉的能力

菌株编号	磷增加率/%	平均增加率/%	菌株编号	磷增加率/%	平均增加率/%
B$_{a-2}$	48	48	P$_{s-1}$	55	60
E$_{s-4}$	33	37	P$_{s-3}$	65	
E$_{s-5}$	43		A$_{z-4}$	41	39
E$_{s-7}$	40		A$_{z-3}$	37	
E$_{r-2}$	43		S$_{a-1}$	56	62
E$_{r-2}$	47		S$_{a-2}$	65	
E$_{r-2}$	54		S$_{a-5}$	69	
不接种	—	—	S$_{a-6}$	57	

3.2.4　影响金沙江干热河谷土壤磷素有效性的因素

于2012年12月至2013年9月，采集了不同造林年限的燥红土土样，以研究燥红土解磷微生物解磷效应的长期演变规律试验。主要结论如下。①不同造林年限的林地燥红土表层土壤全磷含量基本保持不变。②造林 10 a 后土壤有机磷含量显著增加，造林 22 a后土壤有机磷含量较之造林前平均增加了 24.7%，尤其是雨季（增幅达 31.4%）。③旱季土壤无机磷变化趋势不明显，Ca_2-P、Fe-P 和 Al-P 含量略有增加，Ca_8-P、Ca_{10}-P 和 O-P 含量减少；雨季土壤无机磷含量显著降低，但 Ca_2-P、Fe-P 和 Al-P 含量并无明显的下降，Ca_8-P、Ca_{10}-P 和 O-P 下降明显，尤其是 Ca_8-P 和 O-P。土壤有效磷和微生物生物量磷含量呈增加趋势，尤其是雨季微生物生物量磷含量。④不同造林年限的林地燥红土表层土壤解磷菌群落组成和结构相对稳定，假单胞菌属细菌比例呈小幅增加趋势，各菌属解磷菌数量均有数量级的增加。⑤在不同土壤位置，解磷细菌总数量、有机磷细菌和无机磷细菌增幅大小顺序相同，均表现为非根际土壤>根际土壤>根表土壤。总体上，解磷菌解磷强度与造林年限关系不密切，但解磷能力随林龄的增加而大幅提高。⑥经相关性分析，得出土壤肥力与植物生长状况（年凋落物、林木年生长量）呈正相关关系；土壤磷素有效性与土壤有机碳含量、年凋落物量和林木年生长量相关；植物生长状况及其导致的土壤肥力的提高是燥红土磷素有效性提高的关键控制因子，而受施肥的影响较小。

一定造林年限内造林对燥红土表层土壤全磷含量影响较小，但能显著提高土壤有机磷含量，尤其是在雨季；土壤有效磷（Olsen-P 和微生物生物量磷）含量随造林年限的增加而提高，土壤有效磷潜在库（Ca_2-P、Fe-P 和 Al-P）含量并无明显的下降。这主要与土壤肥力和植物生长状况有关。一定造林年限内造林对燥红土表层土壤解磷微生物群落结构和组成影响较小，但能显著提高解磷微生物数量。在不同土壤位置，造林 22 a 年后解磷微生物、有机磷微生物和无机磷微生物数量增加幅度均为非根际土壤>根际土壤>根表土壤。解磷微生物解磷强度受造林年限的影响较小，但解磷能力随林龄的增加而大幅提高，这主要受解磷微生物数量和土壤含水量的影响。

于 2013 年 9 月至 2013 年 12 月，通过室内模拟试验，开展了外源添加物对燥红土解磷效应的影响试验。模拟试验主要结论如下。①外源添加物种类及其添加量对燥红土磷素有效性有显著的影响。总体上，添加葡萄糖增加磷素有效性的效果要优于添加林间植被凋落物和无机氮磷肥；添加林间植被凋落物的效果与添加氮磷复合肥相当，但优于添加无机氮肥和添加无机磷肥。②随葡萄糖添加量的增加（0~12.5 g·kg⁻¹），磷素有效性增幅提高，但 10.0 g·kg⁻¹ 和 12.5 g·kg⁻¹ 葡萄糖的添加量增加磷素有效性的效果不显著。③添加相同剂量的大叶相思凋落物对磷素有效性的提高幅度不及添加川楝凋落物。添加 5.0 g·kg⁻¹ 的大叶相思凋落物对磷素有效性的提高幅度较其他添加量大，而川楝凋落物的最优添加量为 7.5 g·kg⁻¹。④氮磷复合肥的最优添加量为 50~100 mg·kg⁻¹，无机氮肥的最优添加量为 200 mg·kg⁻¹，无机磷肥的最优添加量为 100~150 mg·kg⁻¹。⑤外源添加物种类及其添加量对燥红土解磷细菌组成和结构有显著的影响。总体上，添加低剂量的林间植被凋落物主要提高有机磷细菌的数量，添加高剂量的林间植被凋落物则主要提高无机磷细菌的数量；添加不同剂量的葡萄糖对有机磷细菌和无机磷细菌数量的提高幅度接近；而添加外源无机物主要提高无机磷细菌的数量。添加葡萄糖可以提高解磷菌解磷强度，但解磷细菌解磷功能失活率也明显增加。添加林间植被凋落物和添加无机氮磷肥并不能提高解磷菌解磷强度，解磷细菌解磷功能失活率基本不变。

于 2014 年 3—8 月，通过室内模拟试验，开展了土壤含水量和温度对燥红土解磷细菌解磷动态的影响研究。模拟试验主要结论如下。①水分和温度对燥红土磷素有效性有显著的影响。总体上，水分对磷素有效性增加的影响明显大于温度。②土壤含水量为田间持水量（WHC）的 25%~60%时，土壤磷素有效性增幅显著提高，其中增幅最大的是 40%WHC，其增幅为试验处理前土壤磷素有效性的 2.7 倍。③在 5~40 ℃试验温度范围内，土壤磷素有效性为试验处理前土壤磷素有效性的 0.8~1.7 倍。25 ℃最有利于土壤磷素有效性的发挥。④土壤含水量对燥红土解磷细菌组成和结构有显著的影响。总体上，在适宜土壤含水量条件下（40%WHC~60%WHC），土壤无机磷细菌数量及活性大幅提高，虽然有机磷细菌数量提高幅度较小，但其活性也大幅提高。⑤温度的变化主要通过影响解磷微生物的解磷效应而影响土壤磷素有效性。总体上，在 5~40 ℃试验温度范围内土壤解磷微生物总数量或有机磷/无机磷微生物数量均无显著变化，但是在 25 ℃条件下，土壤有机磷微生物和无机磷微生物解磷强度均最强，而超过 35 ℃后，土壤解磷微生物解磷强度剧烈下降。

土壤含水量在 40%WHC 条件下土壤磷素有效性最高，而温度为 25 ℃时土壤磷素有效性较高。土壤含水量主要通过影响解磷微生物数量和活性以及提高可溶性磷含量而提高土壤磷素有效性，温度主要通过影响解磷微生物活性而影响土壤磷素有效性。

于 2014 年 7—12 月，利用筛选出来的解磷效应强的 6 株（丛）解磷微生物，开展了盆栽条件下的土壤解磷微生物解磷技术研究。主要试验技术要点包括如下。时间：7 月中旬。植物：大叶相思和印棟 30 日苗。微生物菌剂：利用项目所筛选保存的 6 株（丛）解磷微生物，进行人工扩繁，扩繁后用 2.5%葡萄糖溶液稀释，作为接种液。接种部位：根系沾接种液。水分：50%WHC。温度：室温。培养时间：40 d，培养 20 d 时添加一次 2.5%的葡萄糖溶液。试验主要结论：相对无解磷微生物的葡萄糖空白对照，有解磷微生物处理中土壤磷素有效性、植物生长量、植物磷吸收量均显著提高。其中，大叶相思生长量较葡萄糖空白对照处理提高 35%，印棟生长量提高 27%，而土壤磷素有效性分别提高 18%和 15%。

3.3　本章总结

金沙江干热河谷具有缺氮、少磷、贫有机质等特点，氮、磷元素的大量缺乏，加剧了干热河谷植被稀少状况，土壤退化加重，生态环境日益脆弱。干热河谷的土壤养分差异明显。从不同区段干热河谷的土壤养分状况来看，土壤全氮和全磷含量从上段到下段有减少的趋势；从不同环境影响因子来讲，养分含量均随海拔增加呈现上升的趋势；除土壤 pH 值外，阴坡的养分含量均高于阳坡。因此，为了增加干热河谷土壤氮、磷元素含量，应通过整地和适当施肥，改善土壤的物理性状，可以增加土壤的通透性、增强某些微生物的活性，从而加快枯枝落叶的分解，进而改善土壤肥力，促进植物生长。此外，选择适宜树种在干热河谷进行人工植被恢复后，土壤物理性质会有较大改善。因此，各类人工植被对提高土壤养分含量效果比较明显，尤其是土壤全氮、全磷等养分含量大幅度提升。不同林地的土壤肥力综合分析表明，人工植被对干热河谷退化土壤生态系统的恢复有明显效果，且各林地土壤肥力综合指标值均较对照高。根瘤菌与固氮植物的共同作用能够提高土壤氮含量，解磷细菌等微生物的存在同样也提高了土壤磷含量。但是，退化土壤恢复的作用不能一蹴而就，需要一定的恢复时间，而且已恢复植被应尽量减少或者杜绝再次人为干扰破坏。

第四章 金沙江干热河谷植物-
土壤养分循环特征

干热河谷的稀树灌草丛不是典型的萨瓦纳植被（热带稀树草原），而被认为是"河谷型萨瓦纳植被"（即河谷型热带稀树草原），它有着独特的群落外貌和植物区系组成，是在我国西南几大江河的河谷热区存在的一类特殊植被，是世界植被中萨瓦纳植被的干热河谷残存者，也是我国一类珍稀濒危的植被类型（金振洲等，2000）。世界上萨瓦纳地区的乔木层物种稀少，主要以散生的、多分枝的低矮树木为主，明显的伞形树冠大而扁平，叶片小而坚硬，具有典型的旱生结构特点；这一地区草本植物相对较为丰富，以高约 1 m 的禾本科植物占绝对优势；藤本植物也非常稀少，没有附生植物。萨瓦纳植物多数都具有高度特化的生物学特性，以适应该地区严酷的干旱环境。它们具有很深的根系，能够吸收土壤深层水分；这些树种具有厚厚的树皮，以抵制频繁的火烧危害；这些林木的树干也能存储很多水分，并在干季部分或全部落叶，以保持植株体内水分。萨瓦纳地区的植物除了具有忍受干旱的特性外，不同树种还具有各自独特的生理特征。此外，在萨瓦纳地区，不同地方、季节的树木以及下层植被的蒸腾强度存在较大差异，这些植物均表现出气孔对蒸腾作用很强的控制作用。另外，在萨瓦纳地区干旱程度不同的地方，植物的生理特性也存在较大差异，乔木树冠的特性始终与干旱程度的变化趋势保持一致。萨瓦纳植被主要以禾本科草本植物为主，其中生长分布着少量灌木和乔木树种，它们之间相互作用、相互影响，形成了一个有机的整体，在它们所组成的群落中处于一种动态的平衡状态。

干热河谷多数原生植物类型为热带性（或热带起源）耐干旱种类，主要由黄茅、孔颖草等草本，滇榄仁、锥连栎、木棉、疏序黄荆、毛叶柿、坡柳等稀树植被组成。从植物的科、属、种各级区系组成来看，干热河谷植物明显以热带成分为主（金振洲等，1998）。土壤种子库是物种得以繁衍延续和植被得以恢复的重要物质基础（Leck 等，1989；Lunt，1990），特别是在容易发生火灾的生境中，土壤种子库的作用更为关键，关系着这些植被类型区主要优势植物物种的更新繁衍和生死存亡。在萨瓦纳植被中，每年都会有频繁的火灾发生，植株的地上部分以及种子多数会被烧死（Fensham 等，2003），植物更新和繁衍在很大程度上受到种源的严格限制。虽然萨瓦纳地区频繁发生的火烧对地上植被以及地面的种子造成极大的破坏，但火烧和伴随火烧而产生的热量和烟雾等，对土壤中部分物种种子的萌发有较大的促进作用（Enright 等，1997；Read 等，2000），特别是对那些种皮坚硬的物种来说，火烧所产生的热量及烟雾等可以打破这些种子的休眠（Warcup，1980；Auld 等，1991）。土壤种子库中的种子，其可萌发的种子数量随季节的变化而变化。一般来说，土壤种子库中的种子，从雨季中期（2 月）到干季早期（5月）再到干季晚期（10月），其发芽数逐渐增加，到干季晚期达到最大，大部分萨瓦纳物种的种子库在火烧后的第二年会得到有效补充。另外，土壤中种子萌发需要合适的温度，这个温度范围是由植物的遗传特性和种子的成熟度等因素决定的（Cha-doeuf 等，1985）。在萨瓦纳地面植被遭受火烧干扰后，表层土壤温度会被加热到很高，但不同物种的种子发芽所需要的温度并不一样。总之，土壤种子库中的物种组成比较复杂，不仅有当地群落中植物的种子，也有当地群落中没有生长分布的植物的种子，只是现存于当地的植物种子占绝对优势。在萨瓦纳干热环境中，植物种子的散布具有很大的局限性，这种局限性以及种子库状况、当地植物的生长状况等极大地影响了植物的群落结构（Huston，1999；Levine，2000；Turnbull 等，2000；Zobel 等，2000）。

大部分干热河谷土壤物质组成为更新统胶结不好的河湖相堆积物，由于其地表植被覆盖很差，在季节性流水的侵蚀作用下形成细沟—切沟—冲沟—宽沟，最终发育成崎岖不平的劣地。自晚更新世以来，气候日趋干燥，加之近现代人为活动的影响，植被已由地带性植被常绿阔叶林及地质历史时期的针阔叶混交林退化为稀树灌木草丛类型和荒草地，局部地段已退化为裸地。由于特殊的环境条件和人为干扰，干热河谷地区植被逐渐退化成荒草地或者呈稀疏状态，只有海拔较高的山地水分条件好，植被生活条件好，植被种类多样。据记载，在 20 世纪 50 年代初，植被虽遭受一定的破坏，但山地仍有成片森林分布，但之后，森林遭到严重破坏，覆盖率急剧下降。植被遭到破坏之后，土壤理化性质受到影响，养分含量明显减少，同样也使植被盖度越来越小。所以干热河谷地区植物–土壤养分互相影响、互相作用，两者相辅相成。

4.1　金沙江干热河谷植物多样性与根系空间分布特征

4.1.1　金沙江干热河谷植物多样性

干热河谷气候干热、植被稀疏、土壤贫瘠、水土流失严重，是典型的生态脆弱区，也是植被恢复和生态治理极为困难的区域，主要分布在金沙江、红河、怒江和澜沧江等流域的中游、上游地区，其中金沙江干热河谷面积最大，也最典型（柴宗新和范建容，2001）。从 20 世纪 50 年代开始，许多学者在干热河谷开展了植被恢复研究与实践，但由于该地区地理环境异质性较高，植被类型和生态恢复方式也不相同，植被恢复效果差异明显（Hammond 等，2007）。植物多样性研究是植被恢复的前提和基础（Graham 等，2000），其影响机制一直是生态学的基本问题和研究热点（袁铁象等，2014）。地形是影响植物多样性的重要因子（刘浩栋等，2020），可以通过海拔、坡向和坡度等因子的变化以及由它们所决定的光照、水分和养分的空间再分配，引起局部环境变化，从而影响植被（纪中华等，2009；秦随涛等，2018；温佩颖等，2020）。目前，国内外学者对金沙江干热河谷的研究主要集中在植被恢复途径与方法（朱俊杰等，2008）、植物逆境生理机制（刘耕武等，2002）、现有植被演变过程（袁铁象等，2014）以及植被恢复对土壤质量的影响等（唐国勇等，2010；Tang 等，2014），而对金沙江干热河谷各区段植物多样性研究较少，尤其是在不同立地环境下。本章研究调查金沙江干热河谷不同区段植被，探究海拔和坡向等立地环境对植物多样性的影响，以期为金沙江干热河谷各区段进行精准生态恢复的物种选择、森林经营和管理提供决策依据。

根据前期数据调查和实地全面考察，于 2021 年 1 月在金沙江干热河谷上段的鹤庆县和永胜县设 22 个样方，在中段的仁和区和元谋县设 13 个样方，在下段的东川区和宁南县设 12 个样方，共 47 个样方，包括 16 个天然林样方、25 个人工林样方（林龄 20 a 左右）和 6 个稀树灌草丛样方。各样方大小为 20 m×20 m，用于乔木调查；沿样方对角线的 4 个角及中心设置 5 个 5 m×5 m 小样方，用于灌木和草本调查。在样方内取 2 个环刀样，用于测定土壤含水量。记录样方地理位置、地形地貌和群落特征等。计算植物丰富度指数（R_0）、Shannon-Wiener 多样性指数（H）、Simpson 多样性指数（D）和 Pielou 均匀度指数（J）等（杜寿康，2022；杜寿康等，2022）。

由表 4-1 可知，金沙江干热河谷群落共调查到植物种类 169 种，隶属 63 科 114 属。其中，金沙江干热河谷上段调查到植物种类 86 种，隶属 43 科 73 属；中段植物种类 90 种，隶属 48 科 76 属；下段植物种类 95 种，隶属 53 科 80 属（表 4-1）。可见，金沙江干热河谷群落植物种类从上段到下段逐渐增加。

表 4-1　金沙江干热河谷群落调查样地基本信息

区段	样方数	年均气温/℃	年均降水量/mm	海拔段/m	坡向	科数	属数	种数
上段	22	19.4	775	1 200~2 000	阳坡（9）、阴坡（13）	43	73	86
中段	13	21.2	600	800~2 000	阳坡（9）、阴坡（13）	48	76	90
下段	12	23.5	812	800~2 000	阳坡（9）、阴坡（13）	53	80	95

注：坡向栏中括号里数字表示样方数，阴坡为 0°~90°和 270°~360°，阳坡为 90°~270°。

由表 4-2 可知，金沙江干热河谷植物群落中调查到菊科有 25 种，占植物种类的 14.8%；禾本科 15 种，占植物种类的 8.9%；豆科 13 种，占植物种类的 7.7%；壳斗科 6 种，占植物种类的 3.6%；蔷薇科 5 种，占植物种类的 3.0%；桃金娘科 5 种，占植物种类的 3.0%；无患子科 5 种，占植物种类的 3.0%；茄科 4 种，占植物种类的 2.4%。就不同区段而言，上段菊科有 15 种，占植物种类的 17.4%；禾本科 8 种，占植物种类的 9.3%；豆科 5 种，占植物种类的 5.8%；壳斗科 5 种，占植物种类的 5.8%；蔷薇科 3 种，占植物种类的 3.5%；柏科 3 种，占植物种类的 3.5%；莎草科 3 种，占植物种类的 3.5%。中段菊科 17 种，占植物种类的 18.9%；禾本科 10 种，占植物种类的 11.1%；豆科 9 种，占植物种类的 10.0%；壳斗科 4 种，占植物种类的 4.4%；蔷薇科 3 种，占植物种类的 3.3%；杜鹃花科 3 种，占植物种类的 3.3%。下段菊科 18 种，占植物种类的 18.9%；禾本科 13 种，占植物种类的 13.7%；豆科 8 种，占植物种类的 8.4%；壳斗科 4 种，占植物种类的 4.2%；蔷薇科 3 种，占植物种类的 3.2%；桃金娘科 3 种，占植物种类的 3.2%；无患子科 3 种，占植物种类的 3.2%。结果表明，金沙江干热河谷植物群落主要以菊科、禾本科、豆科、壳斗科、蔷薇科、桃金娘科、无患子科、柏科、莎草科、杜鹃花科为主。

表 4-2 金沙江干热河谷各区段植物群落主要科

区段	主要科	种数量
金沙江干热河谷	菊科 Compositae	25
	禾本科 Gramineae	15
	豆科 Leguminosae	13
	壳斗科 Fagaceae	6
	蔷薇科 Rosaceae	5
	桃金娘科 Myrtaceae	5
	无患子科 Sapindaceae	5
	茄科 Solanaceae	4
上段	菊科 Compositae	15
	禾本科 Gramineae	8
	豆科 Leguminosae	5
	壳斗科 Fagaceae	5
	柏科 Cupressaceae	3
	莎草科 Cyperaceae	3
	蔷薇科 Rosaceae	3
中段	菊科 Compositae	17
	禾本科 Gramineae	10
	豆科 Leguminosae	9
	壳斗科 Fagaceae	4
	蔷薇科 Rosaceae	3
	杜鹃花科 Ericaceae	3
下段	菊科 Compositae	18
	禾本科 Gramineae	13
	豆科 Leguminosae	8
	壳斗科 Fagaceae	4
	蔷薇科 Rosaceae	3
	桃金娘科 Myrtaceae	3
	无患子科 Sapindaceae	3

由表 4-3 可知，总体上金沙江干热河谷各区段植物群落的物种丰富度指数、Shannon-Wiener 多样性指数、Simpson 多样性指数和 Pielou 均匀度指数变化一致，即从上段到下段均表现为增加趋势。上段植物群落物种丰富度指数为 11.55，分别是中段和下段的 68.26% 和 66.96%。不同区段植物群落 Shannon-Wiener 多样性指数变幅为

1.52~2.31，最大值出现在下段（2.31），最小值出现在上段（1.52）。下段植物群落Simpson 多样性指数（0.84）与中段（0.82）接近，但显著（$P<0.05$）高于上段（0.64）。下段植物群落 Pielou 均匀度指数为 0.84，与上段差异显著（$P<0.05$），分别是上段和中段的 1.29 倍和 1.09 倍。

表4-3　金沙江干热河谷各区段植物多样性

区段	植被类型	物种丰富度指数	Shannon-Wiener 多样性指数	Simpson 多样性指数	Pielou 均匀度指数
金沙江干热河谷	天然林	20.56±7.96a	2.17±0.55a	0.79±0.13a	0.74±0.12a
	人工林	12.16±5.73b	1.87±0.53a	0.77±0.12a	0.77±0.10a
	稀树灌草丛	8.00±3.69b	1.11±0.51b	0.51±0.24b	0.54±0.15b
	总计	14.49±7.78	1.87±0.61	0.74±0.16	0.73±0.14
上段	天然林	15.89±5.62aB	1.80±0.32aB	0.71±0.11aB	0.68±0.7aB
	人工林	7.50±4.65bA	1.02±0.61bA	0.66±0.08aB	0.68±0.07aB
	稀树灌草丛	7.50±4.65bA	1.02±0.61bA	0.44±0.28bA	0.52±0.17bA
	总计	11.55±5.84B	1.52±0.49B	0.64±0.17B	0.65±0.13B
中段	天然林	24.00±5.70aAB	2.44±0.27aB	0.87±0.04aA	0.78±0.06aAB
	人工林	13.67±6.53bA	2.01±0.46aA	0.83±0.8aA	0.82±0.05aA
	稀树灌草丛	9.00±0.00bA	1.29±0.30bA	0.64±0.06bA	0.59±0.14bA
	总计	16.92±8.08A	2.07±0.53AB	0.82±0.10A	0.77±0.10AB
下段	天然林	33.00±1.14aA	2.15±0.46bA	0.83±0.09aA	0.83±0.08aA
	人工林	14.10±6.06bA	2.15±0.46bA	0.83±0.09aA	0.83±0.08aA
	总计	17.25±9.19A	2.31±0.56A	0.84±0.10A	0.84±0.08A

注：各地区植被的多样性指数均为同类型样地的算术平均数；不同小写字母表示同一区段不同植被间差异显著（$P<0.05$），不同大写字母表示同一利用方式不同区段间差异显著（$P<0.05$）。

对金沙江干热河谷不同植被类型植物多样性进行分析发现，4 种植物多样性指数从大到小均依次为天然林、人工林、稀树灌草丛；天然林的物种丰富度指数显著高于人工林和稀树灌草丛（$P<0.05$），但人工林多样性指数和均匀度指数与天然林无明显差异；人工林物种丰富度指数从大到小依次为上段、中段、下段，但差异不显著，下段和中段的多样性指数均高于上段且差异显著（$P<0.05$）；天然林的植物多样性指数均从大到小依次为上段、中段、下段，且下段和上段差异显著（$P<0.05$）。作为群落结构和功能的指示指标，植物多样性研究可以有效了解群落的组成、结构和演变，反映群落环境现状，对珍稀濒危物种的保护具有至关重要的作用（贺金生等，1997）。森林群落植物多样性最丰富，也是生态恢复保护的重要领域之一，研究其群落植物多样性有助于维持生态系统的动态稳定（徐远杰等，2010）。盛炜彤（2001）研究表明，提高人工林物种多样性可增加森林生态系统的稳定性。不过，人工纯林可能会导致生产力下降，不利于可

持续经营（孙长忠等，2001）。本研究在金沙江干热河谷共调查记录了植物种类169种，隶属63科114属，以菊科、禾本科、豆科、壳斗科、蔷薇科、桃金娘科、无患子科、柏科、莎草科、杜鹃花科为主。植物多样性指数从上段到下段均有上升的趋势，这与前人的结论相似。金沙江干热河谷热量充沛，水分条件是主要的限制因子。各区段的年降水量从大到小依次为下段、中段、上段，植物多样性指数也表现为同样的趋势。张建利等（2010）发现，金沙江干热河谷草地植物群落多样性和均匀性指数自上游至下游逐渐上升，他们认为这与年均温和年降水量有关。不同植被类型的植物多样性指数从大到小依次为天然林、人工林、稀树灌草丛，天然林由于种群与环境和种群之间的长期适应，群落内部种间关系协调，普遍表现出较高的植物多样性，然而除天然林和人工林物种丰富度指数有显著差异外，其他多样性指数和均匀度指数均无明显差异。经过大约20 a 的发展，植被高度、凋落物量增加，径级结构发生改变，人工林的种间和种内竞争虽然激烈，很难容纳新的物种产生，但人工林植被结构较稀树灌草丛得到显著改善，群落结构趋于稳定，有向天然林发展的趋势，当地植物多样性提高，说明植树造林工程取得了一定的成效，干热河谷局部造林是可行和成功的。

在金沙江干热河谷，随海拔升高物种丰富度指数、Shannon-Wiener 多样性指数和Simpson 多样性指数呈上升趋势，Pielou 均匀度指数呈下降趋势。在 1 800~2 000 m 海拔段物种丰富度指数最大（23.22，表4-4），显著高于其他海拔段（$P<0.05$），最小值出现在 1 200~1 400 m 海拔段，是最大值的 35.32%；Shannon-Wiener 多样性指数最大值出现在 1 000~1 200 m 海拔段，其次是 1 800~2 000 m 海拔段，其差异不显著，最小值出现在 1 200~1 400 m 海拔段，是最大值的 55.51%；除 1 200~1 400 m 海拔段 Simpson 多样性指数显著低于其他海拔段（$P<0.05$）外，其他海拔段之间 Simpson 多样性指数差异不显著；在 1 200~1 400 m 海拔段 Pielou 均匀度指数最小（0.62），在 1 000~1 200 m 海拔段最大（0.83），差异显著（$P<0.05$）。在同一海拔段，植物群落物种丰富度指数和多样性指数从大到小均依次为下段、中段、上段。

表4-4 金沙江干热河谷各区段不同海拔段植物多样性

海拔段/m	区段	物种丰富度指数	Shannon-Wiener 多样性指数	Simpson 多样性指数	Pielou 均匀度指数	土壤含水量/%
1 800~2 000	上段	18.80±3.70bA	1.74±0.34bA	0.65±0.11bA	0.59±0.10bA	0.20±0.02bA
	中段	27.00±1.41aA	2.72±0.11aA	0.91±0.02aA	0.82±0.02aA	0.21±0.00abA
	下段	30.50±4.95aA	3.23±0.38aA	0.93±0.04aA	0.89±0.07aA	0.24±0.01aA
	总计	23.22±6.26A	2.24±0.67A	0.77±0.16A	0.71±0.16AB	0.21±0.02A
1 600~1 800	上段	10.25±4.83bB	1.62±0.46aAB	0.71±0.10aA	0.72±0.10bA	0.15±0.02bB
	中段	26.00±1.41aA	2.33±0.08aB	0.85±0.03aA	0.71±0.01bA	0.19±0.00aA
	下段	14.00±0.00bB	2.35±0.00aBC	0.89±0.00aAB	0.89±0.00aA	0.17±0.00abB
	总计	13.45±7.50B	1.82±0.51AB	0.75±0.11A	0.73±0.10AB	0.16±0.02B

（续表）

海拔段/m	区段	物种丰富度指数	Shannon-Wiener多样性指数	Simpson多样性指数	Pielou均匀度指数	土壤含水量/%
1 400~1 600	上段	9.00±4.12cB	1.44±0.46bAB	0.65±0.10bA	0.68±0.08bA	0.12±0.03bC
	中段	18.67±2.52bB	2.35±0.17aB	0.87±0.03aA	0.80±0.05aA	0.14±0.01abB
	下段	32.00±0.00aA	2.91±0.00aAB	0.91±0.00aA	0.84±0.00aA	0.18±0.00aB
	总计	13.73±8.24B	1.82±0.66AB	0.73±0.14A	0.73±0.09AB	0.13±0.03C
1 200~1 400	上段	7.50±6.36aB	0.88±0.84aB	0.32±0.41aB	0.43±0.24aB	0.09±0.00cC
	中段	6.50±3.54aC	1.16±0.12aD	0.64±0.06aB	0.70±0.29aA	0.13±0.01bBC
	下段	13.00±0.00aB	2.19±0.00aC	0.86±0.00aAB	0.85±0.00aA	0.17±0.00aB
	总计	8.20±4.55B	1.26±0.69B	0.56±0.31B	0.62±0.26B	0.12±0.03CD
1 000~1 200	中段	14.00±0.00aB	2.09±0.05aB	0.87±0.04aA	0.79±0.02aA	0.11±0.02aCD
	下段	16.33±4.16aB	2.39±0.23aABC	0.87±0.01aAB	0.86±0.03aA	0.14±0.02aC
	总计	15.40±3.21B	2.27±0.23A	0.87±0.02A	0.83±0.05A	0.13±0.02C
800~1 000	中段	8.50±0.71aC	1.61±0.14aC	0.73±0.07aB	0.76±0.10aA	0.10±0.01aD

注：同列不同小写字母表示同一海拔段不同区段间差异显著（$P<0.05$）；同列不同大写字母表示同一指数不同海拔段间差异显著（$P<0.05$）。

海拔决定了区域的水、热条件，是生境影响植物多样性的主导因子（沈泽昊等，2004）。植物多样性随海拔的分布格局，可反映植物生态学特性及对环境的适应性（蒋艾平等，2016）。植物多样性沿海拔梯度的分布格局一般有 5 种形式，分别是随海拔上升先降后升、单峰曲线、单调升高、单调下降和无明显格局（唐志尧等，2004）。本研究发现，随着海拔上升，金沙江干热河谷植物群落的物种丰富度指数和多样性指数均呈逐渐上升趋势，这种格局通常出现在极端环境下，主要是由较小的海拔梯度引起的（Baruch，1984）。植物群落受坡位、坡向、坡度等的影响，多样性指数会出现波动，但总体来讲，由于海拔上升，干热河谷区域土壤含水量提高（表 4-4），植物多样性也相应提高。原因是随着含水量的增加，植物群落种间竞争减少，使乔木和灌木对草本的影响降低，草本生存空间增加，植物多样性增加。此外，在 1 600 m 以上海拔段，气候、土壤类型、植被类型与海拔 1 600 m 以下不同。在海拔 1 600 m 以上的林地主要为天然林，在 1 800~2 000 m 海拔段植物群落的物种丰富度指数和 Shannon-Wiener 多样性指数分别达到 23.22 和 2.24，说明其植被结构稳定，物种适应了样地的局地环境条件，有利于木本幼苗、蚂蚁、爬行类和两栖类动物的迁入，增加林地植物多样性。

对比金沙江干热河谷各坡向植物群落物种丰富度指数、多样性指数、均匀度指数发现（表 4-5），阴坡物种丰富度指数、Shannon-Wiener 多样性指数、Simpson 多样性指数和 Pielou 均匀度指数均高于阳坡，除 Pielou 均匀度指数外，其他均存在显著差异（$P<0.05$）。对比金沙江干热河谷区各区段相同坡向的植物多样性发现，阳坡植物多样性指数从上段到中段再到下段逐渐增高。单因素方差检验显示，下段的植物群落

Shannon-Wiener 多样性指数、Simpson 多样性指数与上段差异显著；阴坡变化趋势与阳坡相同。单因素方差检验显示，相同的坡向条件下中段和下段的植物群落物种丰富度指数和 Shannon-Wiener 多样性指数与上段存在显著差异（$P<0.05$），下段的植物群落 Shannon-Wiener 多样性指数和 Pielou 均匀度指数与上段存在显著差异（$P<0.05$）。

表 4-5 金沙江干热河谷各区段不同坡向的植物多样性

坡向	区段	物种丰富度指数	Shannon-Wiener 多样性指数	Simpson 多样性指数	Pielou 均匀度指数	土壤含水量/%
阳坡	上段	7.00±4.24aB	1.15±0.47bB	0.56±0.22bB	0.62±0.17aA	0.13±0.04B
	中段	8.80±3.56aB	1.53±0.41abB	0.72±0.88abB	0.74±0.16aA	0.11±0.02B
	下段	10.60±3.65aB	1.85±0.43aB	0.77±0.11aB	0.80±0.11aA	0.12±0.02B
	合计	8.42±4.02aB	1.44±0.52abB	0.66±0.19abB	0.70±0.17aA	0.12±0.03B
阴坡	上段	14.69±4.63bA	1.78±0.32cA	0.70±0.09bA	0.67±0.09cA	0.16±0.03A
	中段	22.00±5.29aA	2.40±0.24abA	0.88±0.03aA	0.78±0.05abA	0.17±0.03A
	下段	22.00±9.10aA	2.63±0.40aA	0.89±0.04aA	0.87±0.03aA	0.17±0.05A
	合计	18.61±7.21abA	2.17±0.49bcA	0.80±0.11bA	0.76±0.11bcA	0.17±0.04A

注：表中植被的多样性指数均为同类型样地的算术平均数；同列不同小写字母表示同一坡向不同区段间差异显著（$P<0.05$），同列不同大写字母表示同一指数不同坡向间差异显著（$P<0.05$）。

地形是影响植物群落物种丰富度及物种多样性的重要因子（周萍等，2009）。坡向通过改变太阳辐射和水分分布等生境条件影响群落物种的种类和数量（Auslander 等，2003），是重要地形因子之一。刘旻霞等（2021）研究表明，阴坡土壤含水量较高，林内阳光分布均匀，有利于灌木层物种良好发育，这是阴坡灌木层植物多样性指数显著高于阳坡的原因之一；阳坡的立地条件较为恶劣，严重风化使得土壤养分难以富集，同时较强的光照强度和较高的土壤水分蒸发速率，抑制了耐阴植物的正常生长，导致阳坡植物多样性降低（张荣等，2020）。研究发现，坡向对植物群落物种丰富度指数、Shannon-Wiener 多样性指数、Simpson 多样性指数和 Pielou 均匀度指数均有显著影响，均表现为阴坡高于阳坡，与前人的研究结果一致。一方面，干热河谷月平均气温均高于5 ℃，植物均可生长，热量对植被恢复的限制较小，阳坡受光照直射时间长，获得的太阳辐射多，土壤温度偏高，蒸发量大，在降水量相同的情况下，土壤含水量较阴坡低，不利于物种的迁入和多样性的保持。另一方面，干热河谷植物群落大多以低草的禾草草丛为背景构成大片草地植被，在此基础上散生稀疏乔木和灌木的稀树灌草丛；群落结构多数分乔、灌、草3层或灌、草2层，草本层为群落优势层；在群落植物种类组成上多数为热带起源耐干旱的种类，阳坡植被结构简单，多以灌草为主，除优势种外，其他各个种群的重要值都很小，群落的自我调节机制弱，群落容易在干热河谷恶劣的环境影响下发生改变，群落内部各种群的稳定性也较差；阴坡植被结构复杂，多以乔、灌、草结构为主，群落的自我调节机制强，群落内部各种群稳定，故植物多样性高。

干热河谷不同区段的植物多样性存在显著差异。对不同区段干热河谷的植物多样性来说，植物多样性整体变化一致，即从上段到下段均表现为上升趋势，下段表现最优，其物种丰富度指数、Shannon-Wiener 多样性指数、Simpson 多样性指数和 Pielou 均匀度指数分别为 17.25、2.31、0.84 和 0.84；对不同的植被类型来说，植物多样性从大到小均依次为天然林、人工林、稀树灌草丛，除天然林的物种丰富度指数（20.56）显著高于人工林（12.16）和稀树灌草丛（8.00）外，人工林的 Shannon-Wiener 多样性指数（1.87）、Simpson 多样性指数（0.77）和 Pielou 均匀度指数（0.77）与天然林均无明显差异；对不同环境影响因子来说，随着海拔的上升，植物多样性呈逐渐上升的趋势。阴坡的植物多样性高于阳坡。

4.1.2 金沙江干热河谷植物根系空间分布格局

（1）印楝和大叶相思根系生物量和空间分布特征　在金沙江干热河谷典型区域选取面积约 7.0 hm² 的撂荒坡地为试验地。试验地位于缓坡地西坡中部，曾经过坡改梯（20 世纪 90 年代），坡度约 12°，立地条件相对一致。于 2001 年 5 月中旬（雨季初期）选择印楝和大叶相思等树种百日容器苗，采用块状整地，规格 60 cm×60 cm×60 cm，按照 2 m×3 m 株行距进行造林。造林模式有印楝纯林、大叶相思纯林和印楝+大叶相思混交林（树种比例 1:1），行间混交，每个造林模式面积约 2.3 hm²。造林后于 2004 年 4 月雨季来临前挖环状沟施肥，之后进行严格封禁管理。于 2010 年 11 月上旬（旱季初期）采取典型取样方法，在 10 a 生印楝纯林、大叶相思纯林及印楝+大叶相思混交林标准样地内分别布设调查样方各 2 块，共 6 块，面积 600 m²，按照对角线分 5 个点，按土层深度 0~20 cm、20~40 cm、40~60 cm 3 个层次获取土壤样品，将每层土样去除植物根系和石块，取大约 500 g 土样，用于测定其土壤理化性质（高成杰，2012；高成杰等 2012，2013）。对标准样地内林木进行每木检尺，计算出林木的平均胸径、平均树高和平均冠幅等测树指标。生物量测定采用间接收获法，即按平均标准木和林分密度估测林分生物量。标准木的选择要求其胸径、周围林木的密度和分布尽可能与标准样地的平均水平接近，根据要求在各林分内分树种选出标准木各 6 株，共计 24 株，将其从根颈处伐倒，用于单株生物量和林分生物量的测定。并按不同径级选取印楝共 17 株（纯林内 10 株，混交林内 7 株），大叶相思共 16 株（纯林内 11 株，混交林内 5 株）进行生物量回归模型的建立。地上部分生物量采用分层收割法，以 1 m 为一段，每段分别对枝、叶、干、皮进行称重取样。地下部分生物量采用分层挖掘法，根据林木冠幅和现存密度以及前期调查，将根系挖掘的水平范围确定为以干基（树干基部）为中心，半径为 1 m 的圆内，垂直深度 1 m。每挖掘 0.2 m 的深度，按主根和侧根（细根，$d \leqslant 0.2$ cm；小根，0.2 cm$<d \leqslant 1.0$ cm；中根，1.0 cm$<d \leqslant 2.0$ cm；粗根，$d>2.0$ cm）分别称重取样（章家恩，2007）。运用 Gale（1987）提出的根系分布模型对根系生物量空间分布进行分析。β 值越大表明深层根系所占生物量比例越大；反之，表层土壤中根系所占比例越大（高成杰，2012；高成杰等，2013）。

根系生物量及其分配特征。对根系生物量测定结果表明（表 4-6），混交林内印楝平均单株根系生物量（1.85 kg）低于纯林（2.05 kg），而大叶相思（2.08 kg）略高于纯林（1.98 kg），但差异均不显著（$P>0.05$）。印楝和大叶相思主根生物量均以纯林高于混交林，且印楝达到显著水平（$P<0.05$）。从不同径级侧根看，印楝和大叶相思粗根生物量均为混交林高于纯林，其中混交林大叶相思粗根生物量显著高于其他树种（$P<0.05$）。混交林中印楝中根、小根和细根生物量分别为纯林的 198.7%、113.2% 和 275.0%，而大叶相思分别为纯林的 65.9%、51.6% 和 46.7%，其中不同林分类型下同一树种的细根生物量差异显著（$P<0.05$）。将印楝和大叶相思混交种植后，树种根系结构发生了变化，混交林内印楝对水分和营养物质吸收起主要作用的细根、小根和中根均高于纯林，而大叶相思却低于纯林。

表 4-6　不同林分下印楝和大叶相思单株根系生物量　　　　单位：kg

| 树种 | 林分类型 | 主根 | 侧根 | | | | 总根系 |
			粗根	中根	小根	细根	
印楝	纯林	1.33a	0.25a	0.16a	0.30a	0.01a	2.05a
	混交林	0.81b	0.35a	0.31b	0.34a	0.03b	1.85a
大叶相思	纯林	0.88ab	0.39a	0.33b	0.31a	0.08b	1.98a
	混交林	0.65ab	1.01b	0.22ab	0.16a	0.04a	2.08a

注：同列不同小写字母表示差异显著（$P<0.05$）。

从林分水平上看，印楝×大叶相思的混交林的根系总生物量介于印楝纯林和大叶相思纯林之间（表 4-7）。由于印楝和大叶相思的混交比例为 1:1，倘若按树种单独考察，混交林内印楝根系总生物量（1.477 t·hm⁻²）低于纯林的一半（1.641 t·hm⁻²），而大叶相思（1.661 t·hm⁻²）则稍高于纯林的一半（1.588 t·hm⁻²），混交林根系减少的生物量主要来自印楝。可能是印楝以 1:1 的比例，2 m×3 m 株行距与大叶相思营造的行间混交林，使其根系生长发育受到了抑制。同一树种在纯林和混交林中差异最大的是主根和侧根中的粗根生物量（表 4-7）。印楝作为主根比较发达的树种，在纯林中主根生物量占总量的 64.7%，在混交林中仅占 44.1%；大叶相思也与之近似。但是，侧根中粗根生物量却与此大不相同，在植株只有纯林半数的情况下，混交林内大叶相思粗根生物量却高于纯林，印楝亦占纯林粗根生物量的 68.3%。混交林中树种侧根生物量分配比例的增加，反映出在干热河谷环境中，种间根系对地下营养空间的竞争激烈，尤其是在混交林中印楝粗根、中根、小根和细根生物量所占的比例，分别较纯林高 6.4%、9.2%、3.8% 和 1.2%，主根生物量的这种转移，有助于提高印楝对养分和水分的吸收能力。

表 4-7　印楝、大叶相思、印楝×大叶相思混交林根系生物量及分配比例

单位：t·hm⁻²

| 林分类型 | 树种 | 主根 | 侧根 | | | | 总根系 |
			粗根	中根	小根	细根	
纯林	印楝	2.124 (64.7%)	0.407 (12.4%)	0.250 (7.6%)	0.483 (14.7%)	0.020 (0.6%)	3.283 (100%)

（续表）

林分类型	树种	主根	侧根				总根系
			粗根	中根	小根	细根	
纯林	大叶相思	1.406 (44.3%)	0.620 (19.5%)	0.530 (16.7%)	0.500 (15.7%)	0.120 (3.8%)	3.176 (100%)
混交林	印楝	0.651 (44.1%)	0.278 (18.8%)	0.248 (16.8%)	0.273 (18.5%)	0.027 (1.8%)	1.477 (100%)
	大叶相思	0.520 (31.3%)	0.809 (48.7%)	0.174 (10.5%)	0.130 (7.8%)	0.028 (1.7%)	1.661 (100%)
	印楝× 大叶相思	1.171 (37.3%)	1.087 (34.6%)	0.422 (13.4%)	0.403 (12.8%)	0.055 (1.8%)	3.138 (100%)

注：林分根系生物量数据基于样本平均根系生物量和林分密度计算所得；括号内的数字为根系生物量所占百分比。

根系生物量垂直分布特征。印楝（纯林、混交林）和大叶相思（纯林、混交林）根系生物量分布均呈随土层深度的增加而递减的趋势，但随土层深度的变化，不同林分下树种根系分布变化特征各异。总体上看，各林分树种根系生物量集中分布在 0~0.2 m 的土层内，纯林和混交林内印楝根系生物量分别占根系总生物量的 65.8% 和 65.8%；大叶相思分别占 71.1% 和 74.8%。若再向下延伸 0.2 m，各树种几乎 80% 以上的根系生物量都分布在此土层内。从主根垂直分布的情况看，纯林内印楝有 29.6% 的主根生物量分布在 0.4 m 以下土层中，在 0.8~1.0 m 土层，仍有 6.5% 的主根生物量分布；而大叶相思主根基本分布于 0.4 m 以上土层中。混交林中的印楝主根就不如纯林中那样发达，仅 9.3% 的主根生物量分布在 0.4 m 以下土层中。同时，从各级侧根调查结果看，纯林内印楝只有 1.2% 的侧根根系生物量分布在 0.4 m 以下土层中，而混交林内为 11.1%；大叶相思纯林在纯林和混交林内则分别为 8.3% 和 11.3%。说明在混交林中，印楝和大叶相思根系生物量的积累流向了各级侧根。

运用 Gale（1987）提出的根系分布模型（$Y=1-\beta^d$）对根系的垂直分布进行分析，β 值越小表明表层土壤中根系所占比例越大。结果表明，印楝在纯林和混交林内的 β 值分别为 0.960（$R^2=0.962$，$P<0.01$）和 0.945（$R^2=0.961$，$P<0.01$），大叶相思在纯林和混交林内分别为 0.946（$R^2=0.971$，$P<0.01$）和 0.952（$R^2=0.958$，$P<0.01$），即混交林内印楝根系分布于土壤表层的比例较纯林高，而大叶相思较纯林低。另外，根系累积生物量与土层深度的二次回归方程的决定系数为 0.864~0.905，均达到极显著水平（表 4-8）。对回归方程求一阶导数并令其为 0，可求得纯林内印楝、混交林内印楝、纯林内大叶相思和混交林内大叶相思根系累积生物量最大时，土层深度分别为 0.792 m、0.760 m、0.749 m 和 0.778 m，也与上述结果吻合。而累积生物量分别为 2.051 kg、1.909 kg、2.033 kg 和 2.090 kg，分别占实际累积生物量的 99.95%、103.41%、102.47% 和 100.66%。

回归方程的二阶导数 $f''(x)$ 表示随土层深度的增加，其根系生物量累积速度的快慢，负值表明生物量累积速度在递减，值越小说明递减速度越快。在水平分布上，由 $f''(x)$ 值可知，随土层深度的增加，各树种根系生物量累积速度降低，降低速度为纯林内大叶相思>混交林内大叶相思，纯林内印楝>混交林内印楝。而 $|f''(x)|$ 反映根系生物量分布的均匀状况，$|f''(x)|$ 越小，根系分布越均匀。由表4-8可以看出，在根系垂直分布方面，混交林内树种较纯林树种根系分布更均匀。

表4-8　金沙江干热河谷土层深度与根系累积生物量的关系

树种	林分类型	拟合方程	R^2	X_{max}	$f(x)_{max}$	$|f''(x)|$
印楝	纯林	$f(x)=-2.959x^2+4.687x+0.195$	0.864^*	0.79	2.05(99.95%)	5.92
	混交林	$f(x)=-2.956x^2+4.496x+0.199$	0.905^*	0.76	1.91(103.41%)	5.91
大叶相思	纯林	$f(x)=-2.388x^2+3.575x+0.695$	0.902^*	0.75	2.03(102.47%)	4.78
	混交林	$f(x)=-2.083x^2+3.241x+0.829$	0.892^*	0.78	2.09(100.66%)	4.17

注：* 表示 $P<0.001$；x 为土层深度（m）；$f(x)$ 为根系累积生物量（kg）；X_{max} 为根系累积生物量最大时的土层深度（m），即 $f'(x)=0$；$f(x)_{max}$ 为根系累积生物量最大值（kg），括号内的数字为 $f(x)_{max}$ 占实际根系累积生物量的百分比；$|f''(x)|$ 为函数二阶导数的绝对值。

根系生物量水平分布特征。印楝和大叶相思根系生物量在水平方向上主要积累在以干基为中心，距干基 0~0.2 m 范围内，分别占其根系总生物量的 80.2%、77.1%、79.9%、74.8%；纯林内树种根系较混交林更集中于干基附近。随着距干基水平距离的增加，生物量逐渐递减。在距干基 0.8~1.0 m 范围内仍有少量根系分布，但多为小根和细根，在该范围内，纯林和混交林下印楝根系占其根系总生物量的比例相当，分别为 2.0% 和 2.1%，但细根的分布比例为混交林高于纯林；混交林内大叶相思根系在 0.8~1.0 m 范围内的分布比例为 1.8%，明显高于纯林（0.8%），这对于混交林树种在较大范围内对水（养）分的竞争具有重要意义。

运用 Gale（1987）提出的根系分布模型（$Y=1-\beta^d$）对水平方向根系分布进行分析，结果表明，印楝在纯林和混交林下 β 值分别为 0.950（$R^2=0.862$，$P<0.01$）和 0.950（$R^2=0.921$，$P<0.01$），而大叶相思分别为 0.942（$R^2=0.952$，$P<0.01$）和 0.949（$R^2=0.951$，$P<0.01$），表明在距干基较远范围，混交林内大叶相思根系所占比例高于纯林，而印楝则较为一致。

根系累积生物量与距干基水平距离的回归方程的决定系数为 0.994~0.997，均达到极显著水平（表4-9）。纯林内印楝、混交林内印楝、纯林内大叶相思和混交林内大叶相思根系累积生物量最大时，距干基的水平距离分别为 0.987 m、0.914 m、0.874 m、0.894 m。而累积生物量分别为 1.327 kg、1.232 kg、1.983 kg 和 2.066 kg，分别占实际累积生物量的 99.48%、99.36%、99.96% 和 99.54%。随着水平距离的增加，生物量累积速度降低，且累积速度降低的顺序均呈混交林树种高于纯林的趋势。从 $|f''(x)|$ 来看，在水平分布上，纯林树种较混交林分布均匀。

表4-9　金沙江干热河谷距干基距离与根系累积生物量的关系

树种	林分类型	拟合方程	R^2	X_{max}	$f(x)_{max}$	$|f''(x)|$
印楝	纯林	$f(x)=-0.654x^2+1.290x+1.404$	0.997^*	0.97	2.04(99.42%)	1.31
	混交林	$f(x)=-0.822x^2+1.502x+1.148$	0.994^*	0.91	1.83(99.35%)	1.64
大叶相思	纯林	$f(x)=-0.896x^2+1.566x+1.299$	0.997^*	0.87	1.98(99.96%)	1.79
	混交林	$f(x)=-1.095x^2+1.957x+1.192$	0.995^*	0.89	2.07(99.54%)	2.19

注：＊表示 $P<0.001$；x 为土层深度（m）；$f(x)$ 为根系累积生物量（kg）；X_{max} 为根系累积生物量最大时的土层深度（m），即 $f'(x)=0$；$f(x)_{max}$ 为根系累积生物量最大值（kg），括号内的数字为 $f(x)_{max}$ 占实际根系累积生物量的百分比；$|f''(x)|$ 为函数二阶导数的绝对值。

由此可以得出，干热河谷 10 a 生印楝×大叶相思混交林内 2 个树种的根系总生物量居于印楝纯林和大叶相思纯林之间。分树种考察，混交林中大叶相思平均单株根系生物量有所提高，印楝单株根系生物量则相反；不过，中根、小根和细根生物量则呈现相反趋势。印楝与固氮树种大叶相思进行混交，提高了混交林内总根系生物量及其对水分和营养物质吸收起主要作用的细根、小根和中根生物量，虽然这些指标仍低于大叶相思纯林，但却比印楝纯林有所提高，而且混交林内 2 个树种的各级侧根总生物量比例高于任一树种纯林，这在干热河谷植被恢复中可能更具有满足目的需求的更深层次的生态学意义（高成杰，2012）。印楝和大叶相思人工林的根系生物量基本分布在 0~0.4 m 土层中，尤其在 0~0.2 m 土层（63.6%~74.8%）分布最多，说明在西南干热河谷，由于气候、土壤以及造林技术等原因，所营造的人工林树种的根系大部分生长和分布于林地土壤表层，该土层是人工植被水肥管理和经营的关键部分。在采取相同整地方式和深度，以及造林密度和株行距的情况下，印楝与大叶相思混交，不仅根系生物量小于纯林，根系空间分布也发生了很大变化。在垂直方向上，混交林内印楝根系分布于土壤表层的比例较纯林高，而大叶相思较纯林低；在水平方向上，在距干基较远范围，混交林内大叶相思根系所占比例高于纯林，而印楝则较为一致。纯林内印楝仅 1.2% 的侧根根系生物量分布在 0.4 m 以下土层中，而混交林内为 11.1%；大叶相思在纯林和混交林内则分别为 8.3% 和 11.3%。说明在混交林中，印楝和大叶相思根系生物量的积累流向了各级侧根。在距干基 0.8~1.0 m 范围内，纯林和混交林内印楝根系占其根系总生物量的比例相当，分别为 2.0% 和 2.1%，但细根的分布比例为混交林高于纯林；而混交林内大叶相思根系在 0.8~1.0 m 范围内的分布比例为 1.8%，明显高于纯林（0.8%），这对于混交林树种在较大范围内对水（养）分的竞争具有重要意义。通过拟合的地下生物量垂直分布方程，发现在根系垂直分布方面，混交林内树种较纯林树种根系分布更均匀，而在水平分布上，纯林树种较混交林分布均匀。且根系累积生物量达到最大值时的土层深度和水平范围，与实际挖取调查的结果比较吻合（高成杰，2012；高成杰等，2013）。

（2）赤桉和新银合欢人工林根系生物量与空间分布特征　除了探究大叶相思和印楝根系空间分布特征，笔者还验证了赤桉和新银合欢的根系空间分布特征。

于 1991 年 5 月（雨季初期）选择赤桉和新银合欢等树种，在金沙江干热河谷典型区域，按照 1 m×3 m 株行距和 1:1 的种植比例以及深 100 cm、底宽 80 cm 的撩壕整地规格进行容器苗（百日苗）造林，采取封禁管理。造林模式包括赤桉纯林、新银合欢纯林、赤桉×新银合欢混交林等。于 2011 年 10 月中旬（旱季初期）在 20 a 生赤桉纯林、新银合欢纯林及赤桉×新银合欢混交林（树种比例 1∶1，行间混交）内分别随机布设标准样方各 3 个，面积为 400 m²（20 m×20 m），按照对角线分 5 个点，按土层深度 0~20 cm、20~40 cm、40~60 cm 获取土壤样品，将每层土样去除植物根系和石块，取大约 500 g 土样用于测定土壤理化性质（李彬，2013；李彬等，2013a）。对标准样地内林木进行每木检尺，计算出林木的平均胸径、平均树高和平均冠幅等测树指标。生物量的测定采用平均标准木收获法。标准木的选择要求其胸径、周围林木的密度和分布尽可能与标准样地的平均水平接近，根据要求在各林分内分树种选出标准木各 9 株，共 36 株，将其从根颈处伐倒，并按不同径级选取赤桉共 9 株（纯林内 6 株，混交林内 3 株），新银合欢共 9 株（纯林 6 株，混交林内 3 株）进行生物量回归模型的建立。

新银合欢纯林根系主要分布在 0~40 cm 土层，占总根系生物量的 98.4%；而赤桉纯林和混交林主要分布在 0~80 cm 和 0~60 cm 土层，分别占总根系生物量的 97.3% 和 95.3%。新银合欢纯林主根分布在 0~40 cm 土层，赤桉纯林和混交林主根分布在 0~100 cm 处，且随土层深度的增加均呈递减趋势。此外，赤桉纯林表层（0~20 cm）土壤根系生物量分配比例（30.4%）小于混交林（39.9%）。混交林表层（0~20 cm）侧根生物量占总根系生物量的 10.4%，而赤桉纯林只占 2.3%。赤桉纯林侧根主要集中于 60~80 cm 土层，分别占总根系生物量的 23.8% 和总侧根生物量的 64.0%。混交林侧根主要集中于 40~60 cm 土层，分别占总根系生物量的 15.6% 和总侧根生物量的 40.6%。新银合欢纯林侧根主要集中于 20~40 cm 土层，分别占总根系生物量的 36.3% 和总侧根生物量的 90.7%。对根系生物量和土层深度进行拟合，得到赤桉纯林、新银合欢纯林和其混交林中的 β 值分别为 0.972（$R^2 = 0.731$）、0.917（$R^2 = 0.684$）和 0.943（$R^2 = 0.751$）。土壤表层根系生物量分布比例为新银合欢纯林>混交林>赤桉纯林。

混交模式下植物根系结构特征差异。在根系生物量方面，新银合欢根系分布较赤桉浅，新银合欢最深只达 60 cm，赤桉可深达 100 cm，且新银合欢根系主要集中在土壤表层（0~20 cm），而赤桉则主要集中在 60 cm 土层内。此外，新银合欢侧根分配比例（47.26%）高于赤桉（33.13%），特别是在表层土壤（0~20 cm）。赤桉与新银合欢垂直方向根系生物量分布的 β 值分别为 0.949（$R^2 = 0.947$）和 0.906（$R^2 = 0.753$），表明土壤表层根系生物量分布比例以新银合欢高于赤桉。

不同恢复模式下同一树种根系空间结构和生物量特征差异。在根系生物量的空间格局上，赤桉混交林根系较其纯林更靠近表层，特别是侧根的分布。赤桉纯林粗根主要分布在 60~80 cm 土层，而混交林内粗根分布在 40~60 cm 土层，分别占侧根总生物量的 47.32% 和 67.45%。在单株水平上赤桉混交林表层（0~20 cm）土壤根系较其纯林多 217.21%，但赤桉纯林中的中根、小根、细根分别比其混交林多 28.32%、25.17%、23.24%。纯林和混交林下赤桉垂直方向根系生物量分布的 β 值分别为 0.972 和 0.949，表明土壤表层赤桉根系生物量分布比例以混交林高于纯林。混交林内新银合欢根系较其纯林更靠近表层，较其纯林在表层（0~20 cm）分布有更多的侧根系，是纯林的 4.99 倍。混交林新银合欢粗根分布在 0~40 cm 土层，而纯林内粗根则集中于 20~40 cm 土层，分别占总侧根生物量的 60.23% 和 78.05%。在单株水平上纯林内新银合欢总侧根生物量比其混交林多 33.84%，但混交林内中根、小根、细根分别比其纯林多 80.33%、8.64%、49.58%。纯林和混交林内新银合欢根系生物量分布的 β 值分别为 0.917 和 0.906，表明土壤表层新银合欢根系生物量分布比例以混交林高于纯林。

本研究中，根系生物量及其空间分布特征说明在金沙江干热河谷，由于气候、土壤以及造林技术等原因，所营造的人工林树种的根系大部分都生长和分布于林地表层土壤，这对于人工林发挥固土、保土等生态防护效益具有重要意义，该土层也是人工植被水肥管理和经营的关键部分。混交林内新银合欢的侧根生物量特别是细根生物量的分配比例较新银合欢纯林有显著提高，对促进赤桉生长具有重要意义。此外，干热河谷赤桉和新银合欢侧根生物量占有较高比例（33.23%~47.22%），对促进植物根系获取养分和水分具有重要意义。混交林增加了表层土壤（0~20 cm）中的植物根系生物量，尤其是侧根生物量，对于该地区的水土保持亦具有十分重要的生物学意义（李彬，2013；李彬等，2013a）。

4.2　金沙江干热河谷植物-土壤碳、氮、磷化学计量

以金沙江干热河谷为研究区域，主要为分布在云南省鹤庆县与四川省金阳县之间的高山峡谷区。参考张建利等（2010）的区划方案，选取坡度、坡位、海拔等相近的样地，于2021年1月在金沙江干热河谷上段（云南省鹤庆县和宾川县）设22个样方，中段（四川省仁和区和云南省元谋县）设13个样方，下段（云南省东川区和四川省宁南县）设12个样方，共47个样方，包括16个天然林样方、25个人工林样方（林龄20 a左右）和6个稀树灌草丛样方。乔木样方大小为20 m×20 m，在乔木样方四角和中心位置设置4个5 m×5 m 的灌草样方，在样方内进行植被调查和土壤样品采集，并记录样地基本信息、土壤特征及植被信息等。

金沙江干热河谷不同区段土壤碳、磷、氮含量及其计量比存在差异（表4-10）。其中，SOC、全氮、全磷含量和土壤含水量（SWC）呈上段>下段>中段的趋势，但其在相同海拔段的不同区段内的含量则表现为下段>中段>上段；其中 SOC 和全氮在 1 400~1 600 m 海拔段上段显著小于中段和下段；在 1 400~2 000 m 海拔段，全磷含量特征为下段大于中段且显著大于上段；SWC 在 1 200 m 以下的区域，下段大于中段但差异显著，在海拔 1 200 m 以上的区域，下段大于中段并显著大于上段；土壤 pH 值则是从上段至下段逐渐增加；土壤碳、磷、氮的生态化学计量比 C/N、C/P、N/P 在不同区段的变化范围分别为 15.89~23.25、24.52~38.06、1.09~2.24。C/N 从上段到下段逐渐减小；C/P 以中段为最大，上段和下段相似；N/P 从上段到下段逐渐增大。

金沙江干热河谷 SOC、全氮和全磷含量分别为 19.0 g·kg^{-1}、1.64 g·kg^{-1} 和 0.95 g·kg^{-1}，其中，SOC 和全氮含量低于全国表层（0~10 cm）土壤（24.56 g·kg^{-1} 和 1.88 g·kg^{-1}），土壤全磷含量高于全国表层（0~10 cm）土壤（0.78 g·kg^{-1}），表明金沙江干热河谷土壤碳、氮含量缺乏，这与金沙江干热河谷雨热同期、高温干燥的气候条件有关。金沙江干热河谷位于横断山区，受地形影响东南季风、西南季风等不能

有效改善该区域的气候条件（张荣祖，1992），导致低海拔地区受江面焚风效应影响环境极度恶劣，而高海拔地区的降水也远远低于其他地区，使得整个金沙江干热河谷海拔2 000 m 以下地区的生态环境差，区域内的土壤、植被、微生物等都受到严重抑制，成为我国生态环境脆弱地区之一。土壤碳、氮、磷生态化学计量比是预测土壤养分限制和元素饱和的重要指标，是生态系统结构和功能的重要特征。金沙江干热河谷不同海拔土壤碳、氮、磷元素含量具有较高的空间异质性，其化学计量比 C/N、C/P、N/P 也具有空间变异性。C/N 表示土壤有机质分解与积累的状态，C/N 越大，土壤有机质分解越慢；C/P 是表征土壤矿化释放磷素的重要指标，C/P 越小，土壤磷的有效性越差；N/P 是诊断氮饱和的重要指标，也能判断土壤营养限制情况。

表 4-10　金沙江干热河谷不同区段土壤性质及 C、N、P 化学计量特征

海拔段/m	区段	SOC/ (g·kg⁻¹)	全氮/ (g·kg⁻¹)	全磷/ (g·kg⁻¹)	SWC /%	pH 值	C/N	C/P	N/P
	上段	34.56a	1.74a	1.11a	0.16a	6.4Bb	20.21Aa	32.5a	1.63a
	中段	30.61ab	1.59a	0.87a	0.15a	6.7Bb	19.58ABa	35.313a	1.82a
	下段	28.05b	1.61a	0.91a	0.15a	7.6Aa	17.48Bb	32.57a	1.88a
800~1 000	中段	19.98a	1.06a	0.48a	0.10a	7.8a	18.9a	35.22a	1.85b
	下段	20.14a	1.16a	0.55a	0.10a	7.8a	17.31a	37.78a	2.19a
1 000~1 200	中段	21.30a	1.04a	0.77a	0.11a	6.4b	20.42a	28.93a	1.42a
	下段	21.28a	1.37a	0.85a	0.14a	7.4a	15.89a	25.16a	1.60a
1 200~1 400	上段	23.50 a	1.16a	0.66a	0.09c	6.6c	20.45a	36.00a	1.76ab
	中段	25.71a	1.22a	0.72a	0.13b	7.4b	21.17a	35.72a	1.69b
	下段	28.70a	1.73a	0.79a	0.16a	7.8a	18.29a	37.78a	2.13a
1 400~1 600	上段	28.90Bb	1.42Bb	0.88b	0.12b	6.4Bb	20.69a	33.04a	1.63b
	中段	36.62Aa	2.16Aa	0.98ab	0.14ab	6.4Bb	16.97a	38.06a	2.24a
	下段	36.32Aa	1.98Aa	1.13a	0.18a	7.6Aa	18.37a	32.29a	1.76ab
1 600~1 800	上段	35.53a	1.71a	1.06a	0.15b	6.3a	20.90a	35.18a	1.70a
	中段	37.61a	1.82a	1.16a	0.19a	6.0a	20.94a	32.37a	1.57a
1 800~2 000	上段	41.72a	1.70a	1.14a	0.20b	6.5a	25.21a	29.63a	1.20a
	中段	44.44a	1.94a	1.76ab	0.22ab	6.4a	23.25a	25.42a	1.10a
	下段	46.69a	2.27a	2.20a	0.24a	7.0a	22.00a	24.52a	1.09a

注：不同小写字母表示同一海拔段不同区段间差异显著（$P<0.05$），不同大写字母表示同一指数不同海拔段间差异显著（$P<0.05$）。

金沙江干热河谷 SOC、全氮和全磷含量随海拔升高而显著（$P<0.05$）增加（表4-11）。SOC 含量从 12.60 g·kg⁻¹ 逐渐升至 22.15 g·kg⁻¹，其含量在 1 800~2 000 m 海拔段是 800~1 000 m 海拔段的 1.76 倍；全磷含量在 1 800~2 000 m 海拔段为 2.04 g·kg⁻¹，

是 800~1 000 m 海拔段（1.09 g·kg^{-1}）的 1.87 倍，其含量随海拔升高而显著（$P<$ 0.05）增加；全磷含量从 800~1 000 m 海拔段的 0.57 g·kg^{-1} 增加到 1 800~2 000 m 海拔段的 1.30 g·kg^{-1}，增加了 2.28 倍。土壤 C、N、P 化学计量比 C/N、C/P 和 N/P 在不同海拔段具有一定差异性，其中 C/N 变幅为 14.55~11.12，均值为 12.18；C/P 变幅为 22.97~18.18，均值为 21.10；N/P 变幅为 1.99~1.51，均值为 1.77；土壤 C/N、C/P 和 N/P 随海拔的升高均表现出逐渐减小的趋势。

表 4-11　金沙江干热河谷不同海拔段土壤 C、N、P 化学计量特征

海拔段/m	SOC/ (g·kg^{-1})	全氮/ (g·kg^{-1})	全磷/ (g·kg^{-1})	C/N	C/P	N/P
800~1 000	12.60±0.45c	1.09±0.02c	0.57±0.07c	11.61±0.69a	22.75±2.36a	1.99±0.27a
1 000~1 200	17.01±0.68b	1.20±0.16c	0.81±0.08bc	14.55±1.13a	21.69±2.01a	1.51±0.14a
1 200~1 400	17.63±0.24b	1.50±0.19bc	0.79±0.06bc	12.53±1.30a	22.97±1.85a	1.88±0.13a
1 400~1 600	20.55±0.81a	1.82±0.18ab	1.01±0.06ab	12.19±1.79a	20.84±1.83a	1.79±0.12a
1 600~1 800	21.46±1.04a	1.85±0.07ab	1.06±0.08ab	11.69±0.78a	20.92±2.01a	1.79±0.14a
1 800~2 000	22.15±0.72a	2.04±0.12a	1.30±0.15a	11.12±0.91a	18.18±1.91a	1.67±0.20a

注：同列不同小写字母表示在不同海拔段间差异显著（$P<0.05$）。

金沙江干热河谷不同海拔土壤 C/N、C/P、N/P 均表现为随海拔升高呈现逐渐减小的趋势。其中，C/N、C/P 与土壤孔隙度和含水量均具有显著（$P<0.05$）负相关关系，海拔升高土壤含水量增加，SOC 在土壤中的淋溶作用增大，而氮、磷元素在土壤中的迁移强度远小于有机碳，C/N、C/P 随海拔的升高而降低，说明高海拔地区土壤有机质矿化小、土壤磷有效性较差，其主要原因可能是碳、氮元素被植被及时吸收利用。N/P 在低海拔地区高说明在低海拔地区土壤磷元素相对饱和，这与低海拔地区土质为燥红土、紫色土密切相关，燥红土、紫色土是由花岗岩、砂岩等发育来的土壤，淋溶作用差，植被利用磷元素的效率较低，使 N/P 在低海拔地区较大。高海拔地区土壤为黄壤、黄棕壤，土壤理化性质改善、植被增加，土壤中氮、磷元素被植被充分吸收利用，因此 N/P 较低。

4.3　金沙江干热河谷人工林植被混交效应机制

4.3.1　金沙江干热河谷纯林与混交林

柴新民等（2001）认为，金沙江干热河谷人工造林的留存植株，到能适应土地承载力不再死亡时，最终成为稀树灌草丛植被。干热河谷严酷的自然环境以及人工造林成功率低的事实说明，该地区的植被恢复应以稀树灌草丛为主体。费世民等（2003）也认为，金沙江干热河谷造林密度过大，尤其是乔木林，会引起土壤水分亏缺，土壤水分贮量减少和地下水位下降，影响林分的持久稳定性，所以干热河谷造林应营造"疏林"，密度宜小不宜大。应根据生态效益（林分的防护效能和生态稳定性）和经济效益（林木价值和土地使用价值）确定生态经济上的"适度"造林密度。周麟（1998）也认为，金沙江（元谋县）干热河谷的植被已严重退化，其原生植被与该地区的生境分异相适应，呈多顶极分布。在水分条件较好的地段为含有大量热带亚热带雨林、季雨林成分的阔叶林类型，盆地周山区为硬叶林类型，较为干热的阳坡等处为含有乔木数量较多的稀树灌草丛类型。近25 a的干热河谷植被恢复与生态治理研究及实践证明，在排除人为干扰破坏，具有一定经济技术条件支撑的情况下，通过人工重建和人工促进恢复，可以在干热河谷的局部地区恢复以乔木为主的森林植被，在一定地区恢复相当面积的稀树灌木植被。只要选择适宜的树种和正确的造林技术，无论是不是泥岩山地，都可以种植乔木成林。并且，在砾石阶地、土石山地的水分条件较好地区，优先发展乔木林；在泥岩山地和严重退化地区，先恢复灌草植被，随着生境改善再考虑发展乔木林；若经济条件许可，泥岩山地也可直接发展乔木林。王克勤等（2000）的研究结果表明，元谋干热河谷可发展赤桉等乔木林，但林分密度不应大于3 333株·hm^{-2}。马焕成等（2001）的研究也持同样观点，元谋干热河谷可人工恢复乔木林植被，但大叶相思和绢毛相思林分的定植密度以5 000株·hm^{-2}为宜，厚荚相思、肯氏相思、窿缘桉和柠檬桉等树种的定植密度应低于2 000株·hm^{-2}。杨忠等（2001）对赤桉人工林的生物量研究表明，元谋干热河谷土壤入渗能力强的石质山地有利于高大乔木生长，造林密度为1 680株·hm^{-2}，营造于坡地的6~8 a生赤桉人工林，生物产量为42~55 t·hm^{-2}，营造于潮润谷地的轻度片蚀区可达95 t·hm^{-2}。热带极度退化的森林植被不能自然恢复，而在排除人为干扰，并在一定人工启动下，经过一定时间，可以恢复森林生态系统结构，但结构与功能的恢复不同步（余作岳等，1997；彭少麟，1997；任海等，2002）。

依靠自然力量恢复植被是一项经济有效的生态恢复技术措施，恢复植被本身的自然更新能力，也是生态恢复的主要目的之一。但对于植被稀疏、土壤裸露、水土流失严重的地区，植被演替处于初始阶段，种类组成贫乏，结构简单，功能衰退，生产力低下，严重影响当地经济社会发展和群众生产生活，以及大江大河中下游地区经济社会的可持续发展，单纯依靠自然的力量实现生态恢复，其恢复过程所需要的时间尺度是当今经济社会发展所难以承受的。当然，所有地区都试图通过人工措施恢复植被，也是目前经济技术条件难以支撑的。目前，在干热河谷植被恢复中，缺乏植被退化生境的类型区划，完全依据造林学上的立地类型划分来进行植被恢复显然是不行的。因为不是所有植被退化区都要通过人工恢复途径来恢复植被，有些地区（或地块）植被保存相对较好，物种相对丰富，土壤退化较轻，可以通过人工辅助天然恢复、封山育林等途径恢复植被，需要人工恢复植被的地区是那些植被严重或极度退化、物种稀少、土壤裸露、水土流失严重、非依靠人工恢复难以恢复植被的地区（或地块）。所以，应根据不同的退化程度和植被恢复的需要，来选择和安排不同的植被恢复途径与技术方法。目前存在的最大问题是缺乏规划设计相应的植被恢复途径与配套技术的统一标准，不是过分强调天然恢复，就是到处都进行人工恢复，造成实施效果差且大量人力、物力和财力的浪费，极大影响了该地区国家林业生态工程的实施，以及植被恢复研究与实践中的途径选择与决断。

在任何环境中，生物群落创造了土壤，土壤促进生物群落的发展，二者相辅相成。但以往研究大多仅注意所恢复植被的生长情况，对系统恢复的研究很少。植被破坏是生态系统退化的主要因素，但植被破坏后首先造成的是土壤的流失和退化，土壤这一植物生长和植被存在的基础一旦失去，靠自然的力量恢复植被就缺少了种源和群落发育的基础。因此，植被恢复到一定时期，应该逐步研究不同树种对退化土壤的恢复作用，以及对所恢复植被的动植物多样性的影响，评价不同树种在干热河谷植被恢复过程中的作用，在此基础上再进行一次适宜树种评价筛选。综合目前的研究与实践结果，受自然环境条件以及政治、经济、技术等方面的影响和制约，所恢复的植被均以外来乔木树种为主。这些以外来树种为主所恢复起来的植被，虽然大大提高了林地生产力，对当地经济社会发展和解决群众生产生活问题发挥了一定的作用，但外来树种在干热河谷植被恢复中的作用与地位，所恢复的植被稳定性，与传统植被景观审美习惯的相吻合性或接纳程度，还不甚明了。按照中国科学院华南植物研究所的研究，人工恢复植被发展到一定阶段应选择适宜的乡土树种，对其进行结构调整和树种替换，但用什么乡土树种、在什么时候、如何进行结构调整和树种替换等，这些问题目前还在积极地研究和探索中。

4.3.2　金沙江干热河谷纯林与混交林生物量特征

生物量是研究植被初级生产力的基础和估算植被碳库的关键参数，也是衡量林地生产力和林地经营的重要指标。生物量分配是分析植物碳分配的基础和植物结构功能最有效的工具，对研究生态系统碳循环和营养物质的分配具有重要意义（樊后保等，2006a；唐建维等，2009）。

20世纪60年代以来，全球植被生物量和生产力在从立地到区域和全球尺度上得到了广泛的观测、分析和模拟。近年来，国内外不少学者研究了不同胁迫或干扰下植物生物量分配策略及其形成机制（赵彬彬等，2009），但在我国某些特殊生境下（如干热河谷）造林树种生物量分配的研究还较为鲜见。西南干热河谷是我国特有的生态脆弱区，由于植被破坏和水土流失严重，土壤退化加速（张建平等，2001）。为了改善生态环境，近年来当地政府依托"长治""长防"等国家工程项目引进了众多生态适应性强的多功能树种，并营造了各种类型的人工植被，如印楝和大叶相思人工林等。印楝是生产生物农药的关键原料，已成为我国荒漠化地区水土保持和植被恢复的主要树种（张燕平等，2002）；而大叶相思因具有根瘤，是良好的辅佐、护土、改土树种（Tang等，2103）。目前，对于干热河谷引进树种生物量方面的研究已有报道，如杨忠等（2001）对元谋干热河谷不同坡地类型下桉树人工林生物量进行了研究。刘方炎等（2008）从植株生长状况和生物量等方面，将该地区几种引进树种和当地典型的天然次生植被进行了比较。然而，在干热河谷人工林营造过程中，不同营林模式下人工林生物量及其分配还缺乏对比研究。对干热河谷人工林生物量及其分配特征进行研究，有助于了解该地区人工林生态系统中的营养积累与分布特征、树种混交效益和竞争关系。基于此，以元谋干热河谷印楝和大叶相思为研究对象，对印楝纯林、大叶相思纯林及印楝与大叶相思混交林内树种和林分生物量及其分配进行对比研究，拟建立该地区印楝和大叶相思生物量回归模型，探明其各器官生物量的异速生长关系，旨在为我国干热河谷造林困难区人工植被恢复和经营提供理论基础。

（1）印楝和大叶相思纯林与混交林生物量特征　于2010年11月上旬（旱季初期）采用典型取样方法，在10 a生印楝纯林、大叶相思纯林及印楝+大叶相思混交林标准样地内分别布设调查样方各2块，共6块，面积600 m²，按照对角线分5个点，按土层深度0~20 cm、20~40 cm、40~60 cm获取土壤样品，将每层土样去除植物根系和石块，取大约500 g土样，按测试项目的要求风干、磨碎过筛、装袋供室内测试，测定其土壤理化性质。对标准地内林木进行每木检尺，计算出林木的平均胸径、平均树高和平均冠幅等测树指标。

生物量测定采用间接收获法，即按平均标准木和林分密度估测林分生物量。标准木的选择要求其胸径、周围林木的密度和分布尽可能与标准样地的平均水平接近，根据要求在各林分内分树种选出标准木各6株，共计24株，将其从根颈处伐倒，用于单株生物量和林分生物量的测定。并按不同径级选取印楝共17株（纯林内10株，混交林内7株），大叶相思共16株（纯林内11株，混交林内5株）进行生物量回归模型的建立。地上部分按0.5 m区分段，采用分层切割法。分别测定各区分段器官（干、皮、枝、叶）的鲜重，并随机抽取各器官样品约500 g。用平均标准木法获取根系生物量。为了避免林木之间根系的遗漏，结合前期研究，根据林木冠幅和种植密度（2 m×3 m），将根系挖掘的水平范围确定为以干基为中心，半径为1 m的圆内，垂直深度大于1 m。每挖掘0.1 m的深度，将该层半径为1 m的圆以0.1 m为间隔划分为10个同心圆，分别获取根系。分别将根系按照主根和各级侧根洗净后晾干称重，侧根按照细根（$d \leqslant$ 0.2 cm）、小根（0.2 cm<$d \leqslant$ 1.0 cm）、中根（1.0 cm<$d \leqslant$ 2.0 cm）和粗根（$d >$ 2.0 cm）进行分级（章家恩，2007），而后对各级根系分别取样。所有样品在80 ℃下烘干至恒重，计算各器官的干重。

现存凋落物调查方法：于2010年11月，预先用4根长1 m的木棍，在不同林分标准样地内随机取5次样，取样面积为1 m²。将样方内的凋落物全部收回，按皮、枝、叶、花、果及杂物进行细致分类，然后将样品放置于80 ℃烘箱内烘干至恒重。年凋落物量调查方法：于2010年11月在各林分标准地内随机设置5个1 m×1 m永久小样方，将每个凋落物收集器规则地安装于每个小样方中。收集器用约0.212 mm（70目）尼龙网粗铁线制成，收集器的四角用树桩支撑住，底部离地面约30 cm，为了减少河谷风对收集器内凋落物的影响，收集器四边垂直高度为50 cm，凋落物每3 d收集1次。

印楝和大叶相思生物量及其分配。基于印楝和大叶相思人工林样地调查资料，运用平均标准木法对树种平均单株生物量进行测定。结果表明（表4-12），印楝与大叶相思混交种植后，混交林印楝平均单株生物量（9.09 kg）较纯林（8.12 kg）提高了11.9%；而大叶相思（14.96 kg）混交林较纯林（17.38 kg）下降了14.0%，其中大叶相思生物量显著高于印楝（$P<0.05$），但同一树种生物量在纯林和混交林之间差异并不显著（$P>0.05$）。混交林内印楝地上（干、皮、枝、叶）生物量较纯林提高了6.6%~23.9%，而地下（根系）生物量却下降了10.0%，不同林分下器官生物量差异不显著

（$P>0.05$）；混交林内大叶相思干、叶和根较纯林分别提高了5.5%、17.7%和4.6%；而皮和枝分别下降了28.1%和36.0%，且皮生物量差异达到显著水平（$P<0.05$）。纯林和混交林下，印楝和大叶相思地下部分与地上部分生物量之比（根冠比）不同，混交林印楝根冠比（0.256）较纯林（0.338）小，而混交林大叶相思（0.161）较纯林（0.129）大。

表4-12　不同林分类型印楝、大叶相思平均单株生物量　　　　　单位：kg

树种	林分类型	干	皮	枝	叶	根	合计
印楝	纯林	2.62a	0.95a	1.84a	0.66a	2.05a	8.12a
	混交林	3.20a	1.01ab	2.28ab	0.75a	1.85a	9.09a
大叶相思	纯林	5.42b	1.22b	7.52b	1.24b	1.98a	17.38b
	混交林	5.72b	0.88a	4.82b	1.46b	2.08a	14.96b

注：同列不同小写字母不同树种和林分类型间差异显著（$P<0.05$）。

利用样本平均生物量和林分密度推算林分生物量（表4-13），结果表明，印楝×大叶相思混交林生物量（19.23 t·hm^{-2}）介于印楝纯林（13.01 t·hm^{-2}）和大叶相思纯林（27.80 t·hm^{-2}）之间，较印楝纯林提高了47.9%，而较大叶相思纯林下降了30.8%，这是由于印楝和大叶相思混交比例为1∶1且印楝平均单株生物量显著低于大叶相思所造成的（表4-12）。

表4-13　印楝纯林、大叶相思纯林、印楝×大叶相思混交林林分生物量及其分配

林分类型	树种	生物量/（t·hm^{-2}）						占比/%				
		干	皮	枝	叶	根	合计	干	皮	枝	叶	根
纯林	印楝	4.20	1.52	2.95	1.06	3.28	13.01	32.3	11.7	22.7	8.1	25.2
	大叶相思	8.66	1.95	12.03	1.99	3.17	27.80	31.2	7.0	43.3	7.1	11.4
混交林	印楝	2.56	0.81	1.83	0.60	1.48	7.28	35.2	11.1	25.2	8.2	20.3
	大叶相思	4.57	0.70	3.85	1.17	1.66	11.95	38.2	5.9	32.2	9.8	13.9
	印楝+大叶相思	7.14	1.51	5.68	1.77	3.14	19.23	37.1	7.9	29.5	9.2	16.3

从各器官生物量分配比例看（表4-13），同一树种在纯林和混交林内分配格局不同。在纯林和混交林内，印楝各器官生物量分配比例大小顺序分别为干>根>枝>皮>叶和干>枝>根>叶>皮；大叶相思分别为枝>干>根>叶>皮和干>枝>根>叶>皮。混交林各器官生物量分配比例为干>枝>根>叶>皮，其中干和叶的分配比例高于纯林，而皮、枝和根的分配比例均介于印楝纯林和大叶相思纯林之间。干热河谷印楝和大

叶相思干生物量分配比例为 31.2%~38.2%，且以混交林树种高于纯林树种；枝（22.7%~43.3%）和根（11.4%~25.2%）的分配比例较高，尤其是纯林内大叶相思，枝的分配比例（43.3%）要高于干（31.2%）。印楝叶和枝的分配比例以混交林高于纯林，皮和根则相反；大叶相思叶和根的分配比例以混交林高于纯林，皮和枝则相反。

印楝和大叶相思地上生物量空间分布特征。印楝在纯林内的生物量空间结构呈典型的"金字塔"形，随树高的增加而递减，而其他林分树种并不明显。从各器官上来看，干和皮均随树高的增加而递减，而枝和叶的分布在很大程度上决定了整个生物量空间分布的结构。在 2~4 m 的高度，纯林内印楝枝和叶生物量分布比例分别为 54.2% 和 86.5%，而纯林内大叶相思仅分别为 39.0% 和 32.3%，但在 4 m 以上的高度分布比例分别为 33.7% 和 66.7%。将印楝与大叶相思混交种植后，印楝枝和叶生物量在 2~4 m 的高度的分布比例分别 71.6% 和 84.7%，枝的分布比例较纯林有所增加，尽管叶的分布比例在该范围内略低于纯林，但其生物量却较纯林大，且在 4 m 以上的高度仍有分布；而混交林内大叶相思枝和叶生物量在 2~4 m 的高度分布比例分别为 36.7% 和 23.8%，较纯林有所降低，但在 4 m 以上的高度分布比例较纯林大，分别为 37.9% 和 71.8%。印楝和大叶相思在纯林和混交林内地上生物量空间分布格局发生了变化。

从整个林分来看，混交林内树种枝和叶生物量在 2~4 m 的高度分布比例分别为 47.9% 和 44.4%，高于大叶相思纯林，这部分增加的生物量主要由印楝提供；在 4 m 以上的高度分布比例分别为 26.2% 和 51.0%，高于印楝纯林，这部分的生物量主要由大叶相思提供。因此，太阳辐射经大叶相思上层吸收后，透过林冠的漫射光则主要为印楝所吸收，增加了林分光能利用率，且混交林内印楝和大叶相思枝和叶生物量在空间上所形成的互补，对于混交林冠层在干热河谷雨季有效截留降水、防止雨水对林地土壤的直接冲击具有重要意义。

印楝和大叶相思生物量回归模型。依据植物相对生长规律，以及标准木的干、枝、叶、根、地上和总生物量（W）与胸径（D）、树高（H）的实测数据，分别对生物量与测树因子（D 或 D^2H）进行拟合，结果以幂函数曲线（$W = ax^b$）拟合效果最佳（表 4–14）。经 F 检验表明，拟合均达到极显著水平（$P<0.001$）。除大叶相思叶生物量与测树因子（D 或 D^2H）拟合模型的决定系数低于 0.9（分别为 0.793 和 0.762）外，各器官、地上生物量和总生物量数学模型的决定系数均超过 0.9。回归模型 $W = ax^b$ 的幂指数反映了生物量与测树因子（D 或 D^2H）的生长关系。以胸径（D）建立回归模型的幂指数为 1.515~3.544，均大于 1，表明印楝和大叶相思胸径与各器官、地上生物量和总生物量呈异速生长关系，且胸径的异速生长速率要落后于各器官。在以胸径树高（D^2H）建立的回归模型中，枝生物量拟合的幂指数大于 1，其他各器官、地上生物量和总生物量拟合的幂指数为 0.569~0.881，均小于 1，表明印楝和大叶相思胸径树高（D^2H）的异速生长速率高于其他各器官，但落后于枝。

表 4-14 金沙江干热河谷印棟与大叶相思生物量回归模型

树种	器官	胸径 (D)		胸径树高 (D^2H)	
		最优模型	R^2	最优模型	R^2
印棟	干(皮)	$W = 0.139D^{1.947}$	0.976**	$W = 0.087(D^2H)^{0.768}$	0.974**
	枝	$W = 0.005D^{3.544}$	0.956**	$W = 0.002(D^2H)^{1.401}$	0.958**
	叶	$W = 0.022D^{2.041}$	0.921**	$W = 0.013(D^2H)^{0.807}$	0.924**
	根	$W = 0.101D^{1.743}$	0.939**	$W = 0.067(D^2H)^{0.686}$	0.935**
	地上生物量	$W = 0.147D^{2.235}$	0.979**	$W = 0.086(D^2H)^{0.881}$	0.977**
	总生物量	$W = 0.240D^{2.101}$	0.975**	$W = 0.146(D^2H)^{0.828}$	0.972**
大叶相思	干(皮)	$W = 0.170D^{2.041}$	0.991**	$W = 0.092(D^2H)^{0.781}$	0.990**
	枝	$W = 0.040D^{2.713}$	0.930**	$W = 0.018(D^2H)^{1.035}$	0.924**
	叶	$W = 0.094D^{1.515}$	0.793**	$W = 0.063(D^2H)^{0.569}$	0.762**
	根	$W = 0.056D^{1.983}$	0.955**	$W = 0.032(D^2H)^{0.752}$	0.937**
	地上生物量	$W = 0.270D^{2.181}$	0.961**	$W = 0.141(D^2H)^{0.832}$	0.955**
	总生物量	$W = 0.324D^{2.156}$	0.963**	$W = 0.171(D^2H)^{0.822}$	0.955**

注：** 表示拟合达到极显著水平（$P<0.01$）。

树种器官异速生长关系。印棟和大叶相思各器官的异速生长关系均呈显著或极显著水平，决定系数为 0.669~0.999（表 4-15）。其中，纯林印棟和混交林印棟叶与干均近于等速生长（幂指数分别为 1.040 和 0.952），其他各器官之间呈较明显的异速生长关系（幂指数分别为 0.475~0.906 和 1.224~1.855），且纯林和混交林内印棟各器官异速生长速率表现为枝>叶/干>根，地上部分>地下部分。不同林分类型下大叶相思根与干、根与地上部分异速生长关系不同，纯林大叶相思根的异速生长速率落后于干和地上部分，而混交林内则近于等速生长（幂指数分别为 1.059 和 1.010）。其他各器官之间呈较明显的异速生长关系（幂指数分别为 0.474~0.821 和 1.191~1.358），且纯林和混交林内大叶相思各器官异速生长速率表现为枝>干/根>叶，地上部分>地下部分。

（2）赤桉和新银合欢纯林和混交林生物量特征 于 1991 年 5 月（雨季初期）选择赤桉和新银合欢，在金沙江干热河谷典型区域，按照 1 m×3 m 株行距和 1∶1 的种植比例以及深 100 cm、底宽 80 cm 的撩壕整地规格进行容器苗（百日苗）造林，采取封禁管理。造林模式包括赤桉纯林、新银合欢纯林、赤桉×新银合欢混交林。造林面积 20 亩，造林后保存率较高，生长良好，20 a 后保存率都在 70% 以上。造林前植被稀疏，放牧、割草等人为活动频繁，地表裸露率大（>70%），水土流失较严重。原生植被多为车桑子和黄茅。坡度为 7°~12°，坡向为南坡，坡位为中坡。土壤类型为燥红土，表层土壤浅薄；心土层土壤深厚、板结，且石砾高（质量分数>35%）。

表 4-15　金沙江干热河谷印楝与大叶相思各器官异速生长关系

异速方程两参数		纯林印楝			混交林印楝		
		a	b	R^2	a	b	R^2
枝	干	0.157	1.855	0.957**	0.200	1.629	0.932**
叶	枝	0.174	1.040	0.946**	0.190	0.952	0.747*
根	枝	0.617	0.906	0.983**	0.561	0.886	0.983**
叶	枝	0.492	0.557	0.974**	0.487	0.613	0.833**
根	枝	1.525	0.475	0.973**	1.342	0.490	0.855**
根	叶	2.775	0.844	0.976**	2.151	0.664	0.669*
地上生物量	根	2.685	1.254	0.991**	2.977	1.224	0.940**

异速方程两参数		纯林大叶相思			混交林大叶相思		
		a	b	R^2	a	b	R^2
枝	干	0.447	1.294	0.909**	0.393	1.358	0.972**
叶	枝	0.448	0.672	0.995**	0.288	0.768	0.799*
根	枝	0.406	0.821	0.980**	0.275	1.059	0.969**
叶	枝	0.723	0.474	0.914**	0.476	0.595	0.910**
根	枝	0.714	0.595	0.948**	0.569	0.781	0.999**
根	叶	1.087	1.213	0.971**	1.466	1.191	0.904**
地上生物量	根	5.944	1.277	0.981**	6.428	1.010	0.995**

注：* 和 ** 表示拟合分别达到显著（$P<0.05$）和极显著水平（$P<0.01$）。

于 2011 年 10 月中旬（旱季初期）在 20 a 生赤桉纯林、新银合欢纯林及赤桉×新银合欢混交林（树种比例 1∶1，行间混交）内分别随机布设标准样方各 3 块，面积为 400 m²（20 m×20 m），对标准样方内胸径≥1.5cm 的所有林木进行每木检尺，计算出林木的平均胸径、平均树高以及平均冠幅等测树指标。按照对角线分 5 个点，按土层深度 0~20 cm、20~40 cm、40~60 cm 获取土壤样品，将每层土样去除植物根系和石块，取大约 500 g 土样用于测定土壤理化性质（李彬，2013；李彬等，2013a）。生物量的测定采用平均标准木收获法。标准木的选择要求其胸径、周围林木的密度和分布尽可能与标准样地的平均水平接近，根据要求在各林分内分树种选出标准木各 9 株，共 36 株，将其从根颈处伐倒，并按不同径级选取赤桉共 9 株（纯林内 6 株，混交林内 3 株），新银合欢共 9 株（纯林 6 株，混交林内 3 株）进行生物量回归模型的建立。

于 2012 年 3—5 月在研究区域内采用典型随机抽样法选择不同海拔（<1 100 m、1 100~1 150 m、>1 150 m）、坡度（>25°、15°~25°、<15°）和坡向（阴坡、阳坡）的人工林若干个样方。每个样方 400 m²（20 m×20 m），调查并记录样方的地点、纬度、经度、海拔、坡度和坡向等信息；进行乔木每木调查：测量和记录乔木的树种、胸径和树高，计算碳储量（由于样地灌草层生物量所占比例太小，只有 0.02%~1.51%，因

此，主要研究乔木层）。用扇形法在不同部位的树干圆盘分别获取树干和树皮样品；枝、叶按东、南、西、北和上、中、下分别进行取样；根系按不同深度和不同径级获取。采集的样品在 105 ℃的烘箱内杀青后，在 80 ℃下烘干并粉碎。地上、地下部分碳储量计算方法：经实验室烘干的树木各器官样品研磨过筛后用重铬酸钾-硫酸氧化法测定不同树种器官含碳率，用不同器官的生物量分别乘以其含碳率得出碳储量。凋落层碳储量计算方法：用 1 m×1 m 的矩形采样框在标准地内随机取 5 次样，取样时把矩形内的凋落物全部收回，装入塑料袋内编上样方号，带回实验室内 80 ℃下烘干至恒重，凋落物烘干后，研磨过筛，用重铬酸钾-硫酸氧化法测定其含碳率，进而计算凋落层碳储量。土壤层碳储量计算方法：土壤有机碳含量采用重铬酸钾-硫酸氧化法进行测定，计算标样方不同土壤层次的碳密度，进而求出不同标准样方的土壤碳储量。对标准木进行树干解析，按 1 m 一段截取圆盘（包括胸径处）。用铅笔将通过髓心的最大直径和同样通过髓心并与之垂直的直线画出来，沿着这个方向的直线从树干外侧，在树龄为 5 a、10 a、15 a、20 a 处的年轮上用铅笔做上记号，同时读出全部年轮数。把精密的尺子紧贴靠在各个直线上，读出髓心到树皮外缘的长度、髓心到去皮后木质部边缘的长度、髓心到 5 a、10 a、15 a、20 a 时年轮的长度。把 4 个方向的测定结果记录入表。取 4 个方向的平均值则得到各龄阶的平均半径。根据这个结果绘制树干解析图，计算各树龄阶段的材积和生物量，进而推算生物量-蓄积量模型，根据模型和器官含碳率估算各树龄阶段碳储量。根据标准木的干、皮、枝、叶、根以及地上和总生物量（W）与胸径（D）、树高（H）的实测数据，分别对生物量与测树因子（D 或 D^2H）进行拟合，选出关系密切且拟合效果较好的模型作为生物量的估算模型。

采用材积转换法对赤桉、新银合欢建立生物量模型，分别采用一元线性模型和乘幂曲线模型对林木生物量及其对应的蓄积量进行拟合，根据决定系数以及方程的生物学意义，确定最优模型（李彬，2013；李彬等，2013a）。由树干解析得到各龄阶的胸径、树高和材积，即得平均生长量和连年生长量。并以平均生长量和连年生长量做生长曲线（孟宪宇，2007）。将每株解析木各龄阶数据按龄阶归类，根据林木生长特点，按 Logistic 生长方程进行回归运算，拟合不同树龄阶段的材积生长过程（何晓群，2008）。

赤桉和新银合欢人工林生物量及其分配特征。赤桉与新银合欢混交种植后，赤桉混交林平均单株生物量较其纯林提高 49.86%，其中地上部分生物量提高了 52.03%，均达显著水平；而新银合欢混交林平均单株生物量则较其纯林下降 36.77%（表 4-16）。从器官来看，赤桉混交林干、皮生物量较其纯林分别显著提高 50.76%、57.18%，而两者的枝、叶和根生物量差异均不显著。新银合欢混交林干、皮和枝生物量较其纯林显著下降 36.19%、30.46% 和 41.89%，而两者的叶和根差异均不显著。纯林和混交林下，赤桉和新银合欢地下部分与地上部分生物量之比（根冠比）差异不显著。同一树种在纯林和混交林下分配格局基本相同。其中，赤桉各器官生物量大小顺序为干>根>皮>枝>叶；而新银合欢为干>根>枝>皮>叶（表 4-16）。各器官中，赤桉和新银合欢干生物量的分配比例均最大，为 45.87%~51.39%，其次是根（21.54%~26.57%）。赤桉根和叶的分配比例均以纯林高于混交林，干、皮和枝以纯林低于混交林；新银合欢各器官分配比例（枝除外）均以混交林高于纯林。

表4-16 金沙江干热河谷赤桉和新银合欢平均单株生物量及其分配

树种	林分类型	地上生物量/kg					地下生物量/kg	合计/kg	根冠比
		干	皮	枝	叶	小计			
赤桉	纯林	15.11a	3.97a	1.90a	0.74ab	21.72a	7.86a	29.58a	0.37a
	混交林	22.78b	6.24b	3.36ab	0.64a	33.02b	11.31a	44.23b	0.34a
新银合欢	纯林	23.90b	3.02c	10.98c	2.00c	39.90c	11.23a	51.13b	0.28a
	混交林	15.25a	2.10d	6.38b	1.50bc	25.23a	7.11a	32.34a	0.28a

注：同列不同小写字母表示不同林分类型间差异显著（$P<0.05$）。

赤桉与新银合欢混交林生物量介于赤桉纯林和新银合欢纯林之间（表4-17），且差异显著。混交林总生物量较赤桉纯林增加36.86%，而较新银合欢纯林下降35.06%。其中，地上生物量较赤桉纯林增加41.46%，而较新银合欢纯林下降36.84%；地下生物量较赤桉纯林增加24.15%，而较新银合欢纯林下降28.72%。混交林各器官生物量分配比例为干>根>枝>皮>叶，除皮外，各器官生物量均低于新银合欢纯林而高于赤桉纯林。混交林枝和叶的生物量分配比例高于赤桉纯林而低于新银合欢纯林，其余器官（干、皮、根）的生物量分配比例则相反。

在各林分总生物量组成中，干生物量最大，占总生物量的46.76%~51.06%，且以赤桉纯林高于其他林分。其他器官所占比例依次为根（21.96%~26.57%）>枝（6.43%~21.46%）>皮（5.90%~13.43%）>叶（2.51%~3.91%）。其中，赤桉纯林枝和叶生物量所占比例较小，而新银合欢纯林均较其他林分大（表4-17）。

表4-17 金沙江干热河谷赤桉和新银合欢林分生物量及其分配

单位：$t \cdot hm^{-2}$

林分类型	地上生物量					地下生物量	合计
	干	皮	枝	叶	小计		
赤桉纯林	30.97a	8.14a	3.90a	1.52a	44.53a	16.11a	60.64a
新银合欢纯林	59.76b	7.54b	27.43b	5.00b	99.73b	28.06b	127.79b
混交林	41.25c	9.17c	10.31c	2.26b	62.99c	20.00c	82.99c

注：同列不同小写字母表示不同林分类型间差异显著（$P<0.05$）。

依据植物相对生长规律，以及标准木的干、皮、枝、叶、根、地上和总生物量（W）与胸径（D）、树高（H）的实测数据，分别对生物量与测树因子（D或D^2H）进行拟合，结果以幂函数曲线（$W=ax^b$）拟合效果最佳（表4-18）。F检验表明，除新银合欢枝与叶外，拟合均达到显著水平（$P<0.05$），其中赤桉的拟合效果最佳，其干、根、地上生物量以及总生物量的拟合度均达到极显著水平（$P<0.001$）。从测树因子（D或D^2H）拟合模型的决定系数看，赤桉干、根、地上生物量以及总生物量都在0.9以上，其余也集中在0.7以上；新银合欢除枝与叶外，决定系数也都集中在0.8以上。回归模型$W=ax^b$的幂指数反映了生物量与测树因子（D或D^2H）的异速生长关系，W

与 x 为依赖个体大小变化的器官生物量；幂指数 b 为器官间的异速生长系数，当 $b=1$ 时，这种异速生长即表现为等速生长。以胸径（D）为自变量建立的回归模型的幂指数为 $1.164\sim2.697$，均大于 1，表明赤桉和新银合欢胸径与各器官、地上生物量和总生物量呈异速生长关系，且胸径的异速生长速率要落后于各器官。在以 D^2H 为自变量建立的回归模型中，叶生物量拟合的幂指数大于 1，其他各器官、地上生物量和总生物量拟合的幂指数为 $0.557\sim0.914$，均小于 1，表明赤桉和新银合欢胸径树高（D^2H）的异速生长速率高于其他各器官，但落后于叶。

表 4-18 干热河谷赤桉与新银合欢生物量（W）回归模型

树种	器官	胸径（D）			胸径树高（D^2H）		
		最优模型	R^2	P	最优模型	R^2	P
赤桉	干	$W=0.127D^{2.236}$	0.949	0.001	$W=0.048(D^2H)^{0.883}$	0.966	0.001
	皮	$W=0.028D^{2.285}$	0.887	0.005	$W=0.023(D^2H)^{0.784}$	0.842	0.010
	枝	$W=0.024D^{2.139}$	0.710	0.004	$W=0.011(D^2H)^{0.815}$	0.672	0.007
	叶	$W=0.002D^{2.697}$	0.723	0.004	$W=0.001(D^2H)^{1.029}$	0.687	0.006
	根	$W=0.082D^{2.113}$	0.958	0.001	$W=0.036(D^2H)^{0.821}$	0.945	0.001
	地上生物量	$W=0.142D^{2.232}$	0.986	0.001	$W=0.054(D^2H)^{0.914}$	0.989	0.001
	总生物量	$W=0.218D^{2.276}$	0.988	0.001	$W=0.086(D^2H)^{0.890}$	0.987	0.001
新银合欢	干	$W=0.266D^{1.192}$	0.827	0.012	$W=0.131(D^2H)^{0.740}$	0.877	0.006
	皮	$W=0.101D^{1.449}$	0.892	0.005	$W=0.059(D^2H)^{0.557}$	0.945	0.001
	枝	$W=0.069D^{2.149}$	0.601	0.070	$W=0.129(D^2H)^{0.617}$	0.355	0.212
	叶	$W=0.128D^{1.164}$	0.304	0.257	$W=0.347(D^2H)^{2.235}$	0.089	0.566
	根	$W=0.096D^{2.036}$	0.818	0.013	$W=0.081(D^2H)^{0.698}$	0.689	0.041
	地上生物量	$W=0.402D^{1.973}$	0.934	0.002	$W=0.306(D^2H)^{0.692}$	0.823	0.012
	总生物量	$W=0.495D^{1.989}$	0.922	0.002	$W=0.385(D^2H)^{0.694}$	0.804	0.015

赤桉和新银合欢人工生物量空间分布格局。 赤桉纯林以及混交林地上生物量空间结构基本呈典型的"金字塔"形，随树高的增加而递减，其中赤桉纯林比较明显，混交林次之。而新银合欢纯林垂直梯度变化并不显著。从各器官来看，干和皮均随树高的增加呈递减趋势。枝和叶的分布在很大程度上决定了整个生物量空间分布的结构，赤桉纯林以及混交林枝和叶主要分布于 3 m 以上的高度，而新银合欢纯林在 $2\sim3$ m 处已经有枝和叶分布；且各林分生物量基本随树高的增加表现出先增加后减少的趋势。赤桉纯林和混交林枝和叶分别在 $5\sim6$ m 和 $4\sim5$ m 的高度达最大，再往上则逐渐递减，新银合欢纯林枝和叶多集中于树冠上层（$7\sim8$ m）。混交林内，新银合欢的加入改变了赤桉枝和叶在空间上的配置。这对于混交林冠层在干热河谷雨季有效截留降水、防止雨水对林地土壤的直接冲击以及对光照资源的充分利用具有重要意义。

运用 Gale（1987）提出的生物量分布模型（$Y=1-\beta^d$）对地上生物量分布进行分析，结果表明，赤桉纯林、新银合欢纯林、赤桉×新银合欢混交林的 β 值分别为 0.702（$R^2=0.940$）、0.803（$R^2=0.840$）、0.716（$R^2=0.838$），表明新银合欢纯林生物量在树冠层具有较大的分布；赤桉纯林生物量主要积累在树冠下层的干、皮部分；混交林则处于两者之间。

不同恢复模式树种生物量。新银合欢枝和叶生物量分配比例高于赤桉，且主要分布于树冠中上层，而赤桉枝和叶则主要分布于树冠中层。赤桉树高可达 12 m，新银合欢只有 10 m，混交后赤桉生物量显著大于新银合欢，地上生物量比新银合欢高 40.60%。混交林内赤桉和新银合欢地上生物量分布的 β 值分别为 0.733（$R^2=0.833$）和 0.790（$R^2=0.778$），表明赤桉混交林生物量主要分布于树冠下方，而新银合欢则比赤桉拥有更大的冠层生物量。混交林增加了赤桉单株以及林分生物量，除叶外，其他器官的生物量均以混交林高于纯林。在地上部分生物量的空间分布格局上，赤桉混交林枝和叶在 3~4 m 的高度开始分布，且枝生物量较大，主要集中在树冠中下部；而赤桉纯林则在 2 m 的高度已有枝叶分布，但分布较少，主要集中在树冠顶层。纯林和混交林内赤桉地上生物量分布的 β 值分别为 0.702 和 0.733，表明赤桉混交林比其纯林拥有更大的冠层面积和更多的冠层生物量。

混交林与新银合欢纯林相比较，混交林降低了新银合欢单株以及林分生物量，各器官生物量也以纯林高于混交林。在地上生物量的空间分布格局上，新银合欢纯林枝叶在 2~3 m 的高度开始分布，而混交林则在 3~4 m 的高度才开始分布，且在树冠顶层（9 m以上）纯林枝和叶分布量在单株水平上较混交林多 83.19%。纯林和混交林内新银合欢地上生物量的 β 值分别为 0.803 和 0.790，表明新银合欢纯林比其混交林拥有更大的冠层面积和冠层生物量。

人工林生物量与其地理位置、气候、土壤及林分水热条件、林分类型、林龄和林分密度等（Enquist 等，2002）因素密切相关。在本研究中，赤桉与新银合欢的混交种植，促进了赤桉的生长，尤其是地上生物量的增加。李彬等（2013）研究发现，在干热河谷，混交种植后赤桉的胸径、树高、材积生长量都高于赤桉纯林。这是由于具有根瘤的新银合欢可在一定程度上改善林地土壤理化性状，提高土壤肥力（宗亦臣等，2007）；另外，由于试验区风速大，赤桉凋落叶不易分解且易被风吹走，而新银合欢凋落叶且贴地易分解，导致混交林的土壤肥力比赤桉纯林高。与纯林相比，混交林内占据不同生态位的树种可以通过相互补充或干扰性竞争，促进某一方生长，如尾叶桉、马占相思的混交促进了尾叶桉的生长（叶绍明等，2008）。这与高成杰等（2012）对印楝和大叶相思的混交试验结果相似，说明在干热河谷，固氮树种与非固氮树种混交可以促进非固氮树种的生长。

林木器官生物量的分配受生物因子（物种、植株大小、树龄等）及非生物因子（光照、养分、水分、干扰等）的影响（Enquist 等，2002；吴楚等，2005）。本研究显示，赤桉与新银合欢的器官生物量分配不同。此外，干热河谷的赤桉和新银合欢干生物量分配比例低于我国大多数人工林（樊后保等，2006b；唐建维等，2009）；根冠比（0.28~0.37）高于世界大多数树种根冠比平均值（0.26，Ravindranath 等，2009），反映出其对养分的需求量大和竞争能力强（王军邦等，2002）。这表明在植物在生长发育过程中，通过不断地调整营养物质的分配及改变根冠比来适应环境变化（高成杰等，2012）。干热河谷水分缺乏、养分贫瘠，树木为了保持高的组织水势和正常生长而使根系发达，尤其是赤桉的发达根系，能从深层土壤吸收水分（李彬等，2013a）。占据不同生态位的树种可以充分利用立地资源，改善林木营养状况，获得更大的生物量（Lu，2009）。在本研究中，混交林内赤桉与新银合欢地上部分的空间分布具有明显的分层互补现象，可以充分合理地利用空间资源。此外，林木混交改变了赤桉与新银合欢的空间结构，可促进赤桉枝和叶的生长，抑制新银合欢枝和叶的生长，可能与混交林内赤桉的根系发达、生长迅速且冠幅较大有关。这与樊后保等（2006）对马尾松×格氏栲混交林空间分布格局的研究结果类似。新银合欢纯林和赤桉×新银合欢混交林的 β 值均低于全球陆地生态系统的 β 平均值（0.966，Jackson 等，1996）。研究区赤桉、新银合欢根系主要分布在 1 m 以上的浅土层，可能与干热河谷土壤容重大、通透性差，旱季土壤板结有关（李昆等，1999），黏重紧实的土层阻碍了植物根系向深层土壤的穿透（Coté 等，2003），加之受到造林技术和气候条件的影响，营造的人工林树种的根系大部分分布于林地土壤表层，而该土层是人工植被水肥管理和经营的关键。

土壤养分的空间异质性能够改变细根的分布特征。在养分较充足的土壤斑块内，植株的细根密度和长度增加（George 等，1997）。在本试验中，赤桉混交林的侧根分布较其纯林更靠近表层土壤，这与张彦东等（2001）对水曲柳和落叶松的研究结果类似。可能是因为新银合欢根系主要分布在土壤表层，且固氮作用增加了表层土壤的营养元素，植物根系向表层相对肥沃的土壤靠近。同时，由于赤桉与新银合欢根系之间的竞争作用，混交林中新银合欢的根系分布比纯林更趋于表层土壤。侧根，特别是细根，是植物吸收水分和养分的主要器官，侧根越多对植物的生长发育越有益（权伟等，2008）。混交林内新银合欢细根生物量较大，能更好地吸收矿质元素并发挥固氮作用。其固氮作用越强，越有利于赤桉的生长。干热河谷土壤瘠薄，但赤桉和新银合欢侧根生物量占 33.2%～47.2%，对促进植物根系获取养分和水分具有重要意义（王克勤等，2004）。

在整地方式以及株行距和造林密度相同的情况下，新银合欢与赤桉混交，不仅增加了赤桉的生物量，也改变了垂直方向上生物量的空间分配格局。新银合欢作为固氮型的伴生树种，可促进赤桉的生长发育，提高其干材生物量。从本研究来看，采用 1 m×3 m 株行距营造的行间混交林，种间在地上空间产生分层互补的现象，但对地下营养空间和水（养）分的竞争激烈。与纯林相比，混交林内赤桉根系的垂直分布格局更靠近土壤表层，与新银合欢竞争土壤养分，从而抑制新银合欢的生长及更新；而新银合欢可以改良土壤水分、养分以及土壤结构，对赤桉的生长起到促进作用，尤其是增加其地上生物量。因此，混交林内赤桉比其纯林拥有更大的干材生物量，能获得更大的生态效益。值得注意的是，受环境影响，土层中树种根系分布格局及其生物量分配会发生一定程度的变化。仅从单一种植时树木根系生长情况考察其是否适宜组合营造混交林有一定的片面性。今后的研究需要将不同营林模式下人工林地上、地下生物量及其分布特征与光照、温度，以及不同土层土壤理化性质有机地联系起来，从林木对干旱胁迫的适应策略和种间及种内竞争等角度，解析造成林木生物量分布差异的影响因子。另外，根据赤桉与新银合欢的种间关系探究混交林内养分、能量流动关系，以及演替动态对当地土壤、气候环境的响应等，并根据不同林分的根系分布进行科学的施肥管理，从而更好地指导人工植被经营过程中的水肥管理及营林模式的筛选。

4.3.3　金沙江干热河谷纯林与混交林养分特征

养分循环是森林生态系统功能的主要表现之一，也是维持森林结构和功能稳定的重要因素（田大伦等，2003），人工林养分元素循环利用的系统研究，不仅对人工林生态系统的稳定性、可持续性以及林分生产力的提高具有重要意义，也为树种选择、更新和人工林培育及经营管理等提供科学依据（刘兴良等，2001）。养分循环过程不仅受林木生物学特性的影响，在不同时空条件下其循环特点也有明显差异。研究发现（项文化等，2002；田大伦等，2003），不同树龄马尾松人工林养分循环的循环系数随林分生长过程呈凸状抛物线变化，即先增加后减少。杉木-观光木混交林群落氮、磷养分循环系数均比杉木纯林高（杨玉盛等，2002）。在贫瘠缺氮立地上，固氮树种可改善林地小气候，提高林分稳定性，改善非固氮树种氮素营养状况（Jia，1998）。例如，马占相思的固氮作用使树叶氮含量显著高于其他树种，其凋落叶中氮的高含量（邹碧等，2006）以及分布较浅且具根瘤的根系，加速了林地土壤养分尤其是氮素的生物循环，快速改良林下土壤（何斌秦等，2007）。目前，关于人工林养分循环的研究多集中于针叶林和桉树等用材林，而在我国干热河谷造林困难区以植被恢复为主要目的所营造的人工林，其养分循环特征尚不清楚。

西南干热河谷是我国特有的生态脆弱区，植被破坏和水土流失严重（张燕平等，2002）。为了改善生态环境，近年来该地区引进了众多适应性强的多功能树种，如印楝和大叶相思。印楝因其耐旱和多功能性，在干热河谷广泛种植（彭兴民等，2003）；而大叶相思具有根瘤，是良好的辅佐、护土、改土的速生树种（任海和彭少麟，1998）。研究以元谋干热河谷印楝和大叶相思为研究对象，对其纯林及混交林内养分积累、分配和循环进行研究，探讨不同恢复模式下印楝和大叶相思人工林养分循环特点以及固氮树种对人工林养分循环的影响，为西南干热河谷人工植被恢复模式的评价以及不同人工林的经营管理提供科学依据。

在金沙江干热河谷典型区域选取面积约 7.0 hm² 的撂荒坡地为试验地。试验地位于缓坡地西坡中部，曾经过坡改梯（20 世纪 90 年代），坡度约 12°，立地条件相对一致。于 2001 年 5 月中旬（雨季初期）选择印楝和大叶相思等树种百日容器苗，采用块状整地，规格 60 cm×60 cm×60 cm，按照 2 m×3 m 株行距进行造林。造林模式有印楝纯林、大叶相思纯林和印楝×大叶相思混交林（树种比例 1:1），行间混交，每个造林模式面积约 2.3 hm²。造林后于 2004 年 4 月雨季来临前挖环状沟施肥，之后进行严格的封禁管理。于 2010 年 11 月上旬（旱季初期）采用典型取样方法，在 10 a 生印楝纯林、大叶相思纯林及印楝×大叶相思混交林标准样地内分别布设调查样方各 2 块，共 6 块，面积 600 m²，按照对角线分 5 个点，按土层深度 0~20 cm、20~40 cm、40~60 cm 获取土壤样品，将每层土样去除植物根系和石块，取大约 500 g 土样，用于测定土壤理化性质（高成杰，2012；高成杰等 2012，2013）。

（1）印楝和大叶相思纯林与混交林土壤养分特征　对印楝纯林和混交林不同土层土壤主要养分元素含量和 pH 值进行了测定（表 4-19），结果表明，纯林和混交林相应土层内有机质含量以混交林各土层高于相应的纯林，且中层土壤（20~40 cm）和深层土壤（40~60 cm）达到显著水平（$P<0.05$）。pH 值以纯林高于混交林，但差异不显著。印楝混交林各土层平均养分含量除有效钙和镁，全氮、全磷、全钾及其速效养分含量均显著高于纯林。无论是印楝纯林还是混交林，土壤平均养分含量均呈全钾>全氮>全磷，有效钙>有效镁>碱解氮>速效钾>有效磷趋势。

表 4-19　金沙江干热河谷印楝纯林和混交林土壤养分状况

土层深度/cm	林分类型	有机质/（g·kg⁻¹）	pH 值	全量养分含量/（g·kg⁻¹）			速效养分含量/（g·kg⁻¹）				
				全氮	全磷	全钾	碱解氮	有效磷	速效钾	有效钙	有效镁
0~20	纯林	4.32	6.76	0.25	0.25	1.80	31.2	3.95	24.0	394	155
	混交林	7.34	5.96	0.49	0.32	3.40	54.4	7.34	37.9	416	104
20~40	纯林	1.92	6.76	0.25	0.12	0.90	5.62	2.68	8.36	350	114
	混交林	9.08*	5.67	0.46	0.30*	4.14	41.8	6.04	33.6	398	101
40~60	纯林	1.65	6.39	0.25	0.16	1.34	9.83	3.80	9.18	442	218
	混交林	6.98*	5.37	0.35	0.31*	4.72	29.1	6.14	41.8	384	120
平均	纯林	2.63	6.64	0.25	0.18	1.35	15.5	3.48	13.9	395	162
	混交林	7.80*	5.67	0.43	0.31*	4.09	41.8	6.51	37.8	399	108

注：* 表示不同林分类型间差异显著（$P<0.05$）。

（2）印楝和大叶相思纯林与混交林植物养分特征　从 5 种养分元素总量来看，不同林分下印楝各器官养分总量均以叶和皮最高，干含量最低。但从某一元素看，各器官养分含量大小顺序不尽相同（表 4-20）。纯林印楝中各器官养分元素均以叶含量最高。其中 N 和 P 元素以根含量最低（分别为 4.0 g·kg⁻¹ 和 0.61 g·kg⁻¹），Ca 元素以干含量最低（4.78 g·kg⁻¹），K 和 Mg 元素以皮含量最低（分别为 3.68 g·kg⁻¹ 和 0.76 g·kg⁻¹）。混交林印楝各器官 N 元素以皮和叶含量最高（分别为 25.0 g·kg⁻¹ 和 22.6 g·kg⁻¹），干含量最低（3.5 g·kg⁻¹）；P 元素以枝含量最高（3.68 g·kg⁻¹），皮含量最低（0.91 g·kg⁻¹）；K 和 Mg 元素以叶含量最高（分别为 15.70 g·kg⁻¹ 和 3.88 g·kg⁻¹），干含量最低（分别为 3.90 g·kg⁻¹ 和 0.69 g·kg⁻¹）；Ca 元素以皮和叶含量最高（分别为 20.90 g·kg⁻¹ 和 19.00 g·kg⁻¹），干含量最低（3.80 g·kg⁻¹）。

表 4-20　金沙江干热河谷不同林分下印楝养分含量和分配　　单位：g·kg⁻¹

器官	林分类型	N	P	K	Ca	Mg	合计
干	纯林	5.4	1.75	5.81	4.78	0.86	18.60
	混交林	3.5*	0.96*	3.90*	3.80	0.69	12.85
皮	纯林	4.9	0.64	3.68	17.00	0.76	26.98
	混交林	25.0*	0.91	6.25*	20.90	0.75	53.81*

（续表）

器官	林分类型	N	P	K	Ca	Mg	合计
枝	纯林	4.9	0.99	7.58	13.60	0.98	28.05
	混交林	7.9*	3.68*	10.10	12.00	1.59*	35.27
叶	纯林	16.0	2.00	16.40	22.80	4.82	62.02
	混交林	22.6*	2.03	15.70	19.00	3.88	63.21
根	纯林	4.0	0.61	6.09	8.26	1.06	20.02
	混交林	12.4*	2.34*	11.20*	9.79	2.26*	37.99*

注：*表示不同林分类型间差异显著（$P<0.05$）。

不同林分下印楝体内养分含量差异较大（表4-20），纯林印楝各器官（除干外）5种养分元素总量低于混交林，为混交林养分含量的50.1%~98.1%，其中皮和根达到显著水平。纯林印楝和混交林印楝干内各养分元素含量大小顺序较为一致，以K元素含量最高，P和Mg元素含量最低，各养分元素含量以混交林低于纯林，尤其是N和P元素，分别为纯林的64.8%和54.9%，差异性达显著水平（$P<0.05$）。印楝皮内5种养分元素含量纯林呈Ca>N>K>Mg>P、混交林呈N>Ca>K>P>Mg趋势，各养分元素含量（除Mg外）均以混交林高于纯林，N和K元素差异达到显著水平（$P<0.05$）。枝内5种养分元素含量大小顺序一致，呈Ca>K>N>P>Mg趋势，各养分元素含量（除Ca外）均以混交林高于纯林，以N、P和Mg元素达到显著水平（$P<0.05$）。印楝根内5种养分元素含量纯林呈Ca>K>N>Mg>P、混交林呈N>K>Ca>P>Mg趋势。各养分元素含量以混交林高于纯林（为纯林的1.19~3.10倍），除Ca外，均达到显著水平（$P<0.05$）。印楝叶内5种元素含量纯林呈Ca>K>Mg>N>P、混交林呈N>Ca>K>Mg>P趋势，混交林印楝叶内N元素含量显著高于纯林，P元素含量以混交林印楝（2.03 g·kg^{-1}）略高于纯林（2.00 g·kg^{-1}），K、Ca和Mg元素含量以纯林略高于混交林，且纯林印楝叶内N/P（8.0）要远小于混交林（11.1）。

不同林分印楝养分富集能力不同（表4-21），混交林印楝养分富集系数（18.28）要高于纯林印楝（17.81）。纯林印楝对各元素的富集能力呈Ca>N>Mg>P>K的趋势，混交林印楝呈N>Ca>Mg>P>K的趋势；从不同器官看，纯林印楝对养分的富集能力呈叶>皮>枝=干>根的趋势，而混交林呈叶>皮>根>枝>干的趋势；从不同林分看，纯林印楝对P和K的富集系数大于混交林，对N、Ca和Mg的富集系数小于混交林。

表4-21　金沙江干热河谷两种林分下印楝各器官养分富集系数

林分类型/树种	器官	N	P	K	Ca	Mg	平均
纯林/印楝	干	21.60	9.91	4.31	11.49	8.27	11.12
	皮	19.60	3.62	2.73	40.87	7.31	14.83
	枝	19.60	5.60	5.63	32.69	9.42	14.59
	叶	64.00	11.32	12.18	54.81	46.35	37.73
	根	16.00	3.45	4.52	19.86	10.19	10.80
	平均	28.16	6.78	5.88	31.94	16.31	17.81

（续表）

林分类型/树种	器官	N	P	K	Ca	Mg	平均
混交林/印楝	干	8.08	3.10	0.95	9.52	6.37	5.60
	皮	57.74	2.94	1.53	52.34	6.93	24.30
	枝	18.24	11.87	2.47	30.05	14.68	15.46
	叶	52.19	6.55	3.84	47.58	35.83	29.20
	根	28.64	7.55	2.74	24.52	20.87	16.86
	平均	32.98	6.40	2.31	32.80	16.93	18.28

我国近年来的造林绿化以营造纯林为主，大面积的纯林已逐渐暴露出其生态功能上的劣势，在经济发达地区已逐步进行林分改造，建设混交林。许多研究结果表明，通过营造混交林能明显提高林地养分水平，改善林地养分状况，从而提高林地生产力和林分稳定性（Gunnar 等，2002；Einollah 等，2008，刘广路等，2010）。例如，华北沿河沙地营造杨树纯林时，由于系统内个体之间水分、养分等竞争激烈，容易形成低产、结构脆弱的"老头林"，引入固氮树种刺槐后能明显改善林地养分状况（沈国舫等，1997）。印楝与具有固氮能力的大叶相思混交后，在一定程度上提高了土壤有机质含量和土壤养分含量，这与他人在该地区的研究结果类似（马姜明等，2006）。林木混交提高土壤养分含量水平可能与林地养分有效性有关。在印楝混交林中土壤速效养分含量均高于纯林（除有效镁外），如混交林内碱解氮/全氮、有效磷/全磷分别为 9.7% 和 2.1%，而纯林分别为 6.2% 和 1.9%。主要原因可能是引入固氮树种大叶相思后，混交林中固氮菌以及某些真菌的增多，加快了土壤养分库中氮素和磷素的矿化速率。

植物体内营养格局与个体的生存策略相关，植物体内关键资源的分配是物种生态策略的反映（Abrahamson，1982；Aerts，1990）。通常，叶养分含量最高，而干最低（李志安等，2001），从 5 种元素含量的总和看，印楝纯林和混交林基本遵从了这一次序；但从某一元素看，纯林印楝多数元素以根和皮含量最低，其中 N 元素以干含量最高。彭少麟等（2003）认为如果干养分含量高，不能高效地利用营养，那么养分必然对该树种在生物量增长上形成限制，而贫养生境上植物较低的生长率是为了保持养分的结果。纯林印楝的营养格局使其生理活动较强的器官（根和皮）保持了较高的养分利用效率，生理活动较弱的器官（干）维持较高的养分（N），从而适应纯林内贫瘠的土壤环境。

叶是植物体内生理代谢最为活跃的器官，被认为是对土壤养分供应水平变化最为敏感的部位（Tamm，1995）。研究表明，在养分供应不足的情况下，树木叶养分含量与土壤养分供应水平有较强的相关性（Hobbie 和 Gough，2002）。本研究中，混交林印楝叶的 N 素含量高于纯林，但叶内 K、Ca、Mg 元素的含量却低于纯林印楝，这可能与混交林中土壤 N 供应量的相对过高，对其他稳定供应的营养元素具有相对稀释作用，使其在植物体内的含量降低有关，但也因此使混交林印楝的叶在获得较丰富的 N 元素的同时，仍然保持着对 P、K、Ca、Mg 元素较高的利用效率。树木叶内 N、P 含量和 N/P

曾被广泛作为判断树木是否受 N 和 P 限制的指标（赵琼等，2009），如果实际 N/P 小于该临界 N/P，则植物生长受 N 限制；反之则受 P 限制（Güsewell，2004）。树木叶内 N、P 含量在不同区域、不同树种之间存在很大差异。陈灵芝等（1997）对亚热带 60 多种主要植物的养分含量进行研究，得出我国亚热带植物叶内 N 含量为 15.6 g·kg^{-1}，P 含量为 0.8 g·kg^{-1}；Han 等（2005）通过对我国 753 种陆生植物叶内 N/P 进行研究，认为我国大部分地区 P 素缺乏，并得出植物叶内 N、P 含量和 N/P 几何平均值分别为 18.6 g·kg^{-1}、1.21 g·kg^{-1} 和 14.4；而 Elser 等（2000）通过对全球 397 种陆生植物进行研究，得出的结果分别为 17.67 g·kg^{-1}、1.58 g·kg^{-1} 和 11.0。本研究中纯林印楝叶内 N、P 含量和 N/P 分别为 16.0 g·kg^{-1}、2.00 g·kg^{-1} 和 8.0，混交林中分别为 22.6 g·kg^{-1}、2.03 g·kg^{-1} 和 11.1。尽管元谋干热河谷土壤贫瘠，土壤 P 含量低于我国土壤平均 P 含量（0.56 g·kg^{-1}），但纯林和混交林叶内 P 含量均高于 Han 等（2005）和 Elser 等（2000）所得出的陆生植物叶内 P 含量的平均值。混交林印楝叶内 N 含量（22.6 g·kg^{-1}）要高于我国陆生植物叶内平均 N 含量，而纯林叶内 N 含量则较低（16.0 g·kg^{-1}），表现出对氮素的匮缺。以 Han 等（2005）所得出的 N/P 作为参考，元谋干热河谷纯林和混交林印楝生长均受 N 元素限制；以 Elser 等（2000）得出的 N/P 作为参考，混交林印楝生长开始受 P 元素限制。

干热河谷混交林印楝体内大多数养分元素含量显著高于纯林，除土壤肥力（表 4-19）的影响和大叶相思的固氮作用外，可能有以下原因：一是混交林改善了林内凋落物的分解环境。不同物种凋落物的混合可能促进了凋落物的降解及其有效养分的释放，更有利于混交林内印楝对养分的吸收（Man 和 Lieffers，1999；Einollah 等，2008）；二是混交林内印楝个体较纯林彼此相距更远，降低了印楝种内竞争，尤其是地下部分；三是混交林内物种可能占据不同的土壤空间以及对营养需求有差异，为养分的获取提供了更大的可能性（Gunnar 等，2002）。

在元谋干热河谷土壤贫瘠的条件下，纯林印楝和混交林印楝的养分富集系数均较高（分别为 17.81 和 18.28），远高于北京北部山区刺槐林（刘世海等，2003）、安徽省滁州市麻栎（*Quercus acutissima*）人工林（唐罗忠等，2010）和陕西省桥山林区油松（*Pinus tabulaeformis*）人工林（高甲荣等，2001），主要原因是干热河谷土壤养分含量低，而植物体内养分含量较高。尽管印楝纯林土壤养分含量较混交林低，但混交林印楝体内养分含量要高于纯林印楝，因此其富集系数也较纯林高。申建波等（1997）认为，有些植物具有养分奢侈吸收现象，奢侈吸收在生态上具有重要意义，它使植物在养分供应旺季积累养分，在养分匮缺时又能及时利用贮藏养分，使其能进行正常生长。且只有当养分供应具有间断性或不可预测性时，奢侈吸收才会起重要作用。肥沃土壤能够为植物持续供应养分，而在低肥力土壤上，现存的有效养分少，只有在温度、水分等环境条件适宜时，土壤中的潜在养分才能被转化和释放，在这种土壤上生长的植物往往依靠奢侈吸收贮藏养分，以在养分供应"饥荒"时使用（唐罗忠等，2010）。本研究结果反映了干热河谷印楝对养分的奢侈吸收（尤其是 N 元素）。印楝纯林中土壤贫瘠，有机质含量低，保水保肥能力差，不利于土壤养分的持续供应；而混交林中尽管有固氮植物的存在，但在元谋高温、干旱最严重时期，固氮植物新根瘤的形成受到很大的抑制作用，使得固氮植物未能持续地发挥固氮作用，因此，印楝通过奢侈吸收贮存养分来适应低养分环境。

4.3.4　金沙江干热河谷人工植被混交效应作用机理

桉树在国内已有 120 多年的栽培历史。桉树人工林生产力高（达60 m³·hm⁻²·a⁻¹，Gonçalves 等，2013），导致大量养分随森林产品而输出（Laclau 等，2010），特别是 N、P 元素，因此引起了人们对桉树纯林可持续性的担忧。与桉树纯林相比，在桉树人工林中种植适当比例的固氮树有可能在保持土壤肥力的同时提高林分生产力（Binkley 等，1992；Parrotta，1999；DeBell 等，2001；Gonçalves 等，2004，2013；Bristow 等，2006；Forrester 等，2005，2007；Nouvellon 等，2012；Bouillet 等，2013；Laclau 等，2013）。然而也有研究报道，具有固氮树种的桉树混交林与桉树纯林的林分生产力相似，甚至更低（Binkley 等，1992；Bristow 等，2006；Laclau 等，2013；Bouillet 等，2013）。

在具有固氮树种的桉树混交林中，土壤养分供应量和可用性的增加很可能通过两种机制实现：①富含养分的固氮树种混合凋落物快速分解，释放大量的养分进入土壤；②通过根系相互作用，固氮树种固定的来自大气的氮补充分布到桉树根际（Binkley 等，1992；Parrotta，1999；Bristow 等，2006；Forrester 等，2005，2006，2007；Gonçalves 等，2013）。此外，地表径流、地下径流和渗流等土壤溶质运动可能导致 N、P 营养物质在富营养物质的固氮树种和贫营养物质的桉树根系间重新分配（Bouillet 等，2002；Laclau 等，2013；Wang 等，2013）。

前人研究支持这两种机制。例如，Forrester 等（2006）总结发现，在有固氮树种的人工林中，桉树氮有效性可能通过以下 3 种机制增加：①凋落物分解产生的氮可能对桉树有效；②根系之间可能存在根系分泌物或菌根连接；③固氮树种固定大气氮导致土壤有效氮含量提高。然而，也有研究认为，虽然不能排除桉树通过根系连接利用固氮树种固定大气氮的可能性，但在固氮树种混交林中，桉树林土壤养分供应和可利用性的增加主要是由于凋落物分解和随后的养分释放（Forrester 等，2005，2007）。Grant 等（2012）发现，结构不良的土壤导致根系密度低，限制了桉树的生产力。因此，根系空间重叠在促进桉树生长中的作用可能与土壤性质有关，如土壤硬度。

在金沙江干热河谷，许多地区发展了桉树纯林或混交林。然而，人们并不清楚干热河谷坚硬板结的土壤是否会抑制根系延伸，进而减弱固氮树种对非固氮树生长的贡献（Grant 等，2012；高成杰等，2013）。高成杰等（2013）发现，在金沙江干热河谷，10 a生印楝与大叶相思（固氮树种）的根系很少重叠。2001 年，笔者在金沙江干热河谷混交林中开展了混合凋落物分解和根系互作对赤桉生长的作用方面的研究。设置包括赤桉纯林（EPP）、新银合欢纯林（LPP）、赤桉×新银合欢混交林（MP）、阻隔了根系交互作用的赤桉×新银合欢混交林（BR）、阻隔了地表凋落物混合的赤桉×新银合欢混交林（BL）和阻隔了根系交互作用和地表凋落物混合的赤桉×新银合欢混交林（BLR）6 个处理。2011 年开展调查监测，取样分析土壤理化性质（表 4-22）。

表4-22 金沙江干热河谷造林10 a后赤桉和新银合欢人工林林地土壤养分含量

处理	pH值	土壤容重/(g·cm⁻³)		土壤硬度/(kg·cm⁻²)		有机碳/(g·kg⁻¹)	全氮/(g·kg⁻¹)	全磷/(g·kg⁻¹)	有效磷/(mg·kg⁻¹)	速效钾/(mg·kg⁻¹)	有效钙/(mg·kg⁻¹)	有效镁/(mg·kg⁻¹)	微生物量碳/(mg·kg⁻¹)	微生物量氮/(mg·kg⁻¹)	微生物量磷/(mg·kg⁻¹)
		0~20 cm	80~100 cm	0~20 cm	80~100 cm										
EPP	6.35a	1.54a	1.62a	27.21a	30.87a	3.89d	0.12d	0.06a	0.75c	24.02c	248.57a	121.55a	40.07d	3.20d	1.75a
LPP	5.98a	1.50a	1.62a	26.94a	31.01a	4.97ab	0.24a	0.07a	5.78a	61.97a	262.67 a	114.21a	67.99a	5.30 a	2.33a
MP															
Total	6.22a	1.48a	1.61a	27.09a	30.92a	4.64abc	0.20ab	0.06a	4.11ab	38.43abc	252.92a	114.39a	61.92a	4.88a	2.38a
EC row	6.4 a	1.50a	1.63a	27.18a	30.94a	4.28cd	0.17bc	0.06a	2.71b	25.98c	250.23a	118.54a	58.56abc	4.60abc	2.44a
LL row	5.96a	1.45a	1.59a	27.00a	30.89a	5.00a	0.23a	0.06a	5.51a	50.88ab	255.61a	110.24a	65.28a	5.17a	2.33a
BR															
Total	6.22a	1.45a	1.62a	27.11a	31.02a	4.67abc	0.20ab	0.06a	4.26ab	35.98bc	257.23a	112.32a	65.01a	5.13a	2.45a
EC row	6.40a	1.48a	1.62a	27.22a	31.02a	4.32cd	0.17bc	0.06a	2.91b	21.97c	248.99a	114.85a	59.88ab	4.72ab	2.40a
LL row	6.06a	1.42a	1.63a	26.99a	31.01a	5.01a	0.23a	0.07a	5.61a	49.99ab	265.47a	109.78a	70.10a	5.55a	2.50a
BL															
Total	6.25a	1.51a	1.63a	27.12a	30.85a	4.48c	0.17bc	0.06a	3.31b	36.47bc	256.00a	116.47a	54.36abcd	4.28abcd	2.07a
EC row	6.37a	1.53a	1.63a	27.25a	30.88a	3.87d	0.10d	0.06a	0.78c	21.47c	251.24a	120.37a	43.16cd	3.39cd	1.89a
LL row	6.13a	1.49a	1.63a	26.98a	30.81a	5.08a	0.25a	0.06a	5.84a	51.47ab	260.77a	112.57a	65.56a	5.17a	2.26a
BLR															
Total	6.29a	1.50a	1.61a	27.10a	30.96a	4.51bc	0.17bc	0.0a	3.25b	37.46bc	255.48a	117.50a	57.48abc	4.52abc	2.18a
EC row	6.49a	1.53a	1.60a	27.34a	31.04a	3.95d	0.11d	0.06a	0.73c	23.27c	248.51a	124.57a	44.99bcd	3.54bcd	1.88a
LL row	6.09a	1.47a	1.62a	26.86a	30.88a	5.05a	0.24a	0.06a	5.77a	51.66ab	262.45a	110.43a	69.96a	5.51a	2.49a

注：EPP，赤桉纯林；LPP，新银合欢纯林；MP，赤桉×新银合欢混交林；BR，阻隔了根系交互作用的赤桉×新银合欢混交林；BL，阻隔了地表凋落物混合的赤桉×新银合欢混交林；BLR，阻隔了根系交互作用和地表凋落物混合的赤桉×新银合欢混交林；Total，混交林整体；EC row，混交林中赤桉种植行；LL row，混交林中新银合欢种植行；同列不同小写字母表示各处理在0.05水平上差异显著。

造林 10 a 后调查发现 MP 和 BR 处理之间以及 BL 和 BLR 处理之间赤桉树高差异不显著。不添加凋落物试验处理中（BL 和 BLR 处理）的赤桉树高显著低于添加凋落物的试验处理（MP 和 BR 处理），但与纯林的高度相当。EPP、BL 和 BLR 处理的赤桉胸径无显著差异，但均显著低于 MP 和 BR 处理。与 BR 处理相比，MP 处理的赤桉胸径略小，但差异不显著（表 4-23）。赤桉和新银合欢根系分层结构似乎不受试验处理的影响。在水平方向上，纯林和混交林中，97% 以上的重力根生物量集中在干基 0~60 cm 区域内，100 cm 以上的重力根生物量不足总根系量的 0.01%。在垂直方向上，95% 左右的赤桉根系生物量集中在纯林和混交林的 0~80 cm 土层中。新银合欢根系的分层结构与赤桉相似。在水平和垂直方向上，新银合欢根系比赤桉根系更集中。在混交林中，两种植物的根系一般集中在 0~60 cm 的水平方向和 0~80 cm 的垂直方向，相邻两种植物的根系在空间上没有重叠。

表 4-23 金沙江干热河谷造林 10 a 后赤桉和新银合欢林林分特征

处理	树种	初始种植密度/株	死亡率/%	树高/m	冠幅/m	胸径/cm	胸断面积/($m^2 \cdot hm^{-2}$)
EPP	赤桉	100	1.75	7.47c	2.8×2.8	15.46b	16.55b
LPP	新银合欢	100	1.75	13.78a	3.2×3.1	13.48c	12.45c
	所有树	100	1.75	—	—	—	19.53a
MP	赤桉	50	2.00	10.35b	2.9×2.8	18.76a	13.31c
	新银合欢	50	1.50	13.34a	3.0×3.0	12.77c	6.22e
	所有树	100	1.75	—	—	—	20.02a
BR	赤桉	50	2.00	10.21b	2.9×2.9	19.81a	13.84c
	新银合欢	50	1.50	13.58a	3.1×2.9	12.84c	6.18e
	所有树	100	2.00	—	—	—	15.61b
BL	赤桉	50	2.00	7.55c	2.8×2.7	15.66b	9.33d
	新银合欢	50	2.00	13.87a	3.3×3.0	13.25c	6.28e
	所有树	100	1.75	—	—	—	15.76b
BLR	赤桉	50	1.50	7.66c	2.9×2.7	15.78b	9.43d
	新银合欢	50	2.00	13.81a	3.1×3.1	13.40c	6.33e

处理	树种	叶凋落物元素含量/($g \cdot kg^{-1}$)						叶凋落物 C/N
		C	N	P	K	Ca	Mg	
EPP	赤桉	424.09	11.19	0.56	8.84	47.20	5.29	37.96
LPP	银合欢	443.33	18.32	0.71	7.06	20.93	3.19	24.25
	所有树	420.49	15.70	0.66	8.38	33.12	4.83	27.35
MP	赤桉	410.21	13.38	0.62	8.84	44.16	5.31	30.74

（续表）

处理	树种	叶凋落物元素含量/（g·kg⁻¹）						叶凋落物 C/N
		C	N	P	K	Ca	Mg	
	新银合欢	430.77	18.02	0.70	7.92	22.08	4.35	23.99
	所有树	422.74	15.65	0.67	8.31	34.56	4.90	27.62
BR	赤桉	417.83	13.32	0.63	8.77	46.29	5.43	31.36
	新银合欢	427.65	17.99	0.71	7.85	22.83	4.37	23.88
	所有树	432.77	14.96	0.64	7.89	33.42	4.52	30.50
BL	赤桉	429.99	11.62	0.58	8.55	42.90	5.59	37.11
	新银合欢	435.55	18.29	0.70	7.22	23.93	3.45	23.90
	所有树	430.20	14.98	0.64	8.00	31.94	4.51	30.42
BLR	赤桉	430.56	11.54	0.59	8.65	43.75	5.64	37.42
	新银合欢	429.84	18.42	0.70	7.34	20.13	3.37	23.42

注：EPP，赤桉纯林；LPP，新银合欢纯林；MP，赤桉×新银合欢混交林；BR，阻隔了根系交互作用的赤桉×新银合欢混交林；BL，阻隔了地表凋落物混合的赤桉×新银合欢混交林；BLR，阻隔了根系交互作用和地表凋落物混合的赤桉×新银合欢混交林；同列不同小写字母表示各处理在 0.05 水平上差异显著。

在 6 个处理中，造林 10 a 后凋落物量以 BR 和 MP 处理最高，其次为 BL 和 BLR 处理，LPP 和 EPP 处理中凋落物量最低。在 4 个混交林处理中，超过一半的凋落物来源于赤桉。就凋落物的组成而言，落叶约占总量的 70%。赤桉种植行中凋落物量 MP 和 BR 处理约为 BR 和 BLR 处理的 1.4 倍，约为 EPP 处理的 1.6 倍。在混合凋落物处理（MP 和 BR 处理）中，来源于赤桉的落叶量约为新银合欢的 2.3 倍（表4-24）。

表4-24　赤桉和新银合欢人工林凋落物量（2011 年 4 月至 2012 年 3 月）

单位：t·hm⁻²

处理	叶凋落物量			其他凋落物量			总凋落物量		
	来自赤桉	来自新银合欢	全部	来自赤桉	来自新银合欢	全部	来自赤桉	来自新银合欢	全部
EPP	2.19a	—	2.19bc	0.62a	—	0.62b	2.81a	—	2.81b
LPP	—	1.94a	1.94c	—	0.94a	0.94a	—	2.88a	2.88b
MP	1.75b	1.32b	3.07a	0.44ab	0.61b	1.05a	2.19b	1.93b	4.12a
BR	1.77b	1.34b	3.11a	0.40b	0.64b	1.04a	2.17b	1.98b	4.15a
BL	1.24c	1.06b	2.30b	0.40b	0.45b	0.85b	1.64c	1.51c	3.15b
BLR	1.23c	1.07b	2.30b	0.39b	0.42b	0.81b	1.62c	1.49c	3.11b

（续表）

处理	叶凋落物量			其他凋落物量			总凋落物量		
	来自赤桉	来自新银合欢	全部	来自赤桉	来自新银合欢	全部	来自赤桉	来自新银合欢	全部
EC row in MP	2.63a	1.13a	3.76a	0.88a	—	0.88a	3.51a	1.13a	4.64a
EC row in BR	2.66a	1.15a	3.81a	0.80a	—	0.80a	3.46a	1.15a	4.61a
EC row in BL	2.48a	—	2.28b	0.80a	—	0.80a	3.28b	—	3.28b
EC row in BLR	2.46a	—	2.26b	0.78a	—	0.78a	3.24b	—	3.24b
LL row in MP	0.87a	1.51b	2.38a	—	1.22a	1.22a	0.87a	2.73a	3.60a
LL row in BR	0.88a	1.53b	2.41a	—	1.28a	1.28a	0.88a	2.81a	3.69a
LL row in BL	—	2.12a	2.12b	—	0.90a	0.90a	—	3.02a	3.02b
LL row in BLR	—	2.14a	2.14b	—	0.84a	0.84a	—	2.98a	2.98b

注：EPP，赤桉纯林；LPP，新银合欢纯林；MP，赤桉×新银合欢混交林；BR，阻隔了根系交互作用的赤桉×新银合欢混交林；BL，阻隔了地表凋落物混合的赤桉×新银合欢混交林；BLR，阻隔了根系交互作用和地表凋落物混合的赤桉×新银合欢混交林；EC row in MP，MP 混交林中赤桉种植行；EC row in BR，BR 混交林中赤桉种植行；EC row in BL，BL 混交林中赤桉种植行；EC row in BLR，BLR 混交林中赤桉种植行；LL row in MP，MP 混交林中新银合欢种植行；LL row in BR，BR 混交林中新银合欢种植行；LL row in BL，BL 混交林中新银合欢种植行；LL row in BLR，BLR 混交林中新银合欢种植行；同列不同小写字母表示各处理在 0.05 水平上差异显著。

经过 2 a 的分解后，分解袋中剩余凋落物量为原质量的 5.90%~30.77%（表 4-25）。MP 和 BR 处理的叶片混合物的分解速率显著快于单独处理的赤桉叶片，但 LPP 处理的叶片混合物的分解速率显著慢于单独处理的新银合欢叶片。在 MP 和 BR 处理中，赤桉种植行叶凋落物半分解时间约为 BL、BLR 和 EPP 处理的 65%。MP 和 BR 处理的促进赤桉分解指数值均显著大于 1，而促进新银合欢分解指数值均显著小于 1，表明新银合欢叶片的添加能促进赤桉凋落物的分解。

表 4-25　赤桉和新银合欢叶凋落物分解 2 a 后分解参数和元素归还量

处理	损失率/%	分解常数/a^{-1}	半分解时间/a	赤桉分解促进因子	新银合欢分解促进因子	元素归还量/（g·m^{-2}·a^{-1}）					
						C	N	P	K	Ca	Mg
EPP	30.77a	0.52c	1.35	—	—	40.77c	0.64c	0.06c	1.18bc	3.44b	0.33bc
LPP	5.90c	1.24a	0.47	—	—	56.98b	2.08b	0.10b	0.94c	3.39b	0.28c
EC row in MP	15.02b	0.86b	0.85	1.40*	0.58*	97.60a	2.88a	0.16a	2.33a	5.93a	0.69a
EC row in BR	15.30b	0.85b	0.86	1.37*	0.57*	98.07a	2.81a	0.15a	2.33a	5.74a	0.71a
EC row in BL	28.93a	0.55c	1.29	—	—	46.91c	0.68c	0.07bc	1.24b	3.80b	0.40b

（续表）

处理	损失率/%	分解常数/a^{-1}	半分解时间/a	赤桉分解促进因子	新银合欢分解促进因子	元素归还量/（g·m^{-2}·a^{-1}）					
						C	N	P	K	Ca	Mg
EC row in BLR	29.37a	0.54c	1.31	—	—	45.86c	0.63c	0.07bc	1.21b	3.50b	0.35bc

注：EPP，赤桉纯林；LPP，新银合欢纯林；EC row in MP，MP 混交林中赤桉种植行；EC row in BR，BR 混交林中赤桉种植行；EC row in BL，BL 混交林中赤桉种植行；EC row in BLR，BLR 混交林中赤桉种植行；LL row in MP，MP 混交林中新银合欢种植行；LL row in BR，BR 混交林中新银合欢种植行；LL row in BL，BL 混交林中新银合欢种植行；LL row in BLR，BLR 混交林中新银合欢种植行；同列不同小写字母表示各处理在 0.05 水平上差异显著。

在试验处理中，赤桉种植行通过凋落物返回到森林土壤的碳含量为 40.77~98.07 g·m^{-2}·a^{-1}。结果表明，各元素中 C 回归量最高，其次是 Ca，回归范围为 3.39~5.93 g·m^{-2}·a^{-1}，其次是 K 和 N。同时，Mg 和 P 通过枯落物的回归量明显小于 C、Ca 和 N。而在 MP 和 BR 处理，所有供试元素回归赤桉种植行的回收率约为含有赤桉的其他 3 个处理的 2 倍，特别是 N 和 P（表 4-25）。在大多数陆生植物群落中树种间根系空间重叠及其引发的竞争是普遍现象（Laclau 等，2013）。例如，由于赤桉根系强大对土壤资源的强大竞争能力，通常混种固氮树种，以促进赤桉生长（Forrester 等，2006，2007）。根系竞争实质是当养分和水分这些资源限制树木生长时，根系对土壤资源的竞争（Forrester 等，2006）。通过研究发现，混交林中赤桉生长不受根系是否阻隔的影响，表明赤桉可能不会通过根系相互作用机制从邻近的新银合欢根系处受益。通常，固氮树种可以通过增加土壤资源的有效性直接促进赤桉的生长，并且当两种树种的根系在土壤空间中重叠时，可引入有益生物（菌根和其他土壤微生物）间接促进赤桉生长（Forrestere 等，2006；Laclau 等，2013）。本研究数据显示，在混交林中，赤桉根系一般不会延伸到邻近的新银合欢处，这可能归因于研究区坚硬板结的土壤。干热河谷土壤普遍半固化、硬化和不透水，主要是由于土壤质地黏重。坚硬板结的土壤可能极大地抑制两种树种的根系伸展。因此可以合理推断，由于坚硬板结的土壤，赤桉的根系难以直接利用其邻近新银合欢激活或释放的土壤养分。此外，坚硬板结的土壤可能会极大地限制土壤溶质的交流或渗透，这导致赤桉利用从其邻近的新银合欢根区扩散的营养丰富的土壤溶质的机会很少。

结果表明，凋落物混合的混交林（MP 和 BR 处理）中赤桉生长速度明显快于凋落物不混合的混交林（BL 和 BLR 处理）中赤桉生长速度，说明新银合欢和赤桉凋落物的混合促进了赤桉的生长。这可能是混交林中凋落物混合分解产生的土壤养分供应量及其可利用性的增加所致。这种增加可能是因为新银合欢凋落物混合后，凋落物数量、质量和分解率提升（Forrester 等，2005，2006；Laclau 等，2010）。在干热河谷，新银合欢和赤桉叶片形态特征导致赤桉种植行凋落叶量增加。在研究区域，新银合欢叶片小、薄，容易通过河谷空气循环分散到混交林中邻近的赤桉种植行内；而赤桉叶片厚，难以吹散至新银合欢种植行（李昆，2007）。因此，落在赤桉种植行中的新银合欢叶凋落物的数

量和比例远远大于新银合欢种植行中的赤桉叶凋落物。这一观察结果可以解释为什么
MP 和 BR 处理的赤桉种植行叶凋落物量显著高于 BL 和 BLR 处理，而 4 种混交林中新
银合欢种植行凋落叶量没有显著差异。

　　此外，富氮的新银合欢凋落物的混合改善了赤桉种植行凋落物质量。赤桉凋落物营
养元素含量低，分解缓慢，大部分营养物质可能存在于未分解的凋落物中（Binkley 等，
1992；Parrotta，1999；Forrester 等，2006；Coq 等，2010；Laclau 等，2010）。相比之
下，固氮树种凋落物可以保持较高的氮浓度，因此它们分解得更快（Wang 等，2013）。
本研究中混合叶凋落物的质量（氮浓度和 C/N）通过添加富含氮的新银合欢凋落物而
显著增强。混合分解袋中叶凋落物 C/N（28.66）约为单独赤桉叶凋落物分解袋 C/N
（34.92）的 80%，是单独新银合欢叶凋落物分解袋 C/N（23.89）的 1.2 倍。虽然较低
的 C/N 并不总是与较高的凋落物分解率相关（k，d'Annunzio 等，2008），但试验数据
显示，凋落物的 C/N 与 k 值高度相关（$r = 0.973$，$P < 0.001$，$n = 6$）。生物化学特性
（多酚、木质素和单宁）也是凋落物分解的主要驱动因素（Coq 等，2010）。因此，本
研究结果以及其他研究结果都支持这样的观点，即来自固氮树种的更容易分解的富含营
养物质的凋落物混合将提高赤桉凋落物的分解速率，导致更多的营养物质返回土壤
（Binkley 等，1992；Parrotta，1999），这导致赤桉在有凋落物混合的林分中比没有凋落
物混合的林分中生长更快。

4.4　本章总结

　　金沙江干热河谷自然植被稀少，覆盖率低，多以禾本科低矮草本植物等为主要背
景，间有灌木树种的单优植物群落。土壤发育差，地表板结，降水入渗浅，蒸发量大，
水土流失严重。植被破坏是生态系统退化的开始和关键环节，但植被破坏后首先造成的
是土壤流失和退化，而土壤这一植物生长和植被存在的基础一旦失去，单纯依靠自然力
很难恢复散失的植被。所以干热河谷的植物、土壤是相辅相成的，是互相作用的，二者
缺一不可。金沙江干热河谷植物多样性存在显著差异，植物根系空间分布格局也存在差
异，对不同区段干热河谷的植物多样性来说，植物多样性整体变化一致，即从上段到下
段均表现为上升趋势，下段表现最优；不同植被类型间植物多样性从大到小均表现为天
然林、人工林、稀树灌草丛；对不同环境影响因子来说，随着海拔上升，植物多样性呈
现逐渐上升的趋势；阴坡植物多样性高于阳坡。金沙江干热河谷植物-土壤碳、氮、磷
等养分循环差异显著，植被稀少、覆盖度低会降低土壤碳、氮、磷等元素含量，而反之
土壤养分含量或者肥力缺乏也会使植被稀少、覆盖率下降。所以干热河谷生态环境恢复
一个重要手段就是进行植被恢复，而植被恢复过程中，极为重要的一个环节是适宜树种
选择。选择适宜的造林树种，就必须认识干热河谷气候的热带性特征，并在此前提下做
到真正意义上的"适地适树"，选择与之相适应的树种。而作为干热河谷适宜造林的树
种，印棟和大叶相思纯林或者混交林的营造对干热河谷水土保持、土壤改良、生态防
护、区域经济等方面具有重要意义。印棟因其耐旱和多功能性，在干热河谷广泛种植，
而大叶相思具有根瘤，是良好的辅佐、护土、改土的速生树种。此外，还有其他许多适

宜树种在此地生长且有利于干热河谷的生态环境恢复。同时，干热河谷干旱的本质是严重的季节性干旱，与同纬度的其他地区相比，年降水量偏低，年内降水分配不均，全年长达 7 个多月的旱季，是严重制约造林成效和林木生长的关键。因此，更应该根据这些原因，总结提出"树种选择、容器育苗、提前预整地、适当密植和雨季初期造林"的综合配套技术，其核心就是科学地选择适宜造林树种，充分利用雨季天然降水和提高其利用效率。

第五章　金沙江干热河谷土壤碳汇效应及其稳定性

全球气候变化已经成为当今社会共同关心的重大问题，人们加大了对温室气体尤其是 CO_2 的研究。自 20 世纪 70 年代，研究者即开始对碳循环开展研究，主要包括生态系统生物量、碳库和碳循环、碳循环模型模拟等方面，其中定量研究 CO_2 在全球各主要生态系统中的收支平衡，即全球碳循环，一直是研究的难点和热点（Sehindler，1999；方精云，2002；陈洋勤等，2004）。然而目前，在全球尺度上，CO_2 的研究存在不确定性，表现出收支不平衡的现象，即"碳失汇"（IPCC，2001）。海洋、大气及陆地是碳循环的三大主要系统，其中，海洋和大气因系统相对较均质且稳定，CO_2 在其中转化和流通也主要是一种相对稳定的自然过程（张萍，2009）。因此，这种"碳失汇"现象的关键就在于陆地生物圈，其中以森林生态系统最易受人为活动的干扰和影响，尽管它的碳通量水平比大气和海洋系统要小很多，但有研究表明（Tans 等，1990；Pacala 等，2001；Mynenni 等，2001；Fang 等，2001；方精云等，2001），在中高纬度的北半球陆地（森林）生态系统固定了全球碳循环中大部分去向不明的碳，可能具有很大的碳汇潜力。

生物量是指某一时间单位面积或体积栖息地内所含 1 个或 1 个以上生物种，或所含一个生物群落中所有生物种的总个数或总干重（包括生物体内所存食物的重量）。森林生物量是指一定时间、一定空间内某一森林生态系统植物有机体的总重量。森林生物量是研究森林生产力、净第一性生产力（NPP）的基础，同时也是整个森林生态系统运行的能量基础与物质来源。生物量受死亡、收获、呼吸作用、光合作用等人类活动和自然因素的共同影响。因此，森林生物量的变化情况可反映森林的自然演替、自然干扰（如病虫害、林火等）、人为干扰、大气和土壤污染、气候变化等情况，可作为森林结构和功能变化的重要指标之一（Brown 等，1982；Blunier 等，1995；张萍，2009）。

生物生产力是指生物及其群体甚至更大尺度生命有机体的物质生产能力，生物生产力反映生态系统中植被被吸收碳的能力。生物生产力因群落、物种不同而存在较大差异，也随环境改变而发生变化（方精云等，2001）。初级生产力是指单位时间单位群落面积生命有机体转化直接来自太阳辐射的能量，它是个速率的概念，单位为 $t \cdot hm^{-2} \cdot a^{-1}$ 或者 $g \cdot m^{-2} \cdot d^{-1}$ 表示。初级生产可分为总初级生产力（GPP）、净初级生产力（NPP）以及净生态系统生产力（NEP）。总初级生产力是指单位面积群落（主要是绿色植物）通过光合作用所同化的总量，又称总第一性生产力。总初级生产力扣去植物呼吸（Rp）后为净初级生产力，又称净第一性生产力。净初级生产力扣去微生物呼吸（Rm）后即为净生态系统生产力（姜丽芬等，2006）。净初级生产力反映了植物固定和转化光合产物的效率，是生态系统中其他生物群落成员生存繁衍的基础，实际上净初级生产力表示的是植物生物量随时间变化的增长速率（吕宪国，2005；张友民，2006）。当要精确地研究全球碳循环以及碳储量时，需要扣去因植物和土壤微生物等的呼吸消耗，即净生态系统生产力（Hanson 等，2000）。森林生物量和生产力是森林生态系统结构和功能的最基本特征，森林生物量积累和生产力发展是生态系统发展的根本动力。生物量和生产力动态对森林的管理和利用具有重要的参考价值。

森林系统作为陆地生物圈的主体，其在维护区域生态环境健康和全球碳循环中发挥着重要作用，其碳储量及动态等问题已越来越多地引起了人们重视。1997 年制定和通过的《京都议定书》就充分肯定了森林缓解全球气候变化的正面作用，此外也掀起了世界各国林业部门大力开展森林碳储存能力估算的工作热潮，以期获得较精确的估算结果来评价本国森林对全球碳循环的贡献，作为未来国际谈贸易和国际气候谈判的计量基础和筹码。森林碳库主要分为 5 个部分：地上生物量、地下生物量、枯落物、枯死木、土壤有机物（李怒云等，2009）。

金沙江干热河谷土壤碳库主要是从不同植物固碳汇集而来，而不同造林模式和不同立地条件下植物的生长特征和固碳潜力有明显差异。正因如此，干热河谷人工恢复植被生物量与碳汇的研究极为重要。

5.1 金沙江干热河谷土壤碳分布特征

5.1.1 土壤碳概念与分布特征

全球森林生态系统的碳储量为 850~1 500 Pg，其中森林植被的碳储量为 360~770 Pg，约占全球植被碳库的 86%，全球土壤碳库的 73%，且年固定的碳占整个陆地生态系统的 60%以上，因此，森林在全球碳收支平衡中具有相当重要的意义（查同刚，2007；张国斌，2008；Laurent 等，2004）。全球的森林多集中分布在热带、亚热带、温带和寒温带地区，且因各地环境不同造成森林植被也有较大差别，因此，需要分别对不同的森林群落进行研究（毛子军，2002）。全球森林生态系统碳储量分布特征：土壤碳储量随纬度的升高而增加，而森林植被碳密度则相反，但森林植被的生产力则随纬度的升高而降低；湿热地区的森林植被枯落物生物量密度较小，远小于森林植被的生物量密度，而干冷地区枯落物生物量密度则相对明显提高（Houghton，1995；蒋有绪，1995；张国斌，2008）。有研究表明，在过去的 100 多年中全球由于毁林造成的 CO_2 排放与同期化石燃料燃烧的 CO_2 释放量相当，人类对森林的干扰破坏作用甚至超过气候变化对它的作用（Schulze，2000），在热带地区人类的毁林破坏在某种程度上已使热带森林成为一个碳源（Detwiler 等，1988；Phillips 等，1998）。可见，森林生态系统的碳蓄积对大气 CO_2 浓度有重要影响。

全球土壤中所含的碳为 3 150 Pg，其中，450 Pg 在湿地中，400 Pg 在永久冻土中，2 300 Pg 在其他生态系统中（姜丽芬等，2006）。森林 SOC 储量占全球土壤碳库的 32.4%，其中高纬度森林 SOC 占 18%（吕超群等，2004）。按纬度带来划分，以高纬度地区的森林土壤碳储量最大，约占全球森林土壤碳储量的 60%，中纬度地区森林土壤碳储量约占 13%，低纬度地区森林土壤碳储量约占 27%。这种地理纬向分布规律是由植被、气候、土壤等因素相互作用平衡后的一种结果。植被对 SOC 密度垂直分布的影响要强于气候的作用，而土壤总碳储量则正好相反（黄从德，2008）。土壤呼吸是影响土壤碳库的最重要的一个方面，土壤呼吸对环境变化十分敏感，一般随温度的升高而增加，从这个关系来看，全球变暖被认为将刺激土壤呼吸，减少陆地生态系统的碳汇强度（Raich 等，1992）。作为土壤碳库最主要通量的土壤呼吸，它的微小变化不但会引起大气中 CO_2 浓度的明显改变，也会影响森林土壤储存碳的能力（Dixon 等，1994）。每年土壤向大气释放 $68.0 \sim 76.5$ Pg CO_2（段永宏，2008）。土壤呼吸在全球碳循环中起着非常重要的作用。土壤呼吸占总生物圈呼吸相当大的一部分，是陆地生态系统的第二大通量。Raich 等（1992）通过一个全球模型估计的全球土壤呼吸释放 CO_2 通量为 77 Pg·a^{-1}，大约比输入到土壤表面的新鲜凋落物量高 2.5 倍。土壤呼吸从土壤碳库中释放碳，土壤碳库是大气碳库的 4 倍（姜丽芬等，2006），因此，土壤呼吸的很小变化都能严重改变大气 CO_2 浓度的平衡。Trumbore 等（1996）指出，全球变暖有可能引发热带土壤碳的大量损失。Grace 等（2000）指出，如果呼吸作用随着长期的温度增加而升高，森林的碳汇则将减少。

树木生长及其生物量分配过程能固持 CO_2，使植被成为缓解气候变化和温室气体效应的关键科学途径之一（Zhang 等，2012；Xu 等，2020）。营造人工林在生态恢复和水土保持功能维持中发挥重要作用，是林业应对气候变化中行之有效的管理措施（Liu 等，2018）。选择固氮树种营造人工植被可以快速提升土壤肥力和生产力，特别是在热带和亚热带地区有机质和黏土含量较低的退化土地中，固氮树种被视为植被恢复与生态系统功能重建的常见备选物种（Larney 和 Angers，2012）。相关研究表明，外来植物入侵会改变生态系统碳、氮循环过程，且固氮植物入侵对碳循环的影响显著大于非固氮植物（Liao 等，2008）。众多研究表明，固氮树种会影响土壤碳循环过程（Wang 等，2010；Xiang 等，2017）。造林作为一种管理策略，通过固存碳从而减少 CO_2 排放，但其对 SOC 积累的影响仍不确定（Zhang 等，2015）。而土壤活性碳组分具有稳定性差和周转速率快的特征，对短期土地管理方式的响应敏感，因此，测定快速变化的活性碳组分可能更好地指示土壤碳动态过程和评估土壤质量（Bongiorno 等，2019）。为了精确测算和评估固氮人工林的碳汇功能及其动态特征，需要深入理解在固氮人工林生长过程中土壤剖面上的有机碳储量、活性碳组分特征和碳稳定性变异格局。

目前，对碳汇的计量方法归纳起来主要有以下两大类：一类是利用与生物量紧密相关的现存生物量调查方法来测定碳储量；另一类是利用微气象学原理以及现代技术测定碳通量，然后再将碳通量换算成碳储量（李彬，2013）。在我国，研究和估算森林碳储量的方法主要有生物量法、生物量清单法、蓄积量法、模型模拟法、涡度相关法、微气象法、遥感估算法等（韩爱惠，2000；周国模，2006；陈乐蓓，2008；刘娟妮，2008；赵林等，2008；曹吉鑫等，2009；李怒云等，2009；张萍，2009）。

生物量法因其操作直接简便是目前应用最广泛的方法之一。该方法基于林木各器官生物量所占的比例及各器官的平均含碳率、单位面积生物量、森林面积等参数进行计算。通过大量的野外样地调查，获得实测数据和相关参数，建立生物量数据库，获得各树种平均碳密度，将其与森林面积相乘而获得和估算森林碳储量。生物量数据的获取方法主要有生物量转换因子法、直接收获法、生物量转换因子连续函数法等几种。生物量法直接、明确、技术简单，相对精度较高，但具有破坏性，另外在用生物量法时大多选择生长良好的林分，用这个结果估算该森林类型碳储量难免结果会偏大。蓄积量法是以森林蓄积量为基础数据的计算方法。对主要树种进行抽样调查，计算各树种的平均蓄积量，再通过总蓄积量求出总生物量，最后根据生物量与碳储量的转换系数求出森林的碳储量。该法直接、简单，但可能会忽略森林生态系统内诸多其他要素，如土壤呼吸、非同化器官呼吸和地下生物量增加对总体通量的影响等。生物量清单法是将森林资源普查数据和生态学野外样地调查资料结合起来的一种碳估算方法。首先计算出各森林乔木层碳储量和碳密度，然后再根据乔木层生物量占总生物量的比例来估算单位面积各森林的总生物质碳储量。该法能用于长期、大面积森林碳储量监测，但消耗劳动力多，且只能间歇地记录碳储量，而不能反映其季节和年变化的动态效应。涡度相关法是通过测定 CO_2 浓度和空气湍流来推测地球系统与大气间的净碳交换。目前，涡度相关技术的方法已被广泛运用在陆地碳平衡的研究工作中。其优点是时间分辨率高和可测得生态系统的净转移值，即净生态系统生产力精确度较高。涡旋相关技术操作方便，仅需在一个参考高度上对 CO_2 浓度以及风向、风速等进行监测。大气物质的垂直交换往往是通过空气的涡旋状流动来进行的，这种涡旋带动空气中的 CO_2 向上或向下通过某一参考面，两者之差便是所研究的生态系统固定或释放出的 CO_2 量。该法时间分辨率高，可测得生态系统碳的净转移值，但仪器昂贵，对下垫面要求较高，一般要求下垫面地形平坦，结果也存在很大的不确定性和误差。微气象法是以微气象学为基础的可连续直接测定的方法，该方法作为现今碳通量研究的一种标准方法而被广泛应用。采用此方法需要对 CO_2 浓度、能量以及水分进行分别测定。其中，能量（风）的测定由三维超声波风速仪来完成，水分与 CO_2 浓度测定则由闭路式红外气体分析仪来完成。碳通量由 10 Hz 的 CO_2/H_2O 浓度与垂直风速的原始数据经过协方差计算得出，平均时长为 0.5 h。模型模拟法是以植物或环境相关的生理因子和生态因子为基础，通过数学模拟建立相关模型来估算森林生态系统碳储量的一种方法。森林生态系统的碳储量除受植物自身的生物学特性和土壤等因素限制外，还受气候因子的影响。因此，可以通过研究模拟生态因子、气候因子以及与植物生产力之间的相互关系来估算森林生态系统碳储量。这种方法现已被广泛应用于估测区域和全球尺度上陆地生态系统的生产力和森林生态系统碳循环研究。可以分为统计模型，即气候生产力模型（Thornthwaite 纪念模型、Miami 模型、Chikugo 模型）；参数模型，即光能利用模型（CASA、GLO-PEM、C-FIX 等）；过程模型，即机理模型（CENTURY、TEM 等全球模型和 BEPS 等区域模型）。模型的研究有助于人们认识和了解生态过程碳收支状况，但这些模型常仅限于实测样地点，很难推广到其他研究领域。森林净初级生产力可采用遥感技术，运用模型来推算。遥感方法是通过应用建立各种植被指数与生物量关系的模型，来估算森林生物量的方法。这种方法在大尺度研究中有较大优势，并被广泛应用于研究全球碳平衡及其空间格局的工作中。植物具有不同的反射光谱特征，植物在进行光合作用的时候表现为对蓝紫光和红光的强烈吸收从而使其反射光谱在该部分表现出比较低谷的状态。此外，植物的反射光谱特征还可以反映植物叶绿素含量，进而通过叶绿素含量计算叶生物量情况，再通过叶生物量与群落生物量的相关系数计算群落生物量或碳储量。该法的优点是用可进行大面积碳储量变化的估算，并不需要直接测定生物量的贮存量，但也需在地面进行大量实测调查，且受限于调查样地点，不能估算更大尺度范围的碳储量。

拟采用生物量法，即通过野外实地调查，伐倒收获标准木，获得大量实测数据，建立生物量与胸径、树高等的回归方程来获得标准地的碳库含量。由于调查区域地形比较复杂，且都在河谷地区，遥感不方便应用，获取不到较为准确的遥感数据；由于调查区域存在不同立地条件，从山脚到山顶的植被立地条件等都不尽相同，不支持用涡度相关法；此外，在获得相关蓄积量数据和可以应用在干热河谷地区的模型上也遇到许多困难。因此综合考虑采用生物量法，生物量法本身也具有可操作性简单、直接以及准确率高等优点。

5.1.2　金沙江干热河谷土壤碳分布

20世纪80年代以来在干热河谷引种了包括新银合欢和赤桉等生态适应性强的树种，成功营造了各类人工植被（李彬，2013）。在干热河谷进行人工植被恢复后其SOC变化及分布特征受到广泛关注。至今，已对干热河谷植被恢复后SOC随不同林分类型和不同土地利用方式等方面的变化特征进行了大量的研究工作。唐国勇等（2012）研究认为，干热河谷林地具有较大的固碳能力。干热河谷生态恢复区林地易氧化有机碳能很好地指示SOC动态（唐国勇和李昆，2009）。同时有研究表明，干热河谷固氮树种土壤易氧化有机碳含量显著高于荒地和旱耕地，但是SOC含量差异不显著（唐国勇等，2010）。彭辉等（2010）研究表明，在干热河谷林地0～40 cm土层SOC呈现先降低后升高的趋势，而颗粒态有机碳含量偏低。目前的研究主要关注包括固氮树种在内的植被恢复树种和土地利用类型对土壤碳汇的影响，而关于不同林龄阶段和土层深度固氮树种的土壤碳汇变化趋势、碳组分特征和稳定性的研究较少。因此，研究干热河谷新银合欢林地土壤碳汇功能及其碳组分动态变化有助于理解全球变化背景下干热河谷植被的碳汇潜力及其对缓解气候变化的能力。

于2021年在金沙江干热河谷核心区（云南省），采用空间代替时间的研究方法探究新银合欢以超强入侵能力不断扩散进入灌草丛后在时间尺度上形成不同系列人工林阶段的生态过程，包括天然灌草丛阶段（CK）、新银合欢入侵5 a阶段（P5）、新银合欢入侵10 a阶段（P10）和新银合欢入侵25 a阶段（P25），对不同系列新银合欢人工林土壤碳特征进行研究（罗明没，2022）。

在天然灌草丛阶段，整个土壤剖面（0～50 cm）SOC含量的变化范围为6.60～10.34 g·kg^{-1}，在新银合欢入侵5 a左右SOC含量为4.07～15.02 g·kg^{-1}，新银合欢入侵10 a左右SOC含量为8.62～20.48 g·kg^{-1}，而入侵25 a后SOC含量为6.62～32.75 g·kg^{-1}。SOC含量随土层深度的增加呈减小趋势，在0～10 cm的含量最高（$P<0.05$）。SOC含量随林龄的增大逐渐增加。土层深度、林龄阶段及两者的交互作用均对SOC含量有显著影响（$P<0.001$）。这表明在干热河谷引种固氮树种新银合欢能显著提高SOC储量。随着林龄增大会改变凋落物输入数量和质量（Jiang等，2019；Xu等，

2020）以及土壤理化性质（Resh 等，2002）进而影响 SOC 储量。与以上的研究结果相比，本研究区域造林后 SOC 储量增加幅度较小，这可能与降水量、土壤特性和生物量的差异有关。本研究结果表明，SOC 储量随土层增加显著下降，这与以前的研究结果一致（Zhang 等，2017；Cao 等，2018；Santos 等，2020）。造林对不同土层深度 SOC 储量的影响不同，这些差异可以归因于凋落物的归还量不同（Pang 等，2019）。SOC 储量随土层深度的增加而呈现降低趋势，天然灌草丛阶段的碳储量变化范围为 0.06~0.17 t·hm⁻²，新银合欢不同林龄阶段的碳储量变化范围分别为 0.06~0.20 t·hm⁻²、0.11~0.26 t·hm⁻² 和 0.14~0.43 t·hm⁻²。P10 和 P25 阶段 0~10 cm 土层深度 SOC 储量显著高于其他土层（$P<0.05$）。随林龄增大 SOC 储量变化趋势在不同土层深度不一致，SOC 储量在 0~10 cm 和 20~30 cm 土层随林龄增加而显著增大（$P<0.05$），变化范围分别为 0.07~0.43 t·hm⁻² 和 0.12~0.13 t·hm⁻²。在 10~20 cm 和 30~50 cm 土层的变化范围分别为 0.06~0.16 t·hm⁻² 和 0.14~0.18 t·hm⁻²。SOC 储量受到土层深度（$P<0.01$）、林龄阶段（$P<0.001$）及两者间交互作用（$P<0.01$）的显著影响。50 cm 深度内新银合欢林地 SOC 储量显著高于 CK 阶段（$P=0.044$）。CK 阶段 SOC 储量为 0.43 t·hm⁻²，P5、P10 和 P25 阶段的 SOC 储量分别为 0.56 t·hm⁻²、0.77 t·hm⁻² 和 0.89 t·hm⁻²，相比 CK 阶段，P5、P10 和 P25 阶段 SOC 储量分别增加 30.2%、79.1% 和 107.0%。17.05%~49.92% 的土壤碳储量主要分布在 0~10 cm 土层。Pearson 相关分析结果表明，土壤碳储量与全氮、全磷、有效磷、铵态氮、硝态氮、微生物生物量氮、微生物生物量磷、C/N、C/P 和地上生物量均显著正相关，与土壤容重呈负相关，而与土壤 pH 值、N/P 和凋落物 C/N 相关性不显著。土壤 C/N 与土壤碳分解速度成反比，在林分生长过程中较高的土壤 C/N 可能会导致 SOC 储量的增加。同时地上生物量的增加也可能导致 SOC 储量增加，豆科植物可能通过增加生物量来增加 SOC 储量。对全球人工林碳储量研究发现，在造林初期可能会导致表层 SOC 储量降低（Paul 等，2002），通常认为是由于土壤扰动导致的（Li 等，2012）。而本研究中造林初期 SOC 储量较天然灌草丛阶段增加，可能是因为在干热河谷新银合欢入侵天然灌草丛是一个自发而强烈的过程，没有受到人为土地利用的干扰（宗亦臣等，2007）。土壤固碳过程与陆地生态系统中的养分循环是耦合的（Goll 等，2012）。固碳速率与土壤养分、C/N 和 C/P 显著正相关，与 N/P 显著负相关，这与 Shi 等（2016）的研究结果一致，表明土壤养分是决定造林后土壤固碳速率的关键因素。

5.1.3　不同立地条件下人工林碳库特征

在元谋干热河谷甘塘山、苴林、小横山 3 个地方采用典型随机抽样法分别选取 6 块、8 块、12 块标准样地，面积为 400 m²（20 m×20 m），对每块标准样地内林木进行每木检尺，计算出林木的平均胸径和树高，并记录标准样地内树种组成、海拔、坡度、坡向、树龄、林分用途、土壤类型以及现存数量等林分基本情况。干热河谷土壤类型基本都是土质较差的燥红土或粗骨土，林分用途也多为公益林。此外，因受环境或树种生物学特性影响，赤桉纯林和混交林保存率较低，但新银合欢纯林因具有很强的自然更新能力，造林后密度反而有所增加，尤其是在坡度较大的地方。

由表 5-1 可知，乔木层有机碳密度随海拔变化的总体趋势：随海拔增加，各林分有机碳密度都呈降低的趋势，海拔 1 100 m 以下的有机碳密度最大，赤桉纯林为110.83 t·hm^{-2}、赤桉+新银合欢混交林为 133.08 t·hm^{-2}；海拔 1 150 m 以上处，赤桉纯林降为 40.90 t·hm^{-2}、新银合欢纯林降为 38.89 t·hm^{-2}。另外，不同海拔有机碳密度都基本呈混交林>赤桉纯林>新银合欢纯林。这可能与不同海拔段的气候条件、植被状况等有关。低海拔地区靠近金沙江沿岸的河流阶地以及龙川江下游的地方，是森林植被恢复较适宜区，水热条件较好、土壤养分相对充足、人为管护力度较大，因此，植被恢复效果好，有机碳密度大于高海拔地区。海拔 1 100 m 以上的地方气温高、降水少、蒸发量大、水土流失严重、营养缺失，林木生长状况较低海拔差，因此有机碳密度较小。

表 5-1   金沙江干热河谷不同海拔赤桉和新银合欢人工林胸径和有机碳密度

海拔段/m	赤桉纯林		新银合欢纯林		混交林		
	胸径/cm	有机碳密度/(t·hm^{-2})	胸径/cm	有机碳密度/(t·hm^{-2})	赤桉胸径/cm	新银合欢胸径/cm	有机碳密度/(t·hm^{-2})
<1 100	9.14	110.83			22.02	17.58	133.08
1 100~1 150	11.49	46.69	6.77	42.77	17.68	14.75	91.33
>1 150	11.21	40.90	5.63	38.89	—	—	—

乔木层有机碳密度随坡度变化的总体趋势（表 5-2）：赤桉纯林随坡度增加有机碳密度呈降低趋势；新银合欢纯林则相反，随海拔基本呈增加趋势；混交林在坡度为15°~25°时有机碳密度达最大。另外，坡度较缓时有机碳密度都基本呈混交林>赤桉纯林>新银合欢纯林、坡度较大时则呈混交林>新银合欢纯林>赤桉纯林。这可能与不同坡度的气候条件和地形地貌以及树种生理生长习性有关。坡度较缓的地方水肥条件较好，赤桉的生长又对环境较为苛刻，因此，赤桉纯林在坡度较缓或平坡的地方生长良好，有机碳密度较高。而新银合欢由于种子易随风飘荡，可以到坡度较大的地方停下并进行自然更新，且新银合欢又具有较强的耐旱性，所以坡度大的地方新银合欢碳密度反而最大。

表 5-2   金沙江干热河谷不同坡度赤桉和新银合欢人工林胸径和有机碳密度

坡度/(°)	赤桉纯林		新银合欢纯林		混交林		
	胸径/cm	有机碳密度/(t·hm^{-2})	胸径/cm	有机碳密度/(t·hm^{-2})	赤桉胸径/cm	新银合欢胸径/cm	有机碳密度/(t·hm^{-2})
<15	10.79	46.47	6.87	32.37	18.75	15.70	96.29
15~25	9.54	46.02	—	—	20.88	12.14	117.23
>25	12.55	37.84	4.77	49.30	16.68	18.30	97.25

乔木层有机碳密度随坡向变化的总体趋势（表 5-3）：赤桉纯林在平坝有机碳密度最大，其次是阴坡；而新银合欢和混交林都是阳坡最大，阴坡较小（平坝无数

据）。这可能与不同坡向的气候条件、植被生理生态学特性有关。赤桉较喜水肥条件较好的平坝地区，且根系较深，蒸腾耗水量大，吸收水分能力较新银合欢弱，而在阴坡赤桉受太阳强光照影响较小，植物蒸腾耗水少，有机碳密度较阳坡大。新银合欢则可能是由于根系浅，且侧根系发达，吸收水分的能力强于赤桉，对强光照的适应性较赤桉高，能在强光下生长良好。

表5-3　金沙江干热河谷不同坡向赤桉和新银合欢人工林胸径和有机碳密度

坡向	赤桉纯林		新银合欢纯林		混交林		
	胸径/cm	有机碳密度/($t \cdot hm^{-2}$)	胸径/cm	有机碳密度/($t \cdot hm^{-2}$)	赤桉胸径/cm	新银合欢胸径/cm	有机碳密度/($t \cdot hm^{-2}$)
平坝	11.30	71.83	—	—	—	—	—
阳坡	10.10	33.39	6.39	50.20	20.88	12.14	117.23
阴坡	12.42	48.45	6.01	31.47	18.06	16.56	96.61

受环境或人为因素影响，赤桉纯林和混交林保存率均较低，但新银合欢纯林因具有很强的自然更新能力，造成造林后密度反而有所增加，尤其是坡度较大的山坡。随海拔增加，各林分有机碳密度都呈降低的趋势，海拔1 100 m以下的碳密度最大，另外，不同海拔有机碳密度都基本呈混交林>赤桉纯林>新银合欢纯林。桉纯林随坡度增加有机碳密度呈降低趋势；新银合欢纯林则相反，随海拔基本呈增加趋势；混交林则在15°~25°时有机碳密度达最大。坡度较缓时碳密度都基本呈混交林>赤桉纯林>新银合欢纯林、坡度较大时则呈混交林>新银合欢纯林>赤桉纯林。赤桉纯林在无坡向时碳密度最大，其次是阴坡；而新银合欢和混交林都是阳坡时最大。在干热河谷选择赤桉和新银合欢造林时，为获得更大的碳汇价值和潜力，赤桉纯林应选择海拔较低、平坝遮阴地区；新银合欢纯林则应选择海拔较低、坡度较大、光照充足的地方；而赤桉与新银合欢混交林则应选择海拔较低、坡度适中、光照充足地方。

由表5-4可知，同一树种在纯林和混交林内各器官含碳率差异不大，器官平均含碳率为39.70%~48.81%，总体平均值为44.38%；各器官含碳率以赤桉纯林树干最高，达51.85%，赤桉纯林树皮最低36.26%。赤桉与新银合欢总体含碳率差异不大，但器官之间存在差异，变异系数为0.45%~3.55%，其中树干和树皮的变异系数最大，分别为2.92%和3.55%。赤桉干的含碳率（50.44%~51.85%）显著大于新银合欢干的含碳率（45.29%~47.67%）；新银合欢皮的含碳率（42.10%~43.36%）显著高于赤桉皮的含碳率（36.26%~37.06%）。此外，赤桉、新银合欢各器官碳含量之间存在不同程度的显著差异，从赤桉和新银合欢各器官含碳率平均值来看，赤桉碳含量变异系数大于新银合欢，这与树种自身生物学特征有关。不同器官生物量在总生物量中所占的比例相差较大，且同一树种的不同器官碳含量也有明显差异，如果采用各器官的算术平均值作为该树种平均碳含量来估算林分碳储量，就会导致一定的误差。因此，应根据各器官生物量所占总生物量的比重来计算林分平均含碳率（马钦彦等，2002），各树种加权平均含碳率为 44.15%~46.58%，差异不明显。

5-4　金沙江干热河谷不同林分赤桉和新银合欢器官含碳率　　　单位：%

树种	林分类型	枝	叶	干	皮	根	平均值	变异系数
赤桉	纯林	43.81ab	45.92a	51.85c	36.26d	42.41b	44.11	5.39
	混交林	45.46a	47.39ab	50.44b	37.06c	41.82a	44.43	5.14
新银合欢	纯林	44.19ab	45.14a	45.29a	43.36ab	41.74b	43.94	1.87
	混交林	45.20a	47.87b	47.67ab	42.10c	42.33c	45.04	2.83
总体平均		44.67	46.58	48.81	39.70	41.99	44.38	3.81
总体变异系数		0.79	1.27	2.92	3.55	0.45	0.48	—

　　赤桉与新银合欢混交林碳密度介于赤桉纯林和新银合欢纯林之间（表5-5）。混交林碳密度较赤桉纯林增加34.65%，而较新银合欢纯林下降32.59%。其中，地上部分较赤桉纯林增加38.38%，而较新银合欢纯林下降33.71%；地下部分较赤桉纯林增加23.13%，而较新银合欢纯林下降28.18%。混交林各器官碳分配比例为干>根>枝>皮>叶，除皮外，各器官碳密度均低于新银合欢纯林而高于赤桉纯林。混交林枝和叶的碳分配比例高于赤桉纯林而低于新银合欢纯林，其余器官（干、皮、根）的碳分配比例则相反。在各林分碳密度组成中，干占比最大，占总碳密度的47.97%~56.85%，且以赤桉纯林高于其他林分。其他器官所占比例大小顺序为根（20.76%~24.19%）>枝（6.05%~21.48%）>皮（5.79%~10.45%）>叶（2.47%~4.00%），其中赤桉纯林枝和叶碳储量所占比例较小，而新银合欢纯林较其他林分均最大（表5-5）。各林分地上部分所占总生物量的比例为75.81%~79.24%，新银合欢纯林最大，赤桉纯林最小。

表5-5　金沙江干热河谷不同林分赤桉和新银合欢器官碳密度及其占比

单位：$t \cdot hm^{-2}$

林分类型	地上碳密度					地下（根）碳密度	合计
	干	皮	枝	叶	小计		
赤桉纯林	16.06 (56.85%)	2.95 (10.45%)	1.71 (6.05%)	0.70 (2.47%)	21.42 (75.81%)	6.83 (24.19%)	28.25
新银合欢纯林	27.07 (47.97%)	3.27 (5.79%)	12.12 (21.48%)	2.26 (4.00%)	44.72 (79.24%)	11.71 (20.76%)	56.43
混交林	20.38 (53.57%)	3.51 (9.22%)	4.67 (12.29%)	1.08 (2.83%)	29.64 (77.90%)	8.41 (22.10%)	38.05

　　注：括号内的数字为该器官碳密度所占林分总密度的比例。

5.1.4　林分土壤有机碳密度

　　不同林分类型枯落物层碳含量差异不大（表5-6），范围为43.55%~45.41%。在所有林分类型中，以新银合欢纯林下枯落物碳含量最大，达 45.41%，混交林林下最低，为 43.55%。不同林分类型枯落物碳含量与林分类型以及水热条件有关。不同林分类型枯落物层碳密度差异较大（表 5-7），为 0.55~0.82 t·hm^{-2}。在 3 种林分类型中，以新银合欢纯林最小，仅为 0.55 t·hm^{-2}；赤桉×新银合欢混交林最大，达 0.82 t·hm^{-2}。不同林分类型枯落物层碳密度与枯落物现存量和林分类型、林龄、枯落物分解速率、人为因素干扰以及水热条件等因子有关（黄从德，2008）。不同林分类型平均 SOC 含量差异较大（表 5-6），为 0.57%~0.98%。在所有林分类型中，以新银合欢纯林平均 SOC 含量最高，达 0.98%；以赤桉纯林平均 SOC 含量最低，仅有 0.57%。不同林分类型下 SOC 含量与林分类型、枯落物现存量以及人为干扰有关。不同林分类型各层 SOC 含量为 0.41%~1.88%（表 5-6），不同林分类型 SOC 含量都以表层土（0~20 cm）最大，并随着土层深度的增加逐渐减小（混交林除外），表层土（0~20 cm）SOC 含量是 20~40 cm 土层的 1.33~3.13 倍，是 40~60 cm 土层的 1.24~4.09 倍；而枯落物层有机碳含量是表层土的 24.15~60.05 倍。不同林分类型土壤有机碳密度差异也较大（表 5-7），变幅为 56.70~94.66 t·hm^{-2}。在 3 种林分类型中，以赤桉纯林最小，仅为 56.70 t·hm^{-2}；新银合欢纯林最大，达 94.66 t·hm^{-2}；混交林跟赤桉纯林较接近，为 58.32 t·hm^{-2}。不同林分类型土壤有机碳密度与树种组成、枯落物量、枯落物分解速率以及人为干扰程度有关（黄从德，2008）。

表 5-6　金沙江干热河谷赤桉和新银合欢林分枯落物和土壤有机碳含量　单位：%

林分类型	枯落物层	土层深度			
		0~20 cm	20~40 cm	40~60 cm	0~60 cm 平均值
赤桉纯林	44.42	0.82	0.49	0.41	0.57
新银合欢纯林	45.41	1.88	0.60	0.46	0.98
混交林	43.55	0.72	0.54	0.58	0.61

表 5-7　金沙江干热河谷赤桉和新银合欢林分枯落物和土壤有机碳密度

单位：t·hm^{-2}

林分类型	枯落物层	土层深度			
		0~20 cm	20~40 cm	40~60 cm	0~60 cm 平均值
赤桉纯林	0.72	28.02	14.88	13.80	56.70
新银合欢纯林	0.55	59.39	18.51	16.76	94.66
混交林	0.82	23.24	17.47	17.61	58.32

同一树种在纯林和混交林下器官含碳率差异不大，器官平均含碳率为 39.70%~48.81%，总体平均值为 44.38%，各器官含碳率以赤桉纯林干最高，达 51.85%，赤桉

纯林皮最低，为 36.26%。各树种加权平均含碳率为 44.15%~46.58%。3 种林分类型林木碳密度以新银合欢纯林最大，为 56.43 t·hm^{-2}，其次为混交林，赤桉纯林最小。各器官碳密度大小顺序为干>根>枝>皮>叶。赤桉与新银合欢都具有较高的碳汇价值：赤桉纯林碳汇价值为 26 427.31 元·hm^{-2}；新银合欢纯林为 83 661.09 元·hm^{-2}；赤桉与新银合欢混交林为 55 453.26 元·hm^{-2}。林分类型间枯落物层含碳率差异不大，变幅为 43.55%~45.41%（表 5-6），其中新银合欢纯林最大，混交林最小。不同林分类型土壤有机碳含量差异较大，变幅为 0.57%~0.91%，其中新银合欢纯林最大，赤桉纯林最小，都基本随土层深度增加而逐渐减少。不同林分类型枯落物层有机碳密度差异较大，变幅为 0.55~0.82 t·hm^{-2}（表 5-7），以新银合欢纯林最小，混交林最大；土壤有机碳密度差异也较大，变幅为 56.70~94.66 t·hm^{-2}，以新银合欢纯林最大，赤桉纯林最小。3 种林分类型总有机碳密度比较，新银合欢纯林最大，为 151.64 t·hm^{-2}；其次是赤桉×新银合欢混交林，为 97.18 t·hm^{-2}；赤桉纯林最小，为 85.67 t·hm^{-2}。

5.2 金沙江干热河谷土壤有机碳活性

5.2.1 土壤有机碳与土壤活性有机碳概念

SOC 约占陆地碳库的 80%，被认为是一个重要的潜在碳汇，有助于抵消温室效应（Cheng 等，2011），通过重新造林，可以增加土壤碳储量。在大多数森林中，土壤碳储量对总碳储量的贡献比地上植被更大。因此，量化土壤碳动态变化对估算土壤碳储量和模拟土壤碳循环具有重要作用。

凋落物、根系及其分泌物是 SOC 的主要来源（Novara 等，2013；Liu 等，2017）。C_3 和 C_4 植物平均 $\delta^{13}C$ 值分别为 -29.3‰（Aabker 等，2016）和 -13.2‰（Lloyd 等，2008），其 $\delta^{13}C$ 差异会导致土壤有机质具有明显的同位素特征（Cheng 等，2011）。因此，土壤剖面的有机碳 $\delta^{13}C$ 变化特征能反映地上植被群落的变化动态。SOC 周转速率较慢，SOC 动态通常难以监测，稳定碳同位素的自然丰度结合土壤有机质分馏技术提供了一种更好量化 SOC 动态的方法（Acton 等，2014；Marin-Spiotta 等，2009）。通过 $\delta^{13}C$ 分析技术研究土壤中不同植物来源的有机质比例和数量，可量化新旧碳库对碳储量的贡献和土壤碳库的周转、迁移等过程（Cheng 等，2011；Ma 等，2012）。因此，利用稳定同位素自然丰度变异能解析造林过程中 SOC 的动态变化及其原因（Diochon 等，2008）

有研究用 $\delta^{13}C$ 值来探究造林后 C_3 和 C_4 植物衍生的新碳对 SOC 的相对贡献（f_{new}，Cheng 等，2008；Wei 等，2012；Aabker 等，2016；Deng 等，2016）。研究发现，固氮树种增加的 SOC 源于约 50% 旧碳的保留和约 45% 的 C_3 植物的新碳形成（Resh 等，2002）。而 Binkley（2005）的研究表明，SOC 的积累主要来自当前植被输入的新碳，且主要是对表层 SOC 的累积有贡献（Jiang 等，2019）。利用 f_{new} 有助于理解造林后输入的碳对土壤碳储量的贡献（罗明没，2022）。在土壤碳动态研究过程中常用同位素富集因子 β 表征土壤碳周转速率（Wang 等，2018）。$\delta^{13}C$ 的垂直富集程度与 SOC 周转速率是相互关联的，SOC 对数与土壤剖面 $\delta^{13}C$ 之间拟合的直线斜率被定义为同位素富集因子 β，β 与 SOC 周转速率成反比（Garten，2006；Acton 等，2014；Gautam 等，2017）。Xiong 等（2021）的研究发现，β 随森林成熟度的增加而增加，说明在森林演替过程中 SOC 周转速率降低。因此，利用 $\delta^{13}C$ 分析技术可以深入理解营造固氮树种人工林生长过程中的土壤碳动态。

SOC 由多种化合物组成，从简单到复杂的分子，其周转速率和动态特征不同（吴庆标等，2005）。由于 SOC 高背景值水平和自然土壤变异性，土壤管理实践引起的有机碳动态变化难以通过总有机碳测定来监测（Jiang 等，2019）。因此，测定快速变化的有机碳组分，如活性碳组分，可能有助于反映土壤有机碳的动态变化和评估土壤质量（Bongiorno 等，2019）。活性碳组分是指活性高的有机碳组分，极易被氧化和分解（Yang 等，2018）。活性碳组分主要表现为轻组分有机碳（Light fraction organic carbon，LFOC）、颗粒态有机碳（Particulate organic carbon，POC）、可溶性有机碳（Dissolved organic carbon，DOC）、热水提取态有机碳（Hot water extractable organic carbon，HWEOC）、易氧化有机碳（Readily oxidizable carbon，ROC）、微生物生物量碳（Microbial biomass carbon，MBC）和可矿化碳（Mineralizable carbon，MC）（vonLützow 等，2007）。为了评估土壤活性碳组分的变化，Blair 等（1995）根据 SOC 和 ROC 的变化，提出了碳库管理指数（Carbon pool management index，I_{CM}）。该指数是一个涉及 SOC 库、碳稳定性和活性碳组分的因子，能反映土壤管理措施对土壤质量的影响（Pang 等，2019；Yang 等，2018）。

在过去几十年里，大量活性碳组分被定义，通常根据物理、化学或生物分离方法进行划分（Bongiorno 等，2019）。物理分馏法根据土壤的密度或颗粒大小对土壤进行分离，而物理分组法的前提是土壤颗粒的组成及其空间排列在土壤有机碳动力学过程中起关键作用（von Lützow 等，2007）。常采用相对密度为 $1.6\sim2.0\ \mathrm{g}\cdot\mathrm{cm}^{-3}$ 的溶液分馏 LFOC，LFOC 主要由微生物和动植物残体组成，包括菌丝体及孢子（von Lützow 等，2007），具有密度小、周转快、易分解和碳含量高等特性，是土壤活性碳组分的主要部分（Jiang 等，2019）。由于缺乏黏粒等的保护，LFOC 对土壤管理实践的变化最为敏感（Haynes，2000）。土壤颗粒大小的物理分馏决定了 POC，常采用湿筛配合六偏磷酸钠溶液的方法获得 POC（von Lützow 等，2007）。POC 主要由部分分解的有机残留物组成（Haynes，2005），并包含微生物生物量与新鲜的植物残留物和分解的有机物（Lavallee 等，2020）。POC 容易受到土地利用方式的影响而造成土壤碳的流失（Poeplau 等，2013）。

化学分馏法测定的活性碳组分是从不同的化合物中提取的（von Lützow 等，2007）。DOC 是用水提取后可以通过 $0.45\ \mu\mathrm{m}$ 玻璃纤维滤膜的土壤溶液中的有机碳。DOC 只占土壤碳库的一小部分，但其参加了大量的土壤过程，是土壤微生物对碳有效性的一个潜在评价指标（Yang 等，2018）。在农田湿润土壤中 DOC 通常只占有机碳的 $0.04\%\sim0.05\%$，而在森林土壤中通常占 $0.25\%\sim2.00\%$，也可能更高（Haynes，2005）。DOC 是重要的植物可利用的养分存储库，对环境的变化极为敏感（Kindler 等，2011）。Sparling等（1998）通过 $70\ ℃$ 水浴 18 h 杀死微生物细胞，然后提取其中的 HWEOC。

HWEOC 占活性碳组分的比例较小，在土壤中的浓度高于 DOC，是有效评价土壤碳稳定性的化学指标（Hou 等，2021）。用 330 mmol·L^{-1} KMnO$_4$ 氧化法测定 ROC（Blair 等，1995），ROC 占 SOC 的比例较大，其含量的变化是引起土壤碳库储量变化的主要原因（沈宏等，1999）。ROC 控制着 SOC 和养分有效性的动态变化，对环境变化和土壤管理敏感，被认为是土壤质量变化的早期指标（Chen 等，2016）。MBC 和 MC 也被认为是活性碳组分（也称为生物组分），它们通常是通过土壤熏蒸然后测定封闭或开放培养系统中微生物呼吸产生的 CO$_2$ 来确定（Haynes，2005）。

5.2.2 金沙江干热河谷不同土地利用方式对土壤有机碳和易氧化有机碳的影响

SOC 是土壤肥力的物质基础，其含量水平在一定程度上决定土壤肥力水平，也是生态恢复评价的重要指标（Janzen，2006）；然而土壤中有机碳背景值较高，变化趋势在较短时间内难以监测。SOC 数量和质量动态最初主要还是通过其活性部分的变化表现出来的，而且活性有机碳的变化易于监测和测定（Blair 等，1995；徐明岗等，2006a，b；Soon 等，2007；Belay-Tedla 等，2009）。因此，常用土壤活性有机碳的变化来指示 SOC 库的动态特征（王清奎等，2005；唐国勇等，2010；戴全厚等，2008；Laik 等，2009）。土壤活性有机碳是指土壤中移动快、稳定性差、易氧化和分解，并具有较高植物和土壤微生物活性的那部分有机碳（Blair 等，1995；Soon 等，2007），可用化学方法和物理方法进行测定，用化学方法测定的有机碳即为 ROC（Blair 等，1995；吕国红等，2006）。国内外已有研究表明，短期内土地利用方式或植被类型变化对 SOC 和 ROC 有明显的影响（Soon 等，2007；王清奎等，2005；Laik 等，2009；吴建国，2004）。

土壤碳库管理指数 I_{CM} 主要用以评价土壤管理措施引起土壤有机质的变化，反映土壤经营管理的科学性。该指数可以度量 SOC 库管理状态，指数上升表明经营管理方式对土壤有培肥作用，土壤性能向良性发展，即 SOC 库处于良性管理状态，反之则表明土地管理措施使土壤肥力下降，土壤性质向恶性方向发展，即土壤管理措施不科学（徐明岗等，2006a，b；戴全厚，2008）；因此，探究 SOC、ROC 含量特征和 I_{CM} 对于理解生态恢复过程中土壤的固碳机制及其对土壤经营管理的响应具有重要意义。目前，已有干热河谷生态脆弱区植被类型对土壤肥力影响方面的报道（陈奇伯等，2003；郭玉红等，2007），但尚不清楚不同植被类型下 SOC 和 ROC 含量及其碳库管理状况。基于此，笔者对比研究 4 种人工林、荒地和旱耕地 SOC、ROC 含量和 I_{CM} 特征，以期为合理利用干热河谷土地资源和阐明土壤固碳机制提供理论依据。

研究区位于云南省元谋县，是干热河谷的典型代表（唐国勇等，2010；陈奇伯等，2003；郭玉红等，2007）。于 2001 年 5 月（雨季之前）选取总面积约 2.8 hm^2 的退化区域进行植被恢复，该区域生态环境恶劣，植被稀疏，以坡柳和黄茅为主，立地条件相对一致，海拔 1 100~1 120 m，坡度 12°~15°，以阳坡为主，土壤类型为燥红土。造林树种有新银合欢、苏门答腊金合欢、大叶相思和印楝等速生生态树种。造林方式为撩壕整地、容器苗造林，采取封禁管理。同时，选取植被状况相对较好的样区进行自然恢复

（荒地），开垦土表相对平整的样区进行旱耕作（旱耕地），各植被类型样区的面积见表 5-8。参照当地生产习惯，旱耕地一年三熟，主要种植玉米和蔬菜（番茄、辣椒、豆角等）。到 2009 年 4 月（生态恢复 8 a），人工林植被生长良好，荒地植被主要为黄茅，植被盖度由 0%（即"光板地"）到 80%，平均盖度为 32%。2009 年 4 月按土地利用方式采集土样，采样方法参照中国生态系统研究网络科学委员会（2007），具体步骤见唐国勇等（2011）。取样时旱耕地种植玉米（2009 年 3 月中旬种植）。

表 5-8　金沙江干热河谷 6 种土地利用方式样地基本概况

土地利用方式	面积/hm²	采样数	土壤 C/N	土壤容重/ (g·cm⁻³)	植被凋落量/ (t·hm⁻²)	土壤含水量/%	
						旱季初期	旱季末期
新银合欢林	1.0	10	6.88	1.52	0.74	10.2	9.0
苏门答腊金合欢林	0.3	3	6.75	1.50	0.60	10.0	9.2
大叶相思林	0.3	4	7.02	1.53	2.09	9.7	8.9
印楝林	0.3	3	7.04	1.56	1.47	8.8	8.0
旱耕地	0.3	3	6.19	1.38	2.80	37.4	36.1
荒地	0.6	7	7.81	1.64	0.20	8.3	7.8
总体	2.8	30					

注：旱耕地植物秸秆和残体被就地焚烧，其凋落量可以忽略。

在干热河谷，新银合欢、苏门答腊金合欢是旱季落叶植物，每年 11 月底至翌年 1 月底，应该落的叶基本落光。大叶相思和印楝属旱季换叶植物，每年 11 月中旬至翌年 3 月换叶量占全年的 80% 以上。2008 年 10 月至 2009 年 4 月在林地和荒地样区内分别随机设置 3~4 个 1 m×1 m 的样方，收集样方内植被凋落物，除去杂质后风干称质量。旱耕地作物残体凋落量极低，本研究根据作物产量、根茎比、根茬返还比例等估算根茬残留量。2008 年 10 月（旱季初期）和 2009 年 4 月（旱季末期）用 TDR 测定 0~20 cm 土层含水量。测定前 3 d 旱耕地未灌溉。土样采回后，用手选法除去活体根系和可见植物残体，风干、磨细过 0.149mm（100 目）筛，待用。SOC 采用重铬酸钾氧化-外加热法测定，全氮采用半微量凯氏法测定，ROC 采用重铬酸钾氧化-稀释热法测定（中国生态系统研究网络科学委员会，2007）。

I_{CM} 是指试验 SOC 与对照 SOC 的比值乘以 SOC 的活度指数，其计算方法详见徐明岗等（2006a，b）和戴全厚等（2008）。荒地处于自然恢复状态，人为干扰程度轻，本研究将荒地土样作为参照样品。ROC 与 SOC 之比称为土壤活性有机碳比例（$R_{R/C}$），可以指示 SOC 活性强度（吴建国等，2004）。干热河谷 6 种土地利用方式下 SOC 平均含量为 4.85 g·kg⁻¹，变异系数为 27.8%，属于中等程度变异（表 5-9），其中，苏门答腊金合欢林 SOC 含量最高，为 5.92 g·kg⁻¹；荒地 SOC 含量最低（4.22 g·kg⁻¹），约为最高含量的 70%。各土地利用方式下 SOC 含量高低顺序为苏门答腊金合欢林>新银合欢林（5.19 g·kg⁻¹）>旱耕地（5.01 g·kg⁻¹）>大叶相思林（4.58 g·kg⁻¹）>印棟林（4.31 g·kg⁻¹）>荒地；但方差分析表明，不同土地利用方式之间 SOC 含量差异均不显著。

表 5-9　干热河谷不同土地利用方式下土壤有机碳含量、活性和碳库管理指数

土地利用方式	土壤有机碳			易氧化有机碳			活性有机碳比例/%	碳库管理指数
	平均值/ (g·kg⁻¹)	标准差/ (g·kg⁻¹)	变异系数/%	平均值/ (g·kg⁻¹)	标准差/ (g·kg⁻¹)	变异系数/%		
新银合欢林	5.19a	1.29	24.8	2.14a	0.55	25.8	41.2	1.90
苏门答腊金合欢林	5.92a	1.34	22.7	2.33a	0.27	11.4	40.1	2.01
大叶相思林	4.58a	0.48	10.4	2.03a	0.22	10.4	44.4	2.36
印棟林	4.31a	0.50	11.5	1.91a	0.26	13.7	44.2	1.77
旱耕地	5.01a	0.28	5.6	1.38b	0.25	17.8	27.6	0.99
荒地	4.22a	2.00	47.5	1.34b	0.64	47.9	31.3	1.00
总体	4.85	1.35	27.8	1.86	0.58	31.4	38.1	—

注：同列不同小写字母表示不同土地利用方式间差异达显著水平（$P<0.05$）。

除旱耕地 SOC 含量属弱变异外（变异系数小于 10%），其他 5 种土地利用方式下 SOC 变异程度偏高，尤其是荒地（表 5-9）。旱耕地 SOC 变异程度低，主要是由于旱耕地频繁翻耕、混合，土壤性质相对均一。林地地表起伏大，即使微地形上的差别，也可能导致有机碳积累条件迥异。例如，某一点由于微地形凹陷而处于积累过程，而其数分米外的另一点可能由于微地形隆起而处于冲刷或裸露状况，导致林地 SOC 含量存在明显的空间变异。林木生长状况差异影响地表植被凋落量，这加剧了林地 SOC 空间变异性（唐国勇等，2009）。荒地 SOC 存在明显的空间变异（变异系数接近 50%），可能主要是由于荒地植被生长状况迥异，植被地表盖度 0%~80%，这不仅影响了有机物输入量，也改变了地表性状（如温度和湿度），进而影响土壤有机质的分解与转化。SOC 含量取决于有机物输入量与输出量之间的动态关系，有机物输入主要来源于植被凋落物、根系残体和有机肥施用等，有机物输出则主要是由于 SOC 的矿化。笔者研究发现，6 种土地利用方式之间 SOC 含量差异不显著，这可能与生态恢复时间不长（8 a）、土壤理化性质接近和凋落物特性有关。除旱耕地外，其他 5 种土地利用方式下土壤 C/N、土壤密度和土壤含水量等理化因子接近（表 5-8），这在一定程度上降低了土地利用方式间 SOC 含量的变异性。大叶相思林和印棟林植被凋落量明显高于其他 2 种人工林，但 SOC 含量偏低（差异不显著），这可能由于大叶相思和印棟叶片厚而大、纤维含量高，叶片落地后不易分解，容易被河谷风吹出林地或于某一低凹处堆积；而新银合欢、苏门答腊金合欢等树种的小型叶片凋落后更紧贴地表，不易被风搬运并且容易分解（李昆和曾觉民，1999）。尽管旱耕地作物根系残留量相对较大（表 5-8），而且施肥量大，但旱耕地土壤 C/N 和容重较小，作物秸秆和根茬就地焚烧、无机肥使用比例高、灌溉和耕作频繁等因素制约了旱耕地 SOC 含量的提高幅度。荒地 SOC 含量较低可能是由于荒地

植被盖度较低（32%），裸露荒地 SOC 在干热河谷高温条件下处于耗竭状况，但旱季枯死的黄茅对 SOC 含量也起到一定的稳定作用。6 种土地利用方式下 SOC 含量范围为 4.22～5.92 g·kg^{-1}，这与他人在该地区的研究结果相似（陈奇伯等，2003；郭玉红等，2007）。刘淑珍等（1996）发现，无明显退化的燥红土 SOC 含量高于 20 g·kg^{-1}，明显高于本团队研究，显示了干热河谷土壤有机质恢复的长期性。唐国勇等（2009）研究显示，干热河谷生态脆弱区植被恢复 4 a 后新银合欢林、大叶相思林和印楝林 SOC 含量分别为 3.60 g·kg^{-1}、3.52 g·kg^{-1}和 3.42 g·kg^{-1}，明显低于本团队研究结果（生态恢复 8 a），甚至略低于本研究中的荒地，表明恢复时间对 SOC 含量有明显的影响，恢复时间越长越有利于 SOC 的积累。

6 种土地利用方式下土壤 ROC 平均含量为 1.86 g·kg^{-1}，变异系数为 31.4%，略高于 SOC 的变异系数。各土地利用方式间 ROC 含量高低顺序与 SOC 基本一致，表明二者之间存在一定的相关性，ROC 含量顺序：苏门答腊金合欢林（2.33 g·kg^{-1}）>新银合欢林（2.14 g·kg^{-1}）>大叶相思林（2.03 g·kg^{-1}）>印楝林（1.91 g·kg^{-1}）>旱耕地（1.38 g·kg^{-1}）>荒地（1.33 g·kg^{-1}），其中，荒地和旱耕地 ROC 含量相对偏低，不足苏门答腊金合欢林的 60%。统计分析表明，人工林之间 ROC 含量差异不显著，但均显著（$P<0.05$）高于旱耕地和荒地。数据深度分析表明，SOC 与 ROC 含量存在极显著（$P<0.001$）的线性正相关关系，ROC 解释 SOC 变化的能力（R^2）为 66.3%。可见，不仅 SOC 可以作为土壤有机质的评价指标，ROC 也可以用来指示干热河谷土壤有机质水平。从本质上来看，ROC 较 SOC 更能反映土壤有机质状况，因为 SOC 含量只表明土壤有机质的数量并不直接说明其质量，尤其是土壤有机质的潜在分解性质；而 ROC 是土壤有机质的活性部分，是土壤中有效性较高、易被分解转化的那部分有机质（Blair 等，1995）。6 种土地利用方式之间 SOC 含量的差异不显著，而旱耕地和荒地 ROC 显著低于林地，这正显示出 ROC 表征土壤有机质变化时比 SOC 更敏感。这与他人在其他地区的研究结果类似（徐明岗等，2006a，b；Soon 等，2007；唐国勇等，2010；戴全厚等，2008）。

ROC 是土壤中有效性较高、易被土壤微生物分解利用、对植物养分供应有最直接作用的那部分有机碳（徐明岗等，2006a，b；戴全厚等，2008）。王清奎等（2005）研究发现，南方红壤丘陵地区阔叶林土壤活性有机质含量最高，杉木人工林次之，竹林和水田最低。赵世伟等（2006）认为，农田生态系统转换为林、草生态系统可以提高 ROC 含量。吴建国等（2004）得出，西北半湿润半干旱灰褐土地区人工林的 ROC 含量最高，天然次生林次之，草地和农田最低。本研究旱耕地和荒地 ROC 含量显著低于 4 种人工林（表 5-1），其原因可能与植被凋落量和管理措施有关。林地植被凋落量较高，凋落物的分解可以补充 ROC 的消耗（Laik 等，2009）。荒地土壤有机物输入极其有限，ROC 分解后缺乏补充。旱耕地利用强度大（一年三熟）、翻耕和频繁灌溉等耕作管理措施改变了土壤的温度、湿度、孔隙状况和土壤微生物活性，使土壤湿润、疏松（表 5-1），更适合微生物活动，加速了 SOC 的分解，尤其是 ROC 的分解矿化（王淑平等，2003）。$R_{R/C}$可以指示有机碳活性强度，该值越大说明其活度越高，有机碳矿化潜力大（贾国梅等，2008）。干热河谷 6 种土地利用方式下 $R_{R/C}$ 范围为 27.6%～44.4%

（表5-9），其中，4种人工林$R_{R/C}$均超过40%。旱耕地和荒地$R_{R/C}$较低，尤其是旱耕地（27.6%）。我国东北样带表层土壤$R_{R/C}$平均值为1.31%（王淑平等，2003），西北半湿润半干旱灰褐土地区6种土地利用方式下$R_{R/C}$在10%左右（吴建国等，2004），闽江河口湿地5种土地利用方式下的$R_{R/C}$为8%~20%（曾从盛等，2008）。本研究$R_{R/C}$明显偏高，平均值达38.1%（表5-9），这可能与干热河谷脆弱的生态环境和特殊的气候条件有关，但具体影响机制尚待揭示。

本研究将荒地（自然恢复）土壤样品作为参考样品，计算不同土地利用方式的I_{CM}。不同土地利用方式之间I_{CM}差异明显，表明土壤碳库对各土地利用方式管理措施的响应各异。其中，人工林I_{CM}范围为1.77~2.36，旱耕地I_{CM}略低于1。I_{CM}是系统地、敏感地反映和监测SOC变化的指标，能够反映土壤质量下降或更新的程度，较为全面和动态地反映外界条件对碳库中各组分在量和质上的变化（徐明岗等，2006a，b；戴全厚等，2008；曾从盛等，2008）。本研究人工林土壤$R_{R/C}$和I_{CM}均明显高于荒地，而旱耕地稍低于荒地，说明相对自然恢复（荒地）而言，人工林SOC活性高，碳库处于良性状况，其管理措施有助于土壤碳库的提高；而旱耕地SOC活性低、碳库管理不科学，耕作制度不利于土壤碳库的提高。这可能是由于林地处于封禁状况，人为干扰轻微；而旱耕地秸秆焚烧、耕作和灌溉频繁。这为干热河谷SOC库管理提供有益启示，即林地SOC活性高，人为干扰或高强度开发可能会导致其SOC数量和质量的迅速降低，因此宜减少对林地的人为扰动；旱耕地土壤微生物活性强，宜采取增加有机物投入、提高土壤碳循环强度（如实施秸秆还土和快速催腐技术）、实施合理的轮作制、减少土地翻耕次数和耕作深度等措施，既何以促进旱耕地SOC的积累而增加土壤固碳量、提高土壤肥力，又可以加快SOC的分解矿化以释放植物有效养分（Janzen，2006），提高作物产量，减缓干热河谷日益突出的人地矛盾。

5.2.3 金沙江干热河谷不同土地利用方式下土壤活性有机碳分配特征

SOC是土壤肥力的物质基础，其含量水平在一定程度上决定土壤肥力状况。然而土壤中有机碳背景值较高，其变化趋势在短期内难以监测。SOC数量和质量动态最初主要还是通过其活性部分的变化表现出来的，而且活性有机碳的变化易于监测（Blair等，1995；徐明岗等，2006a，b；Soon等，2007；Belay-Tedla等，2009）。因此，不少研究者用土壤活性有机碳的变化来指示SOC库的动态特征（王清奎等，2005；唐国勇等，2006；戴全厚等，2008；Laik等，2009）。土壤活性有机碳包括易氧化有机碳（ROC）、微生物生物量碳（MBC）和可溶性有机碳（DOC）等组分。研究表明，土地利用方式对SOC及其活性组分分配比例有明显的影响（Soon等，2007；王清奎等，2005；Laik等，2009；吴建国等，2004；李玲等，2008；唐国勇等，2009）。已有研究探讨了干热河谷不同土地利用方式下SOC含量状况（陈奇伯等，2003；郭玉红等，2007），但未涉及不同土地利用方式下活性有机碳含量及其分配特征。探究土壤活性有机碳含量及其分配特征对于理解干热河谷土壤固碳机制及其对生态恢复的响应具有重要意义。基于此，本研究以云南元谋干热河谷生态系统国家定位观测研究站为基地，对比分析了林地、旱耕地和荒地SOC、ROC、MBC和DOC含量及其分配比例（表5-10），以期为合理利用干热河谷土地资源和阐明土壤固碳机制提供理论依据。

表 5-10　金沙江干热河谷 4 种土地利用方式样地基本情况（2001 年）

土地利用方式	面积/hm²	采样数	pH 值	有机碳/(g·kg⁻¹)	土壤容重/(g·cm⁻³)	郁闭度/%	植被凋落量/(t·hm⁻²)	土壤含水量/%	
								旱季初期	旱季末期
新银合欢林地	1.0	10	6.26	3.22	1.52	71	0.74	10.2	9.0
大叶相思林地	0.3	4	6.35	3.16	1.53	78	2.09	9.7	8.9
旱耕地	0.3	3	5.56	3.30	1.38	—	2.80	37.4	36.1
荒地	0.6	7	5.98	3.27	1.64	32	0.05	8.3	7.8

注：旱耕地郁闭度未测，郁闭度一栏中荒地数值为植被盖度；旱耕地植被凋落量极少，数据为作物根茬残留量。

生态恢复 8 a 后金沙江干热河谷 SOC 平均含量为 4.78 g·kg⁻¹，4 种土地利用方式下 SOC 变化范围为 4.22~5.19 g·kg⁻¹（表 5-11）。方差分析表明，土地利用方式之间 SOC 含量差异均未达到 95%显著水平。

表 5-11　金沙江干热河谷 4 种下土地利用方式下土壤有机碳及其活性组分含量（2009 年）

土地利用方式	土壤有机碳/(g·kg⁻¹)	易氧化有机碳/(g·kg⁻¹)	微生物生物量碳/(g·kg⁻¹)	可溶性有机碳/(g·kg⁻¹)
新银合欢林地	5.19(1.29)a	2.14(0.55)a	45.63(21.28)ab	46.98(19.87)ab
大叶相思林地	4.58(0.48)a	2.03(0.22)a	41.65(16.40)ab	39.43(15.33)b
旱耕地	5.01(0.28)a	1.38(0.24)b	50.07(4.75)a	65.27(8.34)a
荒地	4.22(2.01)a	1.34(0.64)b	33.14(8.58)b	32.01(9.65)b
总体	4.78(1.39)	1.79(0.62)	41.88(16.42)	43.64(18.04)

注：各列中字母不同表示均值差异达 95%显著水平，括号内数字为标准差。

干热河谷土壤 ROC 平均含量为 1.79 g·kg⁻¹（表 5-11）。4 种土地利用方式下 ROC 含量大小顺序为新银合欢林地（2.14 g·kg⁻¹）>大叶相思林地（2.03 g·kg⁻¹）>旱耕地（1.38 g·kg⁻¹）>荒地（1.34 g·kg⁻¹），荒地 ROC 含量不足新银合欢和大叶相思林地的 70%。新银合欢和大叶相思林地 ROC 含量差异未达到显著水平，但均显著高于其他 2 种土地利用方式，旱耕地和荒地 ROC 差异不显著。研究区土壤 MBC 平均含量为 41.88 mg·kg⁻¹。旱耕地 MBC 含量最高（50.07 mg·kg⁻¹），其次为新银合欢（45.63 mg·kg⁻¹）和大叶相思林地（41.65 mg·kg⁻¹），荒地 MBC 含量最低（33.14 mg·kg⁻¹），是其他土地利用方式的 55%~80%。统计结果表明，除旱耕地 MBC 含量显著高于荒地外，其他土地利用方式之间 MBC 含量差异不显著。本研究中土壤 DOC 平均含量为 43.64 mg·kg⁻¹，各土地利用方式之间 DOC 含量变化范围为 32.01~65.27 mg·kg⁻¹，其含量大小顺序与 MBC 含量顺序一致。旱耕地 DOC 含量（65.27 mg·kg⁻¹）显著高于大叶相思林地（39.43 mg·kg⁻¹）和荒地

（32.01 mg·kg⁻¹），其他土地利用方式间 DOC 含量差异不显著。对 SOC 含量及其活性组分进行线性回归，结果表明，ROC 与 SOC、DOC 与 MBC 之间具有极显著（$P<0.01$）的线性相关关系，相关系数分别为 0.678、0.658，而其他组分间的相关关系不明确，相关系数低。

干热河谷 4 种土地利用方式下土壤活性有机碳分配比例见表 5-12，其中 ROC 分配比例（ROC/SOC）范围为 27.67%~44.40%，平均值为 37.27%，2 种林地 ROC 分配比例较大，均超过 40%，旱耕地 ROC 分配比例最低，为 27.67%，稍低于荒地（31.28%）。本研究 4 种土地利用方式下 MBC 分配比例（MBC/SOC）相对接近（0.92%~1.00%），平均值为 0.94%，旱耕地 MBC 分配比例稍高于其他土地利用方式。DOC 分配比例（DOC/SOC）的平均值为 1.00%，旱耕地 DOC 分配比例最大（1.30%），是其他土地利用方式的 1.3~1.5 倍。

表 5-12　金沙江干热河谷 4 种利用方式下土壤活性有机碳分配比例　　单位：%

土地利用方式	ROC/SOC	MBC/SOC	DOC/SOC
新银合欢林地	41.48	0.92	0.96
大叶相思林地	44.40	0.92	0.87
旱耕地	27.67	1.00	1.30
荒地	31.28	0.95	0.99
总体	37.27	0.94	1.00

注：ROC 为易氧化有机碳，SOC 为土壤有机碳，MBC 为微生物量碳，DOC 为可溶性有机碳。

研究区内 4 种土地利用方式之间 SOC 含量差异均不显著（表 5-10），这可能与生态恢复时间不长（8 a）、土壤理化性质接近和凋落物特性有关。除旱耕地外，其他土地利用方式之间 SOC 起始值、pH 值、容重和含水量等土壤理化因子相对接近（表 5-8），这在一定程度上导致了不同土地利用方式间 SOC 含量的均一性。大叶相思林植被凋落量是新银合欢林的 3 倍左右（表 5-8），但大叶相思林 SOC 含量反而稍低于后者（两者差异不显著），这可能由于大叶相思叶片厚而大、纤维含量高，叶片落地后不易分解，易被河谷风吹出林地或于某一低凹处堆积；新银合欢小型叶片落地后更紧贴地表，不易被风搬运并且容易分解（李昆等，1999）。尽管旱耕地作物根系残留量和施肥量大（表 5-10），但旱耕地土壤含水量较高、作物秸秆和根茬就地焚烧、无机肥使用比例高、耕作和灌溉频繁等不利因素限制了旱耕地 SOC 含量的提高幅度。荒地 SOC 含量较低可能是由于荒地植被盖度较低（32%），裸露荒地中的 SOC 在干热河谷高温条件下处于耗竭状况，但旱季枯死的黄茅对 SOC 含量也起到一定的维持和提高作用。陈奇伯等（2003）研究发现，在金沙江干热河谷水土保持重点区域内，植被盖度为 30% 的稀疏黄茅荒地土壤有机质含量为 0.85%（换算成 SOC 约为 4.93 g·kg⁻¹），略高于本研究荒地 SOC 含量。郭玉红等（2007）对金沙江干热河谷封禁 10 a 的地区进行研究，得出植被盖度为 98% 的草地（植被以黄茅等为主）0~15 cm 土层中有机质含量为 0.689%~2.065%，光板地 0~15 cm 土层中有机质含量为 0.109%~0.586%，其草地 SOC 含量高于本研究的荒地，而光板地则低于本研究的荒地。结合本研究荒地 SOC 含量可以推断植被盖度对荒地 SOC 含量有明显影响，SOC 呈现随植被盖度增加而增加的趋势。这也显示了干热河谷生态脆弱区尽可能维护荒地植被对 SOC 含量维持或提高的重要性。唐国勇等（2009）显示，植被恢复 4 a 后新银合欢林和大叶相思林 SOC 含量分别为 3.60 g·kg^{-1} 和 3.52 g·kg^{-1}，明显低于本研究（恢复 8 a）的结果，甚至略低于本研究中的荒地（自然恢复）。表明恢复时间对 SOC 含量有明显的影响，恢复时间越长越有利于 SOC 的积累。此外，整地方式也可能是导致这一现象的主要原因之一。本研究荒地（自然恢复）是在原有植被相对较好的样地上进行封禁管理，没采取任何整地措施；而唐国勇等（2009）研究中的林地是在去除黄茅植被、进行撩壕整地等措施后进行容器苗育林，这些整地措施可能导致生态恢复初期 SOC 含量相对丰富的表土流失。张晓林等（2006）研究发现，干热河谷缓坡耕地（基本农田）土壤有机质含量为 21.1 g·kg^{-1}（换算成 SOC 含量为 12.2 g·kg^{-1}），是本研究旱耕地 SOC 含量的 3 倍。其原因可能是本研究旱耕地由严重退化的荒地开垦而成，土壤耕作熟化时间短（少于 10 a）。

　　ROC 是土壤中有效性较高、易被土壤微生物分解利用、对植物养分供应有最直接作用的那部分有机碳（徐明岗等，2006a，b；戴全厚等，2008）。本研究 4 种土地利用方式下 ROC 含量差异可能与植被凋落量和管理措施有关。林地植被凋落量较高，凋落物分解可补充 ROC 的消耗（Laik 等，2009）。荒地 ROC 含量低则可能是由于植物残体输入量有限，ROC 分解矿化后缺乏补充所致。旱耕地利用强度大（一年三熟）、翻耕和灌溉频繁等耕作措施改变了土壤温度、湿度、孔隙状况和土壤微生物活性，相对林地和荒地而言，旱耕地土壤湿润、疏松（表 5-10），更适合微生物活动，加速了 SOC 的分解，尤其是易氧化的那部分有机碳。林地 ROC 含量显著高于旱耕地和荒地，这与他人的研究结果类似（王清奎等，2005；吴建国等，2004）。例如，王清奎等（2005）研究发现，南方红壤丘陵地区阔叶林土壤活性有机质含量最高，杉木人工林次之，竹林和水田最低。吴建国等（2004）得出，西北半湿润半干旱灰褐土地区人工林 ROC 含量最高，天然次生林次之，草地和农田 ROC 最低。

　　研究区 4 种土地利用方式下土壤 MBC 含量不高，平均值仅为 41.88 mg·kg^{-1}，明显低于全国其他地区土壤 MBC 含量（唐国勇等，2006；Wang 等，1996；贾国梅等，2006），这可能与干热河谷特殊的气候环境有关。干热河谷总体气候特点：气候干热、年干燥度高达 4.4；旱季长达 6~7 个月（其间降水量不足全年的 10%）；土壤含水量在旱季常处于凋萎湿度以下，而同期的土壤温度却远超过活动温度，土壤水热矛盾突出（何毓蓉等，1997），严重影响了土壤微生物的生长和群落的形成（赵之伟等，2003），甚至在施肥条件下土壤微生物数量也没有显著增加（张彦东等，2005），这必然会降低土壤 MBC 含量。因此，干热河谷突出的水热矛盾可能是本研究土壤 MBC 含量低的主要原因。旱耕地 MBC 含量是其他 3 类土地利用方式的 1.1~1.5 倍，显著高于荒地（表 5-11），这可能与土壤含水量和植物根系残体（根系分泌物）性质等有关。旱耕地灌溉量大，土壤经常处于湿润状况，土壤含水量明显高于其他土地利用方式，是林地和荒地的 3.6~4.6 倍（表 5-10）。在干热河谷特殊气候条件下，含水量较高的旱耕地更有利于土壤微生物的生长和群落的形成。旱耕地根茬残留量明显高于林地和荒地植被凋落量，而且旱耕地频繁翻耕，植物残体、根茬和根系分泌物与土粒接触面积大，加之土壤含水量高，激发了土壤微生物的生长。根系残留物和根分泌物中低分子生物聚合物含量高，木质素等微生物难以利用的成分含量低，腐质化程度低而易被微生物分解利用（Dignac 等，2002；莫彬等，2006）。微生物对根系分泌物的利用率远高于对土壤原有有机质或植被凋落物的利用率（Thuries 等，2002）。植被凋落量较高可能是林地 MBC 含量高于荒地的主要原因。

土壤 DOC 具有一定的溶解性，在土壤中移动较快，易分解矿化，因而极易流失，是 SOC 损失的重要途径之一（Maize 等，2004）。DOC 形态和空间位置使其对植物和微生物来说活性比较高，在提供土壤养分方面起到重要作用（He 等，1997；Zhao 等，2008）。本研究中，旱耕地 DOC 含量显著高于大叶相思林地和荒地，是其他 3 种土地利用方式下土壤 DOC 含量的 1.4～2.0 倍，这与他人的研究结果不一致。李玲等（2008）研究发现，红壤丘陵和红壤低山景观单元内林地 DOC 含量分别是旱地的 1.1 倍和 1.3 倍。干热河谷土壤干化严重，旱季土壤含水量极低（表 5-10），这可能限制了 SOC 的溶解和团聚体的分散，导致该地区 DOC 含量相对偏低。增加土壤含水量能在一定程度上提高 SOC 的溶出，导致团聚体的分散，进而增加 DOC 含量（Zhao 等，2008；李忠佩等，2004；Chow 等，2006）。DOC 主要来源于植物残体分解产物和土壤微生物代谢产物（He 等，1997），而本研究区土壤 MBC 含量低，这将影响植物残体的分解和微生物自身的周转，限制土壤 DOC 含量。在干热河谷土壤干化、MBC 含量低的状况下，旱耕地土壤含水量和 MBC 含量相对较高，这可能是旱耕地土壤 DOC 含量相对较高的主要原因。

研究表明，土壤活性有机碳含量变化可以敏感地指示 SOC 动态（徐明岗等，2006a，b；唐国勇等，2006；戴全厚等，2008；Muroz 等，2008）。本研究中 ROC 与 SOC 含量呈极显著的线性正相关关系，而 MBC 与 SOC、DOC 与 SOC 的相关性差（相关系数分别为 0.042 和 0.105），均未达到显著水平。表明在干热河谷生态脆弱地区并不是所有 SOC 活性组分含量的变化都可以指示 SOC 动态。从本质上来看，ROC 含量或分配比例能够表征土壤有机质的质量，尤其是土壤有机质的潜在分解性质（Soon 等，2007）。在干热河谷，MBC 和 DOC 含量受土壤干化的制约（表 5-11），而受土壤原有有机碳含量的影响不明显。在 SOC 活性组分之间，MBC 与 DOC 含量具有极显著的线性正相关关系，而 MBC、DOC 与 ROC 含量之间的相关关系不明显。有机物分解产物和微生物自身代谢产物是 DOC 的主要来源（He 等，1997），而 DOC 则在形态和空间位置上对微生物活性较高（He 等，1997；Zhao 等，2008），因此两者具有较好的内在的相关性，本研究表明这一相关性亦适合于我国干热河谷。

用分配比例来表示土壤碳过程的变化，比单独使用 SOC 或活性有机碳具有一定的优势，因为分配比例能够避免在使用绝对量或对 SOC 含量不同的土壤进行比较时出现的一些问题（唐国勇等，2006；吴建国等，2004；Muroz 等，2008）。ROC、MBC 和 DOC 虽然都是 SOC 的活性组分，但它们在含量、来源和去向、影响因素等方面存在差异，是从不同角度反映有机碳的活性特征。ROC 分配比例从 SOC 自身分解特征方面指示有机碳活性强度，比值越大说明 SOC 活度越强，SOC 被分解矿化的潜力越大（徐明岗等，

2006a，b；戴全厚等，2008；吴建国等，2004）。但是，ROC 分配比例只反映 SOC 自身的分解特性，不能反映 SOC 与外界环境的关系，而 SOC 分解矿化能力更主要的还是受外界环境条件的影响。本研究中旱耕地 ROC 分配比例明显低于其他 3 种土地利用方式，不足林地的 70%（表 5-12），表明相对林地和荒地而，言旱耕地 SOC 活度低，SOC 自身被分解矿化的潜力小。MBC 分配比例主要从分解转化有机碳的能力方面指示 SOC 活性特征，该值大表明土壤微生物活性高，容易分解和利用 SOC（唐国勇等，2006）。表 5-12 显示旱耕地 MBC 分配比例稍高于其他土地利用方式，说明旱耕地土壤微生物活性高，微生物容易分解和利用 SOC。DOC 分配比例显示 SOC 的溶解能力，反映 SOC 的流失水平，与 SOC 的矿化量具有较好的正相关性（李忠佩等，2004；李玲等，2008；Zhao 等，2008）。研究区旱耕地 DOC 分配比例是其他土地利用方式的 1.3~1.5 倍，表明相对其他土地利用方式而言旱耕地 SOC 容易流失和矿化。MBC 和 DOC 分配比例不仅可以反映 SOC 自身被分解矿化的能力，还能综合反映外界环境条件对 SOC 分解矿化的影响。综合以上分析可以得出，本研究中旱耕地 SOC 自身分解矿化能力差，但灌溉、翻耕等外界环境条件有利于微生物活性和 DOC 含量的提高，反而导致旱耕地 SOC 容易分解矿化。林地和荒地 SOC 自身分解矿化能力强，这也为干热河谷土壤碳库管理提供了有益启示，即若由于人为活动或者气候变化等原因导致土壤环境变化，使土壤微生物数量和活性提高、DOC 含量增加，则可能导致林地和荒地 SOC 含量迅速下降。因此，在干热河谷生态环境脆弱地区应减少林地和荒地的人为干扰和破坏。

5.3　金沙江干热河谷土壤固碳潜力与稳定性

森林土壤碳储量是陆地生态系统碳储量的重要组成。森林土壤碳汇/源功能是当今气候变化下的研究焦点。由于土壤自然异质性大，土地利用方式转变等引起的土壤有机碳动态变化短时间内难以监测，而活性碳组分对短期环境变化的响应敏感，有助于理解短期内土壤碳的动态变化。干热河谷是我国西南地区典型的生态脆弱带，其造林后不同林龄阶段土壤碳动态特征及其影响因素对评估区域和全球尺度的碳循环具有借鉴意义。罗明没（2022）研究发现，在干热河谷造林新银合欢人工林会显著提高 SOC 储量及活性组分碳储量。地上植被和土壤养分状况影响着 SOC 动态及其组成特征。林分生长过程中增加的活性碳组分含量将会改变土壤碳稳定性，最终导致中龄林阶段的新银合欢林地具有较高的土壤碳稳定性。因此，林地的植被特征、土壤的养分状况、活性碳组分特征及碳循环酶活性共同调控了干热河谷新银合欢林地土壤的碳汇功能及其稳定性的动态变化。

5.3.1　金沙江干热河谷林地燥红土固碳特征

金沙江干热河谷不同林分类型的生物量与蓄积量回归拟合结果见表 5-13，根据参数的决定系数以及差异性检验（$P<0.01$）综合考虑，确定 $W=aV^b$ 为干热河谷赤桉、新银合欢人工林乔木层生物量与蓄积量最优回归模型，用以估算乔木层的生物量。

表 5-13 金沙江干热河谷赤桉和新银合欢林乔木层生物量（W）与蓄积量（V）模型

林分类型	样本数	模型	a	b	R^2
赤桉	27	线性模型：$W=a+bV$	1.347 0	0.052 0	0.971 7**
	27	指数模型：$W=aV^b$	0.408 1	0.649 5	0.985 0**
新银合欢	27	线性模型：$W=a+bV$	1.409 5	0.000 5	0.973 2**
	27	指数模型：$W=aV^b$	0.770 2	0.788 6	0.988 8**

注：** 表示相关性达到极显著水平（$P<0.01$）。

就赤桉胸径平均生长量来看，纯林内赤桉变化不明显，仅第 15 a 时上升到 0.35 cm，其余时间段都保持在 0.32 cm；混交林总体呈逐年下降趋势且混交林内赤桉胸径平均生长量高于纯林内赤桉。从赤桉胸径连年生长量看，纯林内赤桉胸径连年生长量呈单峰曲线，在前 10 a 增长缓慢，10 a 后增长迅速并在 15 a 时接近混交林内赤桉胸径连年生长量（0.40 cm），之后便急剧下降；混交林总体呈下降趋势且混交林内赤桉胸径连年生长量也高于纯林内赤桉。就新银合欢胸径平均生长量来看，纯林内新银合欢胸径平均生长量在前 10 a 呈急剧下降的趋势，第 10~15 a 则变化不明显，之后又急剧下降；混交林内新银合欢胸径平均生长量跟纯林内赤桉相似，呈单峰曲线，仅在第 15 a 时有所上升，此外，混交林内新银合欢胸径平均生长量低于纯林。从新银合欢胸径连年生长量来看，纯林内新银合欢胸径连年生长量呈波浪形曲线，在第 10 a 达低谷（0.46 cm），到第 15 a 达波峰（0.6 cm），15 a 以后又开始急剧下降；混交林内新银合欢胸径连年生长量则在前 10 a 变化不明显，至第 15 a 达到峰值（0.50 cm），15 a 后开始呈下降趋势，此外混交林内新银合欢胸径连年生长量低于纯林。

就赤赤桉高平均生长量来看，纯林内赤赤桉高平均生长量在前 10 a 呈上升趋势，第 10 a 达峰值（0.72 cm），之后急剧下降；混交林总体都呈直线下降的趋势，且纯林内赤赤桉高平均生长量总体低于混交林。从赤赤桉高连年生长量看，纯林内赤赤桉高连年生长量在前 10 a 呈上升趋势，第 10 a 达峰值（0.80 cm），之后便直线下降，此外，在第 8~12 a 时纯林内赤赤桉高连年生长量超过混交林；混交林内赤赤桉高连年生长量呈直线下降的趋势。就新银合欢树高平均生长量来看，纯林以及混交林都呈逐年下降趋势，且混交林树高连年生长量低于纯林，但纯林内新银合欢树高平均生长量下降趋势大于混交林。从新银合欢树高连年生长量看，纯林内新银合欢树高连年生长量在前 15 a 呈直线下降的趋势，此后变化不明显，12 a 后纯林内新银合欢树高连年生长量低于混交林；混交林内新银合欢连年生长量经过急剧下降—缓慢下降—急剧下降的变化，到第 20 a 时只有 0.16 cm。

从赤桉材积平均生长量来看，纯林以及混交林都呈逐年上升的趋势，但纯林内赤桉材积平均生长量低于混交林。纯林内赤桉材积平均生长量在 15 a 后上升趋势减缓，而混交林则没有明显减缓。就赤桉材积连年生长量看，纯林以及混交林的生长都经历了"慢—快—慢"的变化。纯林内赤桉材积连年生长量在第 15 a 达到峰值，为每株

$0.001\,5\,m^3$，而此时纯林内赤桉材积平均生长量为每株 $0.000\,7\,m^3$，这表明纯林内赤桉还没有达到数量成熟，还有很大的上升空间；混交林内赤桉材积连年生长量在前 20 a 都没有达到峰值，但在 15 a 后生长速度明显减缓，在 20 a 处为每株 $0.002\,6\,m^3$，但在此时混交林内赤桉材积平均生长量为每株 $0.001\,5\,m^3$，离数量成熟还有较纯林内赤桉更长的时间。从新银合欢材积平均生长量看，纯林以及混交林变化趋势相似，都呈"慢—快—慢"的上升趋势，但都没有出现峰值，且纯林内新银合欢材积平均生长量高于混交林。就新银合欢材积连年生长量看，纯林以及混交林内新银合欢材积连年生长量都在第 15 a 达到峰值，分别为每株 $0.002\,8\,m^3$ 和 $0.001\,7\,m^3$，其生长量在两种林分类型的生长变化趋势大体是一致的，且生长量也是纯林高于混交林。纯林以及混交林材积连年生长量与平均生长量都没出现交点，都未达到数量成熟，还有进一步增长的可能。

干热河谷 3 种林分具有较大的固碳潜力，其中新银合欢纯林固碳潜力最大，混交林次之，赤桉纯林最小（表 5-14）。3 种林分类型都是在前 20 a 碳密度增长迅速，20 a 时碳密度是 10 a 时的 $2.86\sim3.06$ 倍，其中新银合欢纯林增加最多，赤桉纯林增加最少。$20\sim30$ a 时增加缓慢，此后变化不明显。30 a 时赤桉纯林碳密度达 $32.51\,t\cdot hm^{-2}$、新银合欢纯林达 $72.93\,t\cdot hm^{-2}$、混交林为 $45.93\,t\cdot hm^{-2}$。变化规律符合赤桉、新银合欢的生长规律，赤桉、新银合欢都在 25 a 左右达数量成熟，之后进入生长稳定期，因此建议对干热河谷 $25\sim30$ a 的赤桉、新银合欢人工林进行疏伐或间伐并进行人工补植补造。

表 5-14　金沙江干热河谷赤桉和新银合欢林碳密度　　　　单位：$t\cdot hm^{-2}$

林分类型	10 a	20 a	30 a	40 a
赤桉纯林	10.19	29.14	32.51	32.66
新银合欢纯林	20.45	62.54	72.93	73.64
混交林	13.15	38.66	45.93	46.53

2021 年在金沙江干热河谷核心区——云南省元谋县大哨林场内，采用空间代替时间的研究方法探究新银合欢以超强入侵能力不断扩散进入灌草丛后在时间尺度上形成不同系列人工林阶段的生态过程，包括天然灌草丛阶段（CK）、新银合欢入侵 5 a 阶段（P5）、新银合欢入侵 10 a 阶段（P10）和新银合欢入侵 25 a 阶段（P25）。对不同阶段新银合欢人工林土壤酶活性进行研究。新银合欢人工林的固碳速率受到土层深度（$P<0.001$）和林龄阶段（$P<0.05$）的显著影响。P5 阶段固碳速率变化范围为 $0.01\sim0.04\,t\cdot hm^{-2}\cdot a^{-1}$，在土层深度间没有显著差异（$P=0.349$）。P10 阶段固碳速率变化范围为 $0.02\sim0.05\,t\cdot hm^{-2}\cdot a^{-1}$，在不同土层深度间差异显著（$P<0.01$）。P25 阶段固碳速率变化范围为 $0.03\sim0.09\,t\cdot hm^{-2}\cdot a^{-1}$，在不同土层深度间差异显著（$P<0.001$）。

在 $0\sim10$ cm 土层，固碳速率表现为 P25 阶段（$0.090\,t\cdot hm^{-2}\cdot a^{-1}$）>P10 阶段（$0.050\,t\cdot hm^{-2}\cdot a^{-1}$）>P5 阶段（$0.050\,t\cdot hm^{-2}\cdot a^{-1}$）。在 $10\sim20$ cm 土层，固碳速率表现为 P25 阶段（$0.032\,t\cdot hm^{-2}\cdot a^{-1}$）>P5 阶段（$0.030\,t\cdot hm^{-2}\cdot a^{-1}$）>P10 阶段（$0.029\,t\cdot hm^{-2}\cdot a^{-1}$）。在 $20\sim30$ cm 土层，固碳速率表现为 P25 阶段

（0.027 t·hm^{-2}·a^{-1}）>P10 阶段（0.023 t·hm^{-2}·a^{-1}）>P5 阶段（0.012 t·hm^{-2}·a^{-1}）。在 30~50 cm 土层，固碳速率表现为 P10 阶段（0.051 t·hm^{-2}·a^{-1}）>P25 阶段（0.035 t·hm^{-2}·a^{-1}）>P5 阶段（0.027 t·hm^{-2}·a^{-1}）。在整个土壤剖面（0~50 cm）上的固碳速率随着林龄增大呈增大的变化趋势，但是差异不显著（$P = 0.190$），表现为 P25 阶段（0.180 t·hm^{-2}·a^{-1}）>P10 阶段（0.150 t·hm^{-2}·a^{-1}）>P5 阶段（0.110 t·hm^{-2}·a^{-1}）。土壤固碳速率与全氮、铵态氮、MBN、全磷、有效磷、MBP、C/N、C/P 显著正相关，而与 N/P 显著负相关。

5.3.2　金沙江干热河谷林地燥红土有机碳顽固性

SOC 库是陆地生态系统中最活跃的碳库，其微小变化可导致大气 CO_2 浓度的显著变化（Lal，2004）。土地利用变化通常引起 SOC 数量和质量的变化（Lal，2004；Billings，2006；Niu 等，2006；Tan 等，2007）。例如，荒山或弃耕地造林后，进入土壤的植物有机残体量增多（如枯立木、植被凋落物、根系残体及根系分泌物等），SOC 矿化速率潜在降低，使造林一段时间后 SOC 含量迅速增加（Trouve 等，1994；Niu 等，2006；Richards 等，2007；Marin-Spiotta 等，2009；Laik 等，2009），但有机碳稳定性并不一定提高（Li 等，2005；Swanston 等，2005；Billings，2006）。已有研究探究了干热河谷不同土地利用方式下 SOC 含量特征（郭玉红等，2007；唐国勇等，2010），但尚未涉及造林/再造林后该地区特有的土壤——燥红土固碳能力及其所固定碳的稳定性。这直接影响人们对造林困难地区（如干热河谷）林业碳汇前景及潜力的判断。

要理解全球变化和碳循环中土壤作为碳汇（或碳源）所起的作用并正确管理土壤，首先应弄清 SOC 的稳定机制。SOC 的稳定主要通过 3 种方式实现：一是化学稳定，土壤有机质与土壤颗粒发生吸附作用或与 Ca^{2+}、Fe^{3+} 等离子形成沉淀物；二是物理保护，土壤有机质与土壤颗粒（尤其是黏粒和粉粒）形成复合体或被包裹在团聚体内，在有机碳和分解者之间形成物理屏障；三是生化顽固，外部输入的有机物本身化学性质顽固或在土壤微生物（或酶）的作用下形成生化性质稳定的有机质，而难以被土壤微生物利用和分解。通常，物理保护和生化顽固是 SOC 稳定的主要途径（潘根兴等，2007）。以金沙江干热河谷典型区为背景，研究中长期（19 a）人工植被恢复（人工林）过程中燥红土固碳特征、有机碳分布格局及其各组分（密度分组）有机碳顽固性和"新固定"碳的表观稳定性，将有助于揭示干热河谷燥红土生物固碳机制，以期为在我国造林极端困难地区进行大规模植树造林以补偿工业 CO_2 排放的可行性提供土壤固碳方面的论证依据。

地处 101°35′~102°06′E、25°23′~26°06′N 的云南省元谋县，属南亚热带季风干热气候区，是干热河谷的典型代表（何毓蓉等，1997；唐国勇等，2010）。研究区位于云南元谋干热河谷生态系统国家定位观测研究站，试验林区平均海拔 1 120 m，坡度 7°~12°，坡向为南坡，坡位为中坡，水土流失较严重。土壤类型为燥红土，表层土壤浅薄；心土层土壤深厚、板结。造林前植被稀疏，放牧、割草等人为活动频繁，地表裸露率大（>70%），植被以车桑子、余甘子和黄茅为主。于 1991 年雨季初期（5 月）在该试验点选择大叶相思等速生生态树种，采取撩壕整地，进行容器苗造林，株行距为 2.5 m×

3.0 m，造林面积超过 1 hm²，实施封禁管理。造林后林木保存率高、生长良好，7~9 a 后能少量天然更新。造林前（1991 年）取样测定了土壤主要理化性质。

于 1997 年 5 月在大叶相思林内设置 5 个立地条件和林木生长状况等相对一致、面积为 20 m×20 m 的固定样方进行长期观测和样品采集。在每个样方内按 "S" 形分层（0~15 cm 和 15~30 cm）采集 7~9 个土体，样方内同一深度的土体均匀混入形成 1 份混合样，即每次采集表层（0~15 cm）混合样和亚表层（15~30 cm）混合样各 5 份。同时调查土壤容重、土壤石砾质量分数等（表 5-15）。土样采集时间分别为 1997 年 5 月、2003 年 4 月和 2010 年 5 月（唐国勇等，2012；Tang 等，2013）。

表 5-15　金沙江干热河谷中长期生态恢复样地土壤基本性质

采样时间	土层/cm	容重/（g·cm⁻³）	>2 mm 石砾质量分数/%	pH 值	有机碳/（g·kg⁻¹）	全氮/（g·kg⁻¹）
1991 年	0~15	1.68	4.70	5.99	2.82e	0.22d
	15~30	1.72	4.68	6.20	2.73e	0.21d
1997 年	0~15	1.67	4.81	6.14	3.26d	0.25c
	15~30	1.72	4.74	6.37	2.88e	0.22d
2003 年	0~15	1.62	4.65	6.25	4.45b	0.36b
	15~30	1.69	4.60	6.40	3.42d	0.27c
2010 年	0~15	1.59	4.66	6.24	6.15a	0.52a
	15~30	1.68	4.63	6.42	4.11c	0.33b

注：同列不同小写字母表示差异显著（$P<0.05$）。

土样采回后，用手选法除去活体根系和可见植物残体，在室内风干、磨细、过 0.85 mm 筛，备用。造林前（1991 年）和造林后 3 个不同时期（1997 年、2003 年和 2010 年）采集的土样测定了 SOC 浓度，造林 12 a 后采集的土样（2003 年和 2010 年）测定了土壤密度分组中有机碳浓度及其顽固性碳浓度。土壤密度分组参照 Janzen 等（1992）的方法，轻组和重组中有机碳顽固性按照 Rovira 等（2002）的酸水解法，并根据实际情况做了一定的改动（唐国勇等，2012；Tang 等，2013）。土壤有机碳浓度、分离得到的密度组分（轻组和重组）及其顽固性组分中有机碳浓度用重铬酸钾氧化-外加热法测定。

干热河谷大叶相思林营造 19 a 时（2010 年），林地燥红土表层和亚表层 SOC 密度分别为 1.40 kg·m⁻² 和 0.99 kg·m⁻²，比造林前的荒地（1991 年）增加了 0.72 kg·m⁻² 和 0.32 kg·m⁻²，即 1991—2010 年林地表层和亚表层土壤平均固碳速率分别为 37.89 g·m⁻²·a⁻¹ 和 16.84 g·m⁻²·a⁻¹。人工林营造后，林地 SOC 密度呈现明显的加速增长趋势。方差分析显示，除 1997 年表层或亚表层 SOC 密度与造林前差异不显著外，其他造林阶段之间 SOC 密度差异均达到显著水平。在造林最初 6 a 内（1991—1997 年）林地表层 SOC 碳密度增加了 0.10 kg·m⁻²，平均固碳量为 16.67 g·m⁻²·a⁻¹；造林中期（1997—2003 年）表层土壤平均固碳量为 42.67 g·m⁻²·a⁻¹；而在研究后期

（2003—2010 年）表层碳密度由 1.03 kg·m^{-2} 提高到 1.40 kg·m^{-2}，增幅达 35.92%，平均固碳量（52.86 g·m^{-2}·a^{-1}）明显高于造林初期和中期。林地亚表层 SOC 密度演变趋势与表层类似，但土壤平均固碳量远低于表层（为表层的 35%~50%）。

随着 SOC 的积累，林地燥红土各组分（轻组、重组）有机碳的数量也随之显著增加，但轻组有机碳的增幅高于重组有机碳（表 5-16）。表层土壤轻组有机碳在 2003—2010 年增加了 50.00%，而同期重组有机碳的增幅为 28.38%。2010 年和 2003 年表层土壤轻组比例不到 0.80%，亚表层轻组比例约为 0.25%。尽管各土层轻组比例极低，但轻组有机碳分配比例并不低，其范围为 23.33%~30.16%。随林龄的增加，表层轻组比例、轻组有机碳密度、重组有机碳密度和轻组有机碳分配比例显著提高，重组有机碳分配比例显著降低，而重组比例基本不变。随土层的加深，两组分有机碳密度、轻组有机碳分配比例显著降低，而重组有机碳分配比例显著提高。

表 5-16   金沙江干热河谷中长期生态恢复样地土壤有机碳分布格局

采样时间	土层/cm	采样数	轻组比例/%	重组比例/%	轻组有机碳密度/(kg·m^{-2})	重组有机碳密度/(kg·m^{-2})	轻组有机碳分配比例/%	重组有机碳分配比例/%
2003 年	0~15	5	0.60b	97.72a	0.28b	0.74b	26.76b	71.44b
	15~30	5	0.25c	98.77a	0.19d	0.63c	23.33c	75.80a
2010 年	0~15	5	0.78a	97.58a	0.42a	0.95a	30.16a	67.99c
	15~30	5	0.26c	98.18a	0.24c	0.74b	24.17c	74.59a

注：同列不同小写字母表示均值差异达显著水平（$P<0.05$）。

2010 年表层土壤轻组和重组顽固性碳密度分别为 0.23 kg·m^{-2} 和 0.50 kg·m^{-2}（表 5-17），显著高于 2003 年，增幅分别为 43.75% 和 28.20%；同期亚表层土壤轻组和重组顽固性碳密度也有显著的增加，但增幅（20.00% 和 15.62%）约为表层的一半。2010 年表层和亚表层土壤轻组顽固性碳指数（I_{RC} 值）分别为 54.30 和 52.38，略高于相应土层重组 I_{RC} 值（53.07 和 49.89），t 检验显示其差异未达到 95% 显著水平，而 2003 年两土层轻组 I_{RC} 值均显著高于重组。2010 年各土层轻组 I_{RC} 值均显著低于 2003 年，但同一土层内重组 I_{RC} 值降低幅度不显著。随土层的加深，不同造林阶段两组分 I_{RC} 值均有一定程度的下降。此外，随林龄的增加，总顽固性碳与 SOC 之比略有下降，但下降幅度均不显著。

表 5-17   金沙江干热河谷中长期生态恢复样地土壤顽固性碳密度和顽固性碳指数

采样时间	土层/cm	轻组顽固性碳密度/(kg·m^{-2})	重组顽固性碳密度/(kg·m^{-2})	总顽固性碳密度/(kg·m^{-2})	轻组顽固性碳指数	重组顽固性碳指数	总顽固性碳与 SOC 之比/%
2003 年	0~15	0.16b	0.39b	0.55b	57.13a1	53.41a2	53.42a
	15~30	0.10d	0.32d	0.43d	54.67b1	51.09ab2	51.48ab

（续表）

采样时间	土层/cm	轻组顽固性碳密度/（kg·m⁻²）	重组顽固性碳密度/（kg·m⁻²）	总顽固性碳密度/（kg·m⁻²）	轻组顽固性碳指数	重组顽固性碳指数	总顽固性碳与SOC之比/%
2010年	0~15	0.23a	0.50a	0.73a	54.30bc1	53.07a1	52.47a
	15~30	0.12c	0.37b	0.49c	52.38c1	49.89b1	49.88b

注：同列不同小写字母表示均值差异达显著水平（ANOVA 检验，$P<0.05$），轻组与重组顽固性碳指数字母后数字不同表示两者差异达到显著水平（成对样品 t 检验，$P<0.05$）。

土壤重组有机碳与土壤颗粒，尤其是黏粒和粉粒结合形成复合体，或者被包闭在团聚体内，微生物较难接触到有机碳而受土壤物理保护，通常分解速度较慢，在土壤中较为稳定。而轻组有机碳主要为游离腐殖酸和植物残体及其分解产物，缺乏物理保护，周转时间短，能够在土壤全碳变化之前反映人为活动或自然变化所引起的土壤微小变化（Tan 等，2007；潘根兴等，2007；Janzen 等，1992；Wang 等，2009；Wick 等，2008）。通常，不同生态系统或土地利用方式下轻组比例和土壤物理保护碳的能力各异。Christensen（1992）综述得出，温带、寒温带森林表层土壤轻组比例为 1.8%~14.7%。Marin-Spiotta 等（2009）研究发现，波多黎各亚热带湿润森林生命带的原始森林表层土壤轻组（自由轻组和闭合轻组）比例约为 2.3%，10~80 a 的次生林表层土壤轻组比例为 1.2%~3.0%，而牧地表层土壤轻组比例为 0.6%。青藏高原高寒草甸原生植被封育条件下表层土壤轻组比例为 3.51%，重度退化条件下轻组比例为 0.67%（Wang 等，2009）。本研究大叶相思林地表层土壤轻组比例明显偏低，这可能是由于造林前荒地经历了长时间的弃荒和放牧等人为干扰，缺乏外源有机物补充，而干热河谷特殊干热气候促进和加剧了没有物理保护的轻组有机碳的分解矿化（Marin-Spiotta 等，2009；唐国勇等，2010）。

高寒草甸原生植被封育条件下 0~10 cm 和 10~20 cm 土层中土壤轻组有机碳分配比例分别为 21.05% 和 9.68%，重度退化条件下比例分别为 9.16% 和 4.09%（Wang 等，2009）。Christensen（1992）研究了温带、寒温带 10 个地点的森林表层土壤有机质组分特征，得出其轻组有机碳分配比例在 17%~47% 的范围内。通常，同等立地条件下次生林重组有机碳分配比例要高于人工林（Li 等，2005）。农田生态系统中耕层轻组有机碳分配比例很少超过 20%（Tan 等，2007；Janzen 等，1992）。本研究中，人工林营造 19 a 时表层燥红土中受物理保护的碳约为 70%（表 5-16），与其他气候带或地区森林土壤碳的物理保护能力相当，但明显高于草原和农田生态系统。可见，在无人为干扰下，干热河谷人工林林地燥红土具备较强的物理保护碳的能力。Laik 等（2009）对印度 Bihar 地区 6 种人工林土壤活性有机碳库特征进行研究，得出人工林营造 18 a 后轻组有机碳的增加对 SOC 增加的贡献最大。Wang 等（2005）对子午岭森林灰褐土保护有机碳的能力进行研究，揭示了土壤中受物理保护的碳随土层深度的增加而大幅提高。本研究发现，不同造林阶段燥红土物理保护的碳均随土层的加深而显著提高。2010 年表层重组有机碳密度显著高于 2003 年，而重组有机碳分配比例显著低于 2003 年，这暗示干热河谷人工林燥红土中碳可能优先进入不受保护的轻组（Billings，2006；Richards 等，2007；Tan 等，2007；Marin-Spiotta 等，2009）。在各造林阶段，轻组与重组有机碳之和略低于土壤总有机碳，即实验测试过程中损失了有机碳，损失率为 0.86%~1.84%，这与类似研究报道的碳损失率接近（Swanston 等，2005）。

Marin-Spiotta 等（2009）研究了热带牧场造林后土壤有机质的动态，得出造林 80 a 后表层自由轻组有机碳的替代比率高于重组，但表层轻组和重组中还是有大约 5% 和 20% 的碳来自原先的 C_3 植被。这一方面说明土壤表层轻组的周转速率比重组高，另一方面也说明轻组中具有顽固性物质。Swanston 等（2005）和 Richards 等（2007）也得出类似结论。Wang 等（2005）以土壤密度组分中碳水化合物与有机碳的比例和 I_{RC} 值作为评价土壤有机碳顽固性的指标，得出自由轻组有机碳和重组有机碳的顽固性是相似的，甚至在土壤表层以下，自由轻组有机碳的顽固性比重组有机碳高。因此，认为自由轻组有机质并非像经常定义的那样是最新鲜或很少被分解的一个组分，灰褐土轻组和重组在周转上的差异并不是由于其化学顽固性存在差异，而是由于轻组缺少物理保护使得微生物更容易侵入，重组中有机碳受到土壤物理保护使微生物较难接触。本研究以 I_{RC} 值作为土壤各组分有机碳稳定性的指标，I_{RC} 值低则有机碳生化稳定性低。不同造林阶段重组 I_{RC} 值均低于轻组，尤其是 2003 年其差异达显著水平（表 5-17）。表明各土层受物理保护碳的生物稳定性低于非保护碳。其原因：一是在长期干热环境背景下，轻组中顽固性碳受化学保护，较活性碳（非顽固性碳）难分解矿化，导致其组分中顽固性碳相对积累（Billings，2006；Marin-Spiotta 等，2009）；二是重组受到物理保护，土壤微生物接触和利用重组碳的机会较少，在能源和碳源缺乏情况下（即 SOC 含量较低的土壤中），微生物利用顽固性碳的能力增强（Billings，2006）。2003 年重组 I_{RC} 值显著低于轻组，但到 2010 年时两组分 I_{RC} 值差异不显著，这可能与外源碳的补充有关。随着外源碳优先进入轻组（Billings，2006；Richards 等，2007；Tan 等，2007；Marin-Spiotta 等，2009），新鲜、易分解外源有机物的输入在一定程度上"稀释"了轻组中顽固性碳比例（即顽固性碳指数）（Marin-Spiotta 等，2009）。

随林龄的增加，两组分 I_{RC} 值呈下降趋势，尤其是轻组 I_{RC} 值下降显著，而且总顽固性碳与 SOC 之比也呈现下降趋势（表 5-17）。说明在造林 12~19 a 内 SOC 顽固性随生态恢复而降低。这可能是由于造林前燥红土有机碳长期处于耗竭状况，相对顽固性碳而言，活性碳更易受到分解和矿化，导致顽固性碳的相对积累。造林一段时间后，进入土壤中的活性有机物逐渐增多。但各组分 I_{RC} 值达到稳定时的数值及其所需的年限有待继续研究。

5.3.3　金沙江干热河谷林地燥红土"新固定"碳表观稳定性

"新固定"碳的稳定性是土壤碳固定的关键和核心（Lal，2004；Swanston 等，2005；潘根兴等，2007），尤其是对亚热带季节性干旱地区的人工林（Richards 等，2007）。干热河谷退化生态系统（荒地）造林 19 a 后，林地燥红土表层（0~15 cm）SOC 含量和密度分别为 5.96 g·kg⁻¹ 和 1.40 kg·m⁻²，这与该地区类似研究的结果（唐国勇等，2010；郭玉红等，2007）以及第二次全国土壤普查时燥红土表层（0~

20 cm) SOC 密度（1.58 kg·m^{-2}）接近（解宪丽等，2004），与气候和植被相似的非洲热带稀树草原土壤碳含量相仿（Trouve 等，1994），但明显低于全国表层 SOC 密度（2.67 kg·m^{-2}）和全国农田耕层 SOC 密度（3.15 kg·m^{-2}，许泉等，2006），也远低于同纬度的我国亚热带红壤低山区（4.25 kg·m^{-2}）和红壤丘陵区（3.04 kg·m^{-2}）表层 SOC 密度（唐国勇等，2009）。鉴于干热河谷生态系统普遍存在退化现象（张荣祖，1992；何毓蓉等，1997），有理由推断西南干热河谷可能是我国 SOC 的一个低密度区。Yu 等（2007）对我国各区域碳密度分布状况进行研究时也得到类似结果。土壤固碳速率因气候带、生态系统及其演替阶段、植被类型和管理方式等而异（Lal，2004；Tan 等，2007；潘根兴等，2007）。Huang 等（2006）分析了我国大陆近 20 a 农田耕层 SOC 储量变化特征，发现 20 a 间 1.18×10^6 km^2 农田 SOC 增加了 311.3~401.1 Tg，即农田土壤平均固碳量为 13.2~17.0 g·m^{-2}·a^{-1}。方精云等（2007）研究得出，1981—2000 年我国主要陆地生态系统碳汇范围为 41.2~70.8 Tg·a^{-1}（换算成平均固碳量为 6~10 g·m^{-2}·a^{-1}）。美国中西部边际农用地造林后 20 a 内土壤平均固碳量为 40 g·m^{-2}·a^{-1}，50 a 内土壤平均固碳速率为 32 g·m^{-2}·a^{-1}（Niu 和 Duiker，2006）。本研究大叶相思林营造后 19 a 内表层土壤平均固碳速率为 37.89 g·m^{-2}·a^{-1}，明显高于我国农田（Huang 等，2006）和主要陆地生态系统（方精云等，2007），介于美国中西部边际农用地造林前 20 a 与前 50 a 的固碳速率之间（Niu 和 Duiker，2006），这暗示干热河谷林地燥红土具备较大的固碳能力。在本研究中，研究末期（2003—2010 年）林地燥红土表层土壤平均固碳量明显高于研究中期和初期，表明在 19 a 的研究期内林地燥红土有机碳处于加速积累状态。这可能是因为：一方面造林前进入荒地的外源有机物较少，土壤碳长期处于耗竭状况（唐国勇等，2010），SOC 本底值极低（表 5-15）；另一方面随林龄的增加，大叶相思植被凋落量增多，其凋落物纤维素含量较高，分解速度缓慢，对土壤改良和有机碳积累的贡献也相对滞后（李昆，2007）。在 19 a 的研究期内，林地表层和亚表层土壤容重变幅较小（均小于 2%），其范围分别为 1.59~1.68 g·cm^{-3} 和 1.68~1.72 g·cm^{-3}（表 5-15）。因此，有理由推断 19 a 内土壤剖面，至少是 0~30 cm 内土壤厚度变化很小，而且造林前（1991 年）土壤表层和亚表层土壤碳含量差异不显著。表明土壤厚度所引起的不同研究阶段土壤碳密度的误差或不确定性较小，可忽略其影响。造林初期林地存在一定的水土流失，这可能导致本研究中林地土壤固碳能力存在一定程度的低估。

本研究中造林后 12~19 a，表层土壤"新固定"碳为 0.37 kg·m^{-2}，其中受物理保护的碳为 0.21 kg·m^{-2}，占"新固定"碳的一半以上（57%）。同期，亚表层土壤"新固定"碳中受物理保护的碳约占 70%（表 5-16）。可见造林后 12~19 a 间燥红土"新固定"碳中大部分（57%~70%）与矿质颗粒（细粉粒、黏粒）形成了有机-无机复合体或进入团聚体，受物理保护，成为稳定性碳。

2003—2010 年，大叶相思林表层土壤轻组和重组顽固性有机碳分别增加了 0.07 kg·m^{-2} 和 0.11 kg·m^{-2}，占该土层轻组和重组"新固定"碳的 50% 和 52%；而亚表层土壤轻组和重组"新固定"碳中 40% 和 45% 为顽固性碳（表 5-17）。由此可见，表层"新固定"的轻组和重组有机碳中顽固性碳与活性碳数量相当，亚表层"新固定"

碳中顽固性碳略低于活性碳。此外，同期表层和亚表层"新固定"的总顽固性碳为 0.18 kg·m^{-2}和 0.06 kg·m^{-2}，约占相应土层土壤"新固定"碳的 49% 和 33%。

干热河谷大叶相思林营造 19 a 后，林地表层 SOC 密度为 1.40 kg·m^{-2}。在 19 a 研究期内，林地燥红土具备较大的固碳能力，表层和亚表层土壤平均固碳速率分别为 37.89 g·m^{-2}·a^{-1}和 16.84 g·m^{-2}·a^{-1}，并且土壤处于加速固碳阶段。在无人为干扰条件下，林地燥红土各土层中受物理保护碳的增幅不及非保护碳。在表层和亚表层燥红土中，受物理保护碳的生化稳定性低于非保护碳，两者的稳定性均随林龄的增加而降低。大叶相思林营造后的 12~19 a 内，土壤"新固定"碳中 57%~70% 的受物理保护，33%~49% 的"新固定"碳生化性质稳定。

5.4 本章总结

通过对金沙江干热河谷人工植被恢复的土壤碳汇和植被生物量的研究表明，不同林分下树种的生长动态情况、生物量分配格局和碳库特征差异明显，为干热河谷地区植被恢复和碳汇研究提供技术支撑和理论依据。因为要估算整个金沙江干热河谷的碳储量特征，比较精确的方法是择伐倒木，但此方法比较复杂且对森林造成一定的破坏，因此，在之后的研究中应加强研究方法的创新，在森林破坏少的情况下得出较为精确的数据，以精确估算区域碳储量。干热河谷 6 种土地利用方式下 SOC 含量接近，但林地土壤易氧化有机碳含量显著高于旱耕地和荒地，4 种人工林之间易氧化有机碳含量的差异不显著。植被凋落量和管理措施是不同利用方式下易氧化有机碳含量差异的主要原因。相对自然恢复（荒地）而言，封禁条件下，林地 SOC 活度较高，SOC 库处于良性管理状况，而秸秆就地焚烧、耕作和灌溉频繁的旱耕地 SOC 活度较低，SOC 库管理不科学。干热河谷 4 种土地利用方式下 SOC 含量差异均不显著，但土地利用方式对土壤活性有机碳含量有显著的影响。植被凋落量和管理措施是不同土地利用方式下 ROC 含量差异的主要原因，而土壤含水量和植被凋落物性质是 4 种土地利用方式下 MBC、DOC 含量变异的主要影响因素。干热河谷生态脆弱地区并不是所有 SOC 活性组分含量变化都可以指示 SOC 动态。林地 SOC 自身分解矿化潜力大，但在干热河谷特殊条件下被分解矿化能力较差。旱耕地 SOC 自身分解矿化能力不强，受耕作管理等的影响易分解矿化。对于干热河谷的固碳潜力评估，本书也只研究分析了几种人工林的生长特性和固碳潜力，并未考虑研究期间土壤各组分"原有"有机碳的转化问题，文中"新固定"碳实际上是表观固定碳，即研究期内土壤或某组分所固定的碳（包括转化形成的碳）与同期转化（分解和矿化）的碳之差，因此，今后的研究应从全球气候变化（主要涉及温度、降水和空气湿度）对林木生物量、植被生物量的作用机制来估算气候变化对森林碳汇的影响。

不同的造林树种具有不同的生态适应性，应将拟造林树种的生长特性与干热河谷不同立地条件相结合，选择最佳造林地，最大限度地发挥林木和林地的生长潜力。

第六章 金沙江干热河谷土壤肥力的空间变化规律

土壤肥力是土壤物理性质、化学性质、酶活性和微生物等指标的综合反映。深入研究人工林对林地的培肥效果，对了解人工林林地土壤矿质营养元素的供应状况、人工林土壤肥力的发展趋势，维护持续立地生产力，恢复生态环境以及指导生产实践、调节和改善各种限制因素、加速养分的循环利用速率和最大限度地提高人工林的生产力等都具有深刻的理论和实践意义。众所周知，土壤肥力是多种因子的综合表现，孤立地用某个或几个因子来反映人工林土壤肥力状况都是不科学的。因此，需要寻找全面合理的方法评价人工林培肥土壤的作用。因子分析是主成分分析的推广，它是从研究相关矩阵内部的依赖关系出发，把一些具有错综复杂关系的变量归结为少数几个综合变量的一种多变量统计分析方法。

探明特殊生境区域土壤肥力的环境影响因子，是区域生态恢复的基础和决策依据。为探明金沙江干热河谷土壤肥力的环境影响因子，于 2021 年 1 月通过野外调查、土样采集及室内分析，对金沙江干热河谷上、中、下段共 47 个样地表层土壤肥力进行对比研究。研究结果表明，金沙江干热河谷土壤容重和 pH 值从上段到下段有增加的趋势，土壤总孔隙度、毛管孔隙度、有机质、全氮和全磷从上段到下段有减少的趋势。从植被类型角度分析，土壤总孔隙度、毛管孔隙度、有机质、全氮和全磷皆表现为天然林>人工林>稀树灌草丛，土壤容重则相反。土壤孔性和养分含量随海拔的上升而增加；土壤容重和 pH 值则呈降低趋势。阳坡土壤容重显著高于阴坡，而阴坡土壤总孔隙度、毛管孔隙度、有机质、全氮和全磷均显著高于阳坡。研究显示，金沙江干热河谷各区段土壤肥力存在一定程度的区域变异，上段土壤肥力高于中段和下段。天然林土壤肥力优于人工林和稀树灌草丛，而相对稀树灌草丛，人工林土壤肥力提升程度较小。金沙江干热河谷土壤肥力随海拔的升高而提升，阴坡土壤肥力状况优于阳坡（杜寿康，2022；杜寿康等，2022；阮长明等，2022）。

6.1 金沙江干热河谷不同区域土壤肥力特征

6.1.1 金沙江干热河谷土壤物理性质

土壤物理性质影响土壤的通气、透气、持水、导热、抗蚀等各种功能，是反映土壤质量的一个重要方面。土壤容重是紧实度的反映，与土壤孔隙度的数量和分布关系密切，是指示土壤结构的重要参数。容重小表明土壤疏松多孔，土壤水分的渗透性和通气状况较好；容重大则表明土壤紧实、板结，透水、透气性差。土壤容重不仅对作物根系生长、分布及作物产量有明显影响，还影响土壤水及养分的迁移及分布。土壤孔隙性包括孔隙的数量、类型及其不同孔隙所占的比例，对土壤肥力、温度和植物根系生长有多方面的影响，也是评价土壤结构特征的重要指标。土壤孔隙是土壤结构的反映，孔隙分布可反映土壤的结构，影响土体中水、肥、气、热等肥力因素的变化与协调，结构好则孔隙性好，反之亦然。土壤自然含水量能较好地反映土壤水分状况，并影响凋落物与土壤表层的物质和能量及土壤盐基养分的淋溶。

虽然土壤肥力是众多因子的综合体现，但土壤物理性质直接影响着土壤的透水、透气及养分在土壤胶体中的运输，是土壤肥力的重要组成部分。土壤物理性质的有关分析测定结果表明，干热河谷的人工植被，对改善该地区退化土壤的物理性质有明显效果。人工恢复植被后，由于林木枯落物及其根系的作用，林地变得疏松，其透气、透水性能均有不同程度的提高，各林地的土壤物理性质明显优于作为对照的荒山荒地。其中，黏重的土壤得到一定程度的改良，土壤容重降低了 4.05%～15.61%，土壤总孔隙度提高了 7.56%～24.31%，毛管孔隙度提高了 4.69%～30.01%，土壤饱和含水量增加了 16.52%～51.83%，毛管持水量提高了 17.63%～45.48%，田间持水量提高了 16.80%～45.89%，在一定程度上降低了土壤的水分蒸发消耗，促进植物根系生长，使其能从深层土壤中获取更多水分和养分，从而提高植物生长及抗旱能力。

从各树种林地土壤含水量测定结果看，有林地与无林地土壤含水量变化与降水量紧密相关，无林地土壤水分在年间各月和不同土层间的变化大于有林地，有林地表层土壤含水量干季稍高，但年间各月和下层土壤的含水量则低于无林地。可能是由于荒山荒地无植被覆盖，土壤水分容易蒸发，所以土壤含水量无论是在干季还是在雨季都比较低；而有林地由于植被覆盖，林内气温低于林外，空气相对湿度却更大，使表层土壤含水量较高，但由于受植物蒸腾耗水的影响，下层土壤含水量低于无林地，而混交林地可能因为造林密度更大，植物蒸腾耗水更多，下层土壤含水量又比纯林地稍低。该地区普通燥红土的凋萎系数为 9.38（黄成敏等，1995），除表层土壤含水量在干季可能低于凋萎湿度外，一般中、下层土壤全年含水量均较高。与对照地相比，苏门答腊金合欢纯林改良土壤物理性质效果较佳，其土壤容重最小，土壤总孔隙度、毛管孔隙度及含水量等指标的改善均高于其他林分。与其混交的有关林地的土壤改良效果也比较好，赤桉纯林和印楝纯林的土壤物理性质改良作用相对较弱，赤桉与新银合欢营造混交林，对土壤物理性质的改良效果也不如新银合欢纯林和柠檬桉×新银合欢混交林。就不同类型的树种来说，桉属类树种对土壤的改良作用不如苏门答腊金合欢、新银合欢、相思类树种等含羞草科植物，也不如无患子科的印楝，而小叶片型含羞草科树种苏门答腊金合欢、新银合欢又比相思类树种的土壤改良效果好。在该地区若采用桉树或大叶型树种造林，最好与小叶型的豆目树种营造混交林。

另外，马占相思因为造林成活率和保存率很低，林地比较空旷，林下植物稀少，降水对地表的影响较大，林地土壤比较板结，土壤容重较大；木豆（1992 年营造）造林地因其不能天然更新，1997 年植株完全死亡，植被遂演替为以黄茅为主，稀疏生长少数灌木树种车桑子的次生草灌丛，旱季草被枯萎，土壤裸露，地面受降雨影响较大，致使各项土壤物理性质仍旧较差。车桑子人工造林后植被恢复效果相对较好，禾本科一年生草本植物在林地内分布较多，但由于是补植补造，林地没有经过全面的人工改造，林地表层土壤仍比较板结。

6.1.2　金沙江干热河谷土壤化学性质

土壤化学性质包括土壤有机质、有效氮、有效磷、pH 值等。土壤有机质不仅能为植物提供所需的各种营养元素，提高土壤养分的有效性，而且可促进团粒结构的形成，改善土壤的透水性、蓄水能力及通气性，增强土壤的缓冲性等。因此，土壤有机质含量是土壤肥力的重要标志，也是评价土壤质量的一个重要指标。土壤有机质是土壤中非常活跃并普遍存在的组分，它对土壤肥力有强烈的影响。土壤酸碱度是土壤在其形成过程中受生物、气候、地质、水文等因素的综合作用而产生的重要属性。

造林 10 余年后，不同树种对林地土壤化学性质的影响调查结果表明（表 6-1），土壤 pH 值是影响土壤肥力的重要因素之一，也是影响土壤生态系统的一个重要指标。土壤微生物的活动、有机质的分解、营养元素的释放与转化、土壤酶活性等都与土壤 pH 值有关。所有参试林地的土壤 pH 值的变化范围为 5.30~6.48，根据我国土壤酸度分级，属弱酸到中等程度的酸性土壤。与各自的对照荒地相比，各造林地块的土壤 pH 值总体上呈现下降趋势，苏门答腊金合欢、新银合欢、大叶相思、台湾相思，以及赤桉×新银合欢混交林、赤桉×苏门答腊金合欢混交林等地块的林地土壤酸性相对较强，表层土的 pH 值为 5.31~5.83。赤桉、柠檬桉×新银合欢混交林（6 号）、柠檬桉、磨河点对照样地和小横山点对照样地等地块的林地土壤 pH 值，与对照地相比下降幅度较小，表层和下层土壤的 pH 值均在 6.0 以上。同时，赤桉、柠檬桉纯林地的土壤 pH 值也是偏高，但桉树与苏门答腊金合欢或新银合欢营造的混交林地土壤的 pH 值相对下降。可以看出，在干热河谷恢复人工植被，其造林地与未造林地的土壤 pH 值有一定的差异，前者土壤 pH 值具有向酸性化发展的趋势，这种趋势与造林树种、林分类型、植株密度以及造林时间等有密切的关系。一方面，植物根系的死亡和地表枯落物的增加，为土壤微生物活动提供了丰富的物质基础，弱酸到中等程度的酸性土壤条件下，每年雨季的高温高湿加速了枯落物的分解，年复一年的循环往复使之释放出更多的有机酸，同时促进盐基从矿质表层土壤逐步淋失，使得土壤酸度有所增强，另外可能还与造林树种所分泌的诸如酚类等化学物质有关；另一方面，植物的蒸发作用以及林木的覆盖作用，降低了随土壤水分蒸发带到地表的碱性物质，从而降低了表层土壤 pH 值。与各试验点对照地样地相比，人工恢复植被的林地土壤 pH 值降低的趋势更明显，而未造林地土壤 pH 值的下降变化相对微小。

表 6-1　金沙江干热河谷不同林分土壤养分含量

样地号	取样深度/cm	pH 值	全氮/%	全磷/%	全钾/%	碱解氮/$(mg \cdot kg^{-1})$	有效磷/$(mg \cdot kg^{-1})$	速效钾/$(mg \cdot kg^{-1})$	有机质/%
1	0~25	5.66	0.076	0.03	1.06	37.43	0.84	63.07	1.26
	25~45	5.91	0.056	0.02	0.99	24.51	0.81	40.94	0.90

（续表）

样地号	取样深度/cm	pH 值	全氮/%	全磷/%	全钾/%	碱解氮/(mg·kg⁻¹)	有效磷/(mg·kg⁻¹)	速效钾/(mg·kg⁻¹)	有机质/%
2	0~25	5.83	0.046	0.03	0.91	20.62	2.90	37.97	1.17
	25~45	6.25	0.054	0.01	0.10	16.76	0.86	39.26	0.57
3	0~25	5.31	0.077	0.03	1.05	42.13	0.94	49.27	1.14
	25~45	5.34	0.068	0.03	0.87	42.77	1.09	35.68	0.87
4	0~25	5.76	0.066	0.05	0.98	27.15	3.12	58.79	0.99
	25~45	6.00	0.049	0.03	0.75	16.03	0.97	29.76	0.89
5	0~25	6.12	0.047	0.06	0.82	10.37	1.84	70.58	0.60
	25~45	6.20	0.058	0.05	1.13	10.31	0.37	81.23	0.56
6	0~25	6.16	0.071	0.05	0.99	28.63	1.20	37.00	0.64
	25~45	6.26	0.052	0.03	1.21	21.24	1.07	43.62	0.52
7	0~25	6.40	0.071	0.05	0.10	27.15	1.17	41.17	0.60
	25~45	6.40	0.082	0.03	0.13	21.50	0.93	47.49	0.54
8	0~25	5.80	0.081	0.03	0.81	57.32	1.00	41.64	1.14
	25~45	6.17	0.079	0.02	0.88	55.26	1.10	47.69	0.98
9	0~25	5.30	0.059	0.03	0.98	29.92	1.04	28.80	0.93
	25~45	5.63	0.092	0.02	1.25	28.69	1.67	59.87	0.89
10	0~25	5.66	0.066	0.05	1.10	32.77	0.97	40.44	1.27
	25~45	5.77	0.051	0.03	1.22	20.23	1.33	48.28	0.72
11	0~25	5.85	0.065	0.02	0.97	31.16	0.79	42.34	0.91
	25~45	6.01	0.048	0.01	1.12	18.24	0.96	35.40	0.54
12	0~25	5.87	0.062	0.02	1.14	35.53	0.70	38.60	0.86
	25~45	6.48	0.064	0.01	1.10	21.36	0.79	56.16	0.67
13	0~25	6.02	0.078	0.02	0.71	49.76	0.63	61.42	0.72
	25~45	6.24	0.105	0.02	0.91	34.45	0.88	44.40	1.41
14	0~25	5.81	0.049	0.03	0.90	25.83	0.94	47.60	0.57
	25~45	5.87	0.054	0.02	1.09	24.80	0.92	59.61	0.65
15	0~25	6.48	0.035	0.01	0.66	13.54	0.97	22.98	0.42
	25~45	6.26	0.035	0.01	0.66	17.37	0.86	26.20	0.37

注：样地号1、2、3、4、5、6、7、8、9、10、11、12、13、14、15分别代表赤桉×新银合欢、赤桉×苏门答腊金合欢、苏门答腊金合欢、新银合欢、赤桉、柠檬桉×新银合欢、柠檬桉、印楝、大叶相思、台湾相思、绢毛相思、马占相思、磨河点印楝对照样地、岭庄点对照、小横山点对照样地，其中1~7号和15号样地位于小横山点，8号和13号样地位于磨河点，9~12号和14号样地位于岭庄点。

不同林分的林地土壤全氮、全磷、全钾和有机质含量均较对照有所增加，尤其是表层土壤的全氮和有机质含量增幅较大（表6-1）。就参试树种林分而言，较对照样地有明显增加，赤桉纯林、柠檬桉纯林，以及几个相思类树种林地的土壤有机质含量也有明显增加，印楝林地表层土壤有机质含量略有增加，下层土壤则降低。其中，小横山点苏门答腊金合欢纯林、赤桉×苏门答腊金合欢混交林、赤桉×新银合欢混交林等林地表层土壤有机质含量平均为1.19%，比对照样地增加了183.3%，赤桉×新银合欢混交林增幅最大。印楝纯林的全氮、全钾、有机质、碱解氮和有效磷含量高于对照；相思类树种林地除有效钾含量和有些树种下层土壤的碱解氮含量稍低外，其他测定项目均高于对照。相比较而言，赤桉、柠檬桉、柠檬桉×新银合欢等林地的有关分析测定指标虽较对照有所提高，但提高幅度不大，赤桉纯林地的土壤碱解氮含量还较对照有较大降低。从这些结果可以看出，养分元素的积累和提高与树种关系非常大。桉属树种纯林地的养分积累最少，其次是印楝，同为含羞草科植物，但相思类树种不如新银合欢和苏门答腊金合欢对林地养分元素积累的作用大，赤桉通过与这2个树种营造混交林，林地土壤的各种养分元素含量都有较大幅度的提高。3种桉树提高土壤肥力的作用不如其他树种，可能与植株生长较快、养分消耗多、枯枝落叶少有关。

因此，在干热河谷与小叶型的豆目树种营造混交林，对提高林地土壤的各种养分元素含量，尤其是提高林地表层土壤肥力具有较明显的作用，其土壤改良效果比单一树种的纯林好。而各树种的纯林之间比较，苏门答腊金合欢好于新银合欢，大叶相思等好于印楝和赤桉，几种桉树对提高土壤养分元素的作用相对较低。桉树之间和相思类树种之间的差异不大，马占相思林地有机质积累稍低于其他3种相思类林地。据何毓蓉等（1997）研究，元谋干热河谷的燥红土和变性燥红土的全氮、全磷、全钾、碱解氮、速效钾含量的变幅分别为0.03% ~ 0.06%、0.01% ~ 0.03%、1.18% ~ 2.60%、1.50 ~ 32.00 mg·kg^{-1}、16.00 ~ 23.00 mg·kg^{-1}，有效磷未检出。与本研究相比，恢复多年的人工植被对提高干热河谷退化土壤的氮、磷、钾含量有明显效果，多数树种林地的全氮和有效氮含量均有所提高，尤其是有机质、全氮、有效磷、速效钾含量的提高效果比较明显。通常燥红土中的全钾和速效钾含量均比较丰富，表土层最高可达140.08 mg·kg^{-1}，最低达到19.63 mg·kg^{-1}，而参试树种林地表层土壤的速效钾含量平均为43.05 mg·kg^{-1}，与何毓蓉等（1997）的研究结果基本一致。由于地质的原因和气候变迁的影响，加上该地区气候炎热干旱，降雨稀少，钾在土壤中不易被淋溶，因而这一地区土壤中有大量的钾元素富积。

6.1.3 金沙江干热河谷土壤微生物性质

在土壤生态系统中存在着大量的微生物，它们在土壤的物质转化和能量流动中起着重要的作用。它们参与土壤有机质分解和腐殖质形成过程，以及土壤养分转化和各生化过程。土壤微生物的种类组成及其数量的变化，不仅反映林地土壤肥力状况，也是反映退化土壤恢复程度的重要指标。土壤微生物一方面对土壤有机质起分解作用，使有机物质转化成有效养分；另一方面对土壤中的无机营养元素起固持和保蓄作用，微生物量越大，土壤保肥作用越强，并使土壤养分趋于积累。因此，土壤微生物量是植物矿质养分的源和汇，是稳定态养分转变为有效态养分的催化剂。土壤微生物量作为土壤有机质的活性部分，是参与调控土壤中能量和养分循环以及有机物质转化所对应微生物的数量，反映了土壤的同化和矿化能力。土壤微生物量与土壤总有机碳相比，活性强，反应迅速，对土壤变化的敏感性强，能有效地指示土壤养分的变化。土壤微生物是有机物质的分解者，对保持土壤肥力和生态系统的物质循环具有重要意义，其数量的减少意味着生态系统物质转换和能量循环过程的受阻。土壤微生物量对土壤中碳、氮、磷的循环和植物有效性的作用：土壤微生物量中所含的碳、氮和磷是植物养料的储备库，且与土壤有机碳、有效氮和磷之间存在一定的平衡关系，对土壤碳、氮、磷和植物有效性在一定程度上起着支配作用；土壤微生物对土壤有机质的矿化和转化作用是土壤有效氮和磷的重要来源。

对各树种林地的分析测定表明，在干热河谷，土壤微生物最多的是细菌，其次是放线菌，真菌最少。而土壤微生物的种类和数量与树种有密切关系，同时与土壤深度有很大关系，有些土壤微生物在土壤表层较少，而另一类则较多。许多菌根菌属于真菌类微生物，对植物的生长和抗旱具有重要作用，因而，干热河谷林地的真菌数量，可能对该地区的退化土壤恢复具有重要的积极意义。潘超美（1998）的研究与本研究相比，广东南亚热带地区人工林地的土壤微生物总量是干热河谷人工林地的几十甚至上百倍，而且放线菌的数量比较少，一般都在20%以下，但干热河谷表层土壤中的放线菌占总微生物量的20%~50%。放线菌在干燥土壤比在湿润土壤中更常出现，如果供水受到限制，而温度在28℃以上，它们可能成为微生物区系的优势成员。说明该地区气候土壤环境恶劣，而放线菌对此不良环境有较强的适应能力。

从各林分土壤微生物测定的结果看（表6-2），绝大多数林地表层土壤的细菌数量占土壤微生物总量的60%以上，但低于华南红壤或赤红壤地区人工林地（80%~95%）。如果与对照样地对比，小横山点7个类型的林地，只有赤桉纯林地的土壤微生物总量低于对照，其他林地都有不同程度的增加，而柠檬桉×新银合欢、柠檬桉、苏门答腊金合欢纯林，以及赤桉×苏门答腊金合欢混交林林地增幅最大，尤其表层土壤的微生物总量增加最多。虽然赤桉纯林地的细菌和放线菌数量都比对照低，但表层土壤的真菌数量有较大增加，比对照样地提高30余倍，比苏门答腊金合欢营造的混交林提高44倍。磨河点的印楝林地和岭庄点的4种相思类林地，无论是表层土壤还是下层土壤，其微生物总量均较对照样地有较大降低；印楝林地除下层土壤的真菌数量稍高于对照外，上、下两层土壤的其他微生物种类数量明显低于对照样地；4种相思类林地无论上层土壤还是下层土壤，其中的微生物总量都大大低于对照样地。

表6-2　金沙江干热河谷不同人工林土壤微生物

样地号	土层厚度/cm	微生物总量		细菌		放线菌		真菌	
		总量/($\times 10^4$个·g^{-1})	比例/%	总量/($\times 10^4$个·g^{-1})	比例/%	总量/($\times 10^4$个·g^{-1})	比例/%	总量/($\times 10^4$个·g^{-1})	比例/%
1	0~25	410.33	100.0	295.58	72.03	101.42	24.72	13.33	3.25
	25~45	176.23	100.0	159.45	90.48	15.22	8.64	1.56	0.89

（续表）

样地号	土层厚度/cm	微生物总量		细菌		放线菌		真菌	
		总量/(×10⁴个·g⁻¹)	比例/%	总量/(×10⁴个·g⁻¹)	比例/%	总量/(×10⁴个·g⁻¹)	比例/%	总量/(×10⁴个·g⁻¹)	比例/%
2	0~25	431.11	100.0	208.33	48.32	214.32	49.71	8.46	1.96
	25~45	781.88	100.0	751.00	96.05	29.04	3.71	1.84	0.24
3	0~25	754.23	100.0	583.33	77.34	159.83	21.19	11.07	1.47
	25~45	341.36	100.0	271.05	79.40	68.50	20.07	1.81	0.53
4	0~25	532.28	100.0	186.25	34.99	335.00	62.94	11.03	2.07
	25~45	281.08	100.0	233.83	83.19	45.92	16.34	1.33	0.47
5	0~25	250.22	100.0	155.50	62.15	89.00	35.57	5.72	2.29
	25~45	59.87	100.0	30.50	50.94	28.72	47.97	0.65	1.09
6	0~25	699.80	100.0	455.00	65.02	232.44	33.22	12.36	1.77
	25~45	535.61	100.0	487.50	91.02	47.26	8.82	0.85	0.16
7	0~25	603.41	100.0	407.00	67.45	185.31	30.71	11.10	1.84
	25~45	474.52	100.0	428.16	90.23	40.38	8.51	1.26	0.26
8	0~25	328.52	100.0	160.85	48.96	166.34	50.63	1.33	0.40
	25~45	253.19	100.0	151.67	59.90	99.92	39.46	1.60	0.63
9	0~25	256.36	100.0	206.39	80.51	47.75	18.63	2.22	0.87
	25~45	225.73	100.0	105.33	46.66	118.15	52.34	2.25	1.00
10	0~25	439.68	100.0	335.65	76.34	99.94	22.73	4.09	0.93
	25~45	247.35	100.0	122.98	49.72	121.56	49.14	2.81	1.14
11	0~25	372.27	100.0	301.95	81.11	67.96	18.26	2.36	0.63
	25~45	298.43	100.0	142.14	47.63	154.02	51.61	2.27	0.76
12	0~25	309.85	100.0	257.18	83.00	51.09	16.49	1.57	0.51
	25~45	244.19	100.0	114.65	46.95	128.50	52.62	1.04	0.43
13	0~25	1383.49	100.0	1 049.73	75.88	326.51	23.60	7.25	0.52
	25~45	487.20	100.0	331.06	67.95	155.25	31.87	0.89	0.18
14	0~25	1257.61	100.0	856.44	68.10	397.50	31.61	3.67	0.29
	25~45	887.23	100.0	778.89	87.79	106.67	12.02	1.67	0.19
15	0~25	269.66	100.0	152.22	56.45	117.25	43.48	0.19	0.07
	25~45	152.38	100.0	62.67	42.13	86.54	56.79	3.17	0.08

注：样地号1、2、3、4、5、6、7、8、9、10、11、12、13、14、15分别代表赤桉×新银合欢、赤桉×苏门答腊金合欢、苏门答腊金合欢、新银合欢、赤桉、柠檬桉×新银合欢、柠檬桉、印棟、大叶相思、台湾相思、绢毛相思、马占相思、磨河点印棟对照样地、岭庄点对照、小横山点对照样地，其中1~7号和15号样地位于小横山点，8号和13号样地位于磨河点，9~12号和14号样地位于岭庄点。

各林地土壤微生物数量的差异，可能与树种的生物学特性、林下土壤干燥和裸露、大叶型树种的枯枝落叶在干旱环境中不易分解并且容易被河谷风吹出林地，以及样地所处的位置有关。林地缺少有效养分的归还，林下植被稀少，林地内空旷，仍有相当程度的地表径流发生，加上有些树种含有杀菌物质，使林地微环境不利于微生物的生存繁殖，林地土壤微生物数量难以大量繁衍。柠檬桉的微生物数量有较大增加，可能与林地靠近村庄和主干道有关，其所处位置可能有利于微生物的传播和繁殖增长。

土壤微生物的这一分布格局，与各种人工林对林地土壤物理和化学性质的影响有明显的相似性，苏门答腊金合欢和新银合欢纯林、赤桉×苏门答腊金合欢或赤桉×新银合欢、柠檬桉×新银合欢混交林等林地土壤养分元素有较大的积累，对增加土壤微生物数量有明显的效果。可能在干热河谷一般具小型叶片的豆目树种对提高土壤微生物数量，尤其是提高细菌和真菌的数量有明显的作用。另外，观测结果也显示，所有参试树种的人工恢复植被，无论土壤中细菌和放线菌的数量是增加还是减少，真菌数量均明显增加。从生态系统恢复的角度看，虽然有些林地的微生物总量与对照的荒山荒地相比有所减少，但有的微生物类群的数量却得到了较大增加。这可以作为人工植被恢复的重要成果之一，表明随着植被的恢复，退化土壤也逐步得到恢复，肥力正在不同程度地提高，有利于土壤微生物生殖繁衍的环境正在恢复和形成。同时，在这个过程中有些树种（如小叶型的苏门答腊金合欢、新银合欢等）对于提高土壤微生物数量具有较大的作用。启示人们在干热河谷进行人工植被恢复中，一定要重视人工植物群落的物质循环，尽量营造人工复合植物群落，尤其是非豆目树种要，尽可能与小叶型并且枯枝落叶量较大的豆目树种营造混交林。

6.1.4　金沙江干热河谷土壤土壤肥力综合评价

根据各单项肥力指标的代表性和对植被影响的主导性，选择 2 个土层各肥力因子测定数据的平均值，来综合反映和考察各造林树种对林地土壤的改良效果，采用模糊数学的隶属度函数法，建立不同树种人工林地的土壤综合肥力恢复评价指标体系（表6-3）。由于土壤肥力因子变化具有连续性，故各评价指标采用具连续性质的隶属度函数，并从主成分因子负荷量值的正负性，确定隶属度函数分布的升降性，这与各因子对植被的效应相符合。根据降型分布函数计算各处理土壤肥力因子的隶属度值。以往研究普遍采用专家打分来确定各单项肥力指标的权重系数。为避免人为影响，本研究运用 SPSS 软件对各处理土壤肥力因子的隶属度值进行因子分析，以计算公因子方差，确定权重系数。因子分析结果显示，前 6 个公因子对总方差的累积贡献率达 88.58%，经公因子旋转得公因子载荷矩阵，然后计算土壤各肥力指标公因子方差，其值表示对土壤肥力总体变异的贡献。再根据公因子方差值来计算并确定各指标权重值（表6-4）。根据模糊数学中的加乘法原则，求得土壤肥力综合评价指标（IFI 值），计算结果见表6-5。

表 6-3 金沙江干热河谷林分土壤肥力指标

指标	样地号														
	1	2	3	4	5	6	7	15	8	13	9	10	11	12	14
土壤容重/(g·cm⁻³)	1.580	1.545	1.555	1.585	1.495	1.500	1.570	1.705	1.415	1.530	1.520	1.595	1.495	1.565	1.575
总孔隙度/%	37.700	38.855	41.670	36.065	40.465	40.670	37.135	33.305	44.815	35.920	38.050	38.310	41.845	36.290	33.305
毛管孔隙度/%	30.300	33.515	33.580	31.575	30.535	33.840	30.385	37.215	33.610	27.020	28.210	31.555	34.425	30.300	29.535
非毛管孔隙度/%	7.400	5.340	8.090	4.490	9.935	6.825	6.325	3.770	11.205	8.885	10.260	7.200	7.420	5.955	3.770
土壤饱和含水量/%	24.165	25.515	26.920	22.795	27.645	27.475	22.725	19.595	31.745	21.580	23.210	25.035	27.975	23.335	19.595
土壤毛管持水量/%	18.845	21.540	21.030	19.460	19.765	20.400	18.900	16.970	22.405	15.425	16.565	20.630	19.835	18.410	16.970
土壤田间持水量/%	9.015	8.310	9.420	8.820	7.850	7.820	8.115	7.655	7.165	6.645	6.610	6.615	7.350	7.345	7.595
土壤含水量/%	19.350	22.045	21.690	19.960	20.470	22.720	19.545	17.390	23.745	16.190	16.865	21.190	22.970	19.515	17.390
pH值	5.780	6.040	5.330	5.880	6.160	6.210	6.400	6.370	5.470	5.720	5.930	6.180	6.130	5.840	6.370
全氮/%	0.066	0.050	0.073	0.058	0.053	0.062	0.077	0.035	0.076	0.059	0.057	0.063	0.092	0.052	0.035
全磷/%	0.025	0.020	0.030	0.035	0.055	0.040	0.040	0.001	0.025	0.040	0.015	0.020	0.020	0.025	0.010
全钾/%	1.025	0.505	0.960	0.865	0.975	1.100	0.115	0.660	1.115	1.160	1.045	1.120	0.810	0.995	0.660
速效氮/(mg·kg⁻¹)	30.970	18.690	42.450	21.590	10.340	24.935	24.325	17.370	29.305	26.500	24.700	28.445	42.105	25.315	15.455
有效磷/(mg·kg⁻¹)	0.825	1.880	1.015	2.045	1.105	1.135	1.050	0.915	1.355	1.150	0.875	0.745	0.755	0.930	0.915
速效钾/(mg·kg⁻¹)	52.005	38.615	42.475	44.275	75.905	40.310	44.330	26.200	44.335	44.360	38.870	47.380	52.910	53.605	24.590
有机质/%	1.080	0.870	1.005	0.940	0.580	0.580	0.570	0.395	0.910	0.995	0.725	0.765	1.065	0.610	0.395
磷酸酶/(mg·g⁻¹)	56.560	64.580	83.115	64.205	2.365	71.100	2.595	44.155	69.115	51.910	95.405	99.160	67.595	39.445	53.710
蔗糖酶/(mL·g⁻¹)	0.705	0.775	0.815	0.740	0.735	0.695	0.185	0.700	0.450	0.700	0.770	0.735	0.530	0.175	0.595
脲酶/(mg·kg⁻¹)	0.346	0.444	0.804	0.416	1.540	0.652	1.596	0.486	1.706	1.221	0.152	0.174	2.080	2.525	4.995

（续表）

指标	样地号														
	1	2	3	4	5	6	7	15	8	13	9	10	11	12	14
蛋白酶/ (mg·g⁻¹)	56.255	64.580	83.115	64.205	2.365	71.100	2.595	69.115	95.405	99.160	67.595	39.445	51.910	53.710	44.155
过氧化氢酶/ (mg·kg⁻¹)	0.070	0.078	0.081	0.074	0.074	0.070	0.018	0.045	0.077	0.074	0.053	0.018	0.070	0.060	0.070
多酚氧化酶/ (mL·g⁻¹)	3.465	4.435	8.045	4.165	15.400	6.520	15.955	17.060	1.525	1.740	2.080	2.525	12.210	4.995	4.860
细菌/ (×10⁴个·g⁻¹)	227.515	479.665	427.190	210.040	93.000	471.250	417.580	156.260	155.860	229.315	222.045	185.915	690.395	817.665	107.445
放线菌/ (×10⁴个·g⁻¹)	58.320	121.680	114.165	190.000	58.860	139.850	112.845	133.130	82.950	110.750	110.990	89.795	240.880	243.085	101.895
真菌/ (×10⁴个·g⁻¹)	7.445	5.150	6.440	6.180	3.185	6.605	6.180	1.465	2.235	3.450	2.315	1.305	4.070	2.670	1.680

注：样地号1、2、3、4、5、6、7、8、9、10、11、12、13、14、15分别代表赤桉×苏门答腊金合欢、赤桉×新银合欢、苏门答腊金合欢、新银合欢、柠檬桉×新银合欢、柠檬桉、印楝、大叶相思、台湾相思、绢毛相思、马占相思、赤桉、苏门答腊金合欢对照样地、岭庄对照样地、小横山点对照样地，其中1~7号样地位于小横山点，8号和13号样地位于磨河点，9~12号样地和14号样地位于岭庄点。

表6-4　金沙江干热河谷林地土壤肥力因子的隶属度值、公因子方差和权重值

指标	小横山点							磨河点			岭庄点					公因子方差	加权系数
	1	2	3	4	5	6	7	15	8	13	9	10	11	12	14		
土壤容重	0.414	0.552	0.517	0.414	0.724	0.707	0.466	0.000	1.000	0.603	0.638	0.379	0.724	0.483	0.448	0.853	0.037
总孔隙度	0.382	0.482	0.727	0.240	0.622	0.640	0.333	0.000	1.000	0.227	0.412	0.435	0.742	0.259	0.000	0.980	0.043
毛管孔隙度	0.322	0.637	0.643	0.447	0.345	0.669	0.330	1.000	0.646	0.000	0.117	0.445	0.726	0.322	0.247	0.952	0.042
非毛管孔隙度	0.488	0.211	0.581	0.097	0.829	0.411	0.344	0.000	1.000	0.688	0.873	0.461	0.491	0.294	0.000	0.936	0.041
土壤饱和含水量	0.376	0.487	0.603	0.263	0.663	0.649	0.258	0.000	1.000	0.163	0.298	0.448	0.690	0.308	0.000	0.993	0.043
土壤毛管持水量	0.490	0.876	0.803	0.578	0.622	0.713	0.498	0.221	1.000	0.000	0.163	0.746	0.632	0.428	0.221	0.956	0.042
土壤田间持水量	0.856	0.605	1.000	0.787	0.441	0.431	0.536	0.372	0.198	0.013	0.000	0.002	0.263	0.262	0.351	0.898	0.039

（续表）

指标	小横山点								磨河点			岭庄点				公因子方差	加权系数
	1	2	3	4	5	6	7	15	8	13	9	10	11	12	14		
土壤含水量	0.418	0.775	0.728	0.499	0.567	0.864	0.444	0.159	1.000	0.000	0.089	0.662	0.897	0.440	0.159	0.983	0.043
pH值	0.579	0.336	1.000	0.486	0.224	0.178	0.000	0.028	0.869	0.636	0.439	0.206	0.252	0.523	0.028	0.852	0.037
全氮	0.544	0.263	0.667	0.404	0.316	0.474	0.737	0.000	0.719	0.421	0.386	0.491	1.000	0.298	0.000	0.922	0.040
全磷	0.444	0.352	0.537	0.630	1.000	0.722	0.722	0.000	0.444	0.722	0.259	0.352	0.352	0.444	0.167	0.863	0.038
全钾	0.871	0.373	0.809	0.718	0.823	0.943	0.000	0.522	0.957	1.000	0.890	0.962	0.665	0.842	0.522	0.832	0.036
速效氮	0.449	0.182	0.699	0.249	0.000	0.318	0.304	0.153	0.413	0.352	0.313	0.394	0.691	0.326	0.111	0.965	0.042
有效磷	0.062	0.873	0.208	1.000	0.277	0.300	0.235	0.131	0.469	0.312	0.100	0.000	0.008	0.142	0.131	0.852	0.037
速效钾	0.534	0.273	0.349	0.384	1.000	0.306	0.385	0.031	0.385	0.385	0.278	0.444	0.552	0.565	0.000	0.886	0.039
有机质	1.000	0.693	0.891	0.796	0.270	0.270	0.256	0.000	0.752	0.876	0.482	0.540	0.978	0.314	0.000	0.844	0.037
酸性磷酸酶	0.560	0.643	0.834	0.639	0.000	0.710	0.002	0.432	0.690	0.512	0.961	1.000	0.674	0.383	0.530	0.955	0.042
蔗糖酶	0.829	0.938	1.000	0.883	0.876	0.813	0.020	0.821	0.432	0.821	0.930	0.876	0.557	0.005	0.658	0.910	0.040
脲酶	0.134	0.202	0.452	0.183	0.962	0.346	1.000	0.231	1.077	0.741	0.000	0.015	0.039	0.069	0.241	0.982	0.049
蛋白酶	0.557	0.643	0.834	0.638	0.000	0.710	0.002	0.690	0.961	1.000	0.674	0.383	0.512	0.530	0.432	0.935	0.041
过氧化氢酶	0.829	0.938	1.001	0.884	0.876	0.813	0.016	0.430	0.930	0.876	0.555	0.000	0.821	0.657	0.821	0.894	0.039
多酚氧化酶	0.125	0.187	0.420	0.170	0.893	0.322	0.929	1.000	0.000	0.014	0.036	0.064	0.688	0.223	0.215	0.965	0.042
细菌	0.186	0.534	0.461	0.162	0.000	0.522	0.448	0.087	0.087	0.188	0.178	0.128	0.824	1.000	0.020	0.894	0.039
放线菌	0.000	0.343	0.302	0.713	0.003	0.441	0.295	0.405	0.133	0.284	0.285	0.170	0.988	1.000	0.236	0.919	0.040
真菌	1.000	0.626	0.836	0.794	0.306	0.863	0.794	0.026	0.152	0.349	0.165	0.000	0.450	0.222	0.061	0.905	0.040

注：样地号1、2、3、4、5、6、7、8、9、10、11、12、13、14、15分别代表赤桉×赤桉×新银合欢、赤桉×苏门答腊金合欢、新银合欢、柠檬桉×新银合欢、柠檬桉、印楝、大叶相思、台湾相思、马占相思、绢毛相思、大叶相思、印楝、磨河点印楝对照样地、岭庄点对照、小横山点对照样地。

表 6-5　金沙江干热河谷土壤肥力综合指标值（IFI 值）

指标	小横山点								磨诃点		岭庄点				
	1	2	3	4	5	6	7	15	8	13	9	10	11	12	14
IFI 值	0.448	0.455	0.592	0.479	0.422	0.521	0.347	0.144	0.596	0.566	0.580	0.396	0.323	0.313	0.388
与对照比较/%	3.11	3.15	4.11	3.32	2.93	3.61	2.41	1.00	1.05	1.00	1.49	1.02	0.83	0.81	1.00

注：样地号 1、2、3、4、5、6、7、8、9、10、11、12、13、14、15 分别代表赤桉×新银合欢、赤桉×苏门答腊金合欢、苏门答腊金合欢、新银合欢、赤桉、柠檬桉×新银合欢、柠檬桉、印楝、大叶相思、台湾相思、绢毛相思、马占相思、磨诃点印楝对照样地、岭庄点对照、小横山点对照样地。

　　虽然从各参试树种类林地土壤肥力的具体指标考察，其数值有增有减，有的指标不如对照荒地高，但多元统计分析结果显示，除造林 7 a 后植株迅速死亡的绢毛相思林地和造林保存率最低的马占相思林地外，其他参试树种林地的 IFI 值均高于相应的对照样地。表明在干热河谷人工恢复退化植被，随着时间的推移，这些林地的退化土壤正在得到逐步恢复。虽然从许多单个因子测定的结果看，岭庄点各相思类树种对林地表层土壤的改良效果不如对照样地，但对 25~45 cm 层还是具有一定的土壤改良作用，而且各相思类林地的 IFI 值差异较大，反映出此类树种因各自的生长差异，对退化土壤肥力的恢复作用各有不同。最高的土壤肥力综合指数达到对照样地的 1.49 倍（大叶相思），最低的只有对照样地的 81%（马占相思林地），绢毛相思林地也只有 83%。印楝林地土壤肥力综合指数 IFI 值虽然最高，达到 0.596，但只比对照样地提高了 5%。相比之下，小横山点的各树种林地的土壤综合肥力提高幅度最大，都为对照林地的 2 倍以上，总体上对退化土壤的恢复作用较大，尤其是苏门答腊金合欢的恢复作用最大，土壤肥力综合指数达到对照样地的 4.11 倍。根据各树种林地的土壤肥力综合指数，与各自对照样地的 IFI 值的比值大小排序，得出如下结果：苏门答腊金合欢>柠檬桉×新银合欢>新银合欢>赤桉×苏门答腊金合欢>赤桉×新银合欢>赤桉>柠檬桉>大叶相思>印楝>台湾相思>绢毛相思>马占相思>人工补造的车桑子-黄茅次生灌草丛。

　　从上述排序可以明显看出，苏门答腊金合欢、新银合欢等小叶型豆目树种对土壤综合肥力的恢复作用更大，赤桉、柠檬桉纯林的作用均不如与苏门答腊金合欢、新银合欢共同营造的混交林。比小横山点造林晚 1 a 的相思类树种，可能是对照样地的土壤综合肥力就比较高，原来种过 3 a 的木豆，加之相思类树种的树叶厚大，在林内不易积累和腐烂分解，干热河谷的腐殖化过程较弱，因而对地表土壤的改良作用和促进林地自肥等方面的作用相对较差。研究结果充分显示，在干热河谷植被严重退化地区进行人工恢复植被后，多数所选择营造的树种对干热河谷退化土壤的物理性质、化学性质、微生物和酶活性等土壤肥力因素的提高有较大促进作用，林地自肥效果比较明显。造林 10 余年后，多数林地土壤的容重降低，总孔隙度和非毛管孔隙度增加，土壤物理性质有了较大改善，尤以苏门答腊金合欢、新银合欢及其有关混交林的改良效果为佳。各类人工植被对提高土壤养分含量有比较明显的效果，尤其是土壤全磷、全钾和有机质含量提高幅度最大。同时，土壤微生物数量和土壤酶活性有较大增加，虽然各树种对林地土壤酶活性的影响存在不同程度的差异，但恢复人工植被后，退化土壤的综合肥力正在得到逐步恢复和提高，表明人工恢复植被对恢复干热河谷退化土壤的综合肥力具有重要作用。而且，各类树种的作用差异比较明显。在上述参试树种当中，小叶型豆目树种对土壤综合肥力的恢复效果明显好于桉属树种，桉属树种与豆目树种苏门答腊金合欢、新银合欢营造的混交林地，其土壤综合肥力的恢复效果好于单一树种营造的纯林；新银合欢纯林及其与桉树（赤桉、柠檬桉）的混交林，苏门答腊金合欢与桉树（赤桉、柠檬桉）的混交林，对提高上、下两层土壤的综合肥力均有较好的效果，其中对提高土壤有机质和氮、磷元素含量及土壤酶活性的效果更为突出。各类豆目树种在恢复土壤综合肥力方面各具特点。灌木树种苏门答腊金合欢恢复上、下两层土壤综合肥力的效果最好，而相思类树种对林地土壤综合肥力的恢复作用主要体现在 25~45 cm 土层。

综合各树种对退化土壤综合肥力的影响和作用，一般造林保存率高而生长期长的树种，对干热河谷退化土壤综合肥力的恢复效果更好；造林保存率高而生长期长的豆目树种，对干热河谷退化土壤综合肥力的恢复效果比其他科、属树种更好；造林密度小或保存低，或生长期短的树种，对退化土壤综合肥力的恢复效果较差。而豆目小叶型乔灌木树种的土壤综合肥力恢复作用大于同科、属的乔灌木树种和其他科、属的乔灌木树种，这是本研究特别值得强调的方面。为了加速干热河谷退化植被和退化土壤的恢复，应考虑选择土壤改良效果大、提高退化土壤肥力作用明显的小叶型豆目树种，尤其是选择那些适应干热河谷气候环境树种。另外，若营造大叶型豆目乔灌木树种或其他科、属的乔灌木树种，最好与小叶型的豆目树种营造混交林，尤其是在营造桉类树种时，应该与小叶型的豆目树种营造混交林。

虽然本研究没有专门跟踪监测植被恢复时间对土壤肥力恢复的影响，但从木豆和绢毛相思林地的土壤综合肥力指数和恢复效果评价中可以看出，这些生长期较短的树种，对干热河谷退化土壤综合肥力的恢复效果相对较差。目前该地区存在的大面积植被稀少、干旱贫瘠、土壤肥力很低的近乎荒漠化的土地，肯定是时间比较漫长的退化过程的结果。要真正恢复这些退化土壤的肥力和在这样的土地上真正恢复植被，既要有良好的林地生产力，又要使该地区的退化生态系统走上良性循环的轨道，尤其是恢复以乡土乔灌木树种为主的乡土植被，可能需要一个较长的时间过程。

6.2　金沙江干热河谷土壤酶活性

6.2.1　土壤酶活性研究意义

土壤中一切生化反应，实际上都是在土壤酶的参与下进行的，土壤酶活性反映了土壤中各种生化反应进行的程度和方向，它是土壤的本质属性之一。酶是土壤生态系统代谢的一类重要动力，土壤中所进行的一切生物学和化学过程都要由酶的催化作用才能完成。土壤酶是土壤中具有生物活性的蛋白质，它与土壤微生物一起共同推动着土壤的生物化学过程，土壤酶在有机残体分解和某些无机化合物转化的初始阶段起着不可忽视的作用，对土壤肥力的演化具有重要的影响。土壤酶活性与土壤质量的很多理化指标以及土壤生物数量和生物多样性相互联系，并受到土壤有机-无机复合体保护，具有一定的稳定性，能够较全面地、灵活可靠地反映土壤生物学肥力质量变化和判别胁迫环境以及人为扰动下土壤生态系统的早期预警，在一定程度上比静态的土壤理化性质更有实际意义。大量研究表明，土壤酶活性与土壤水热状况、碳水化合物含量、有机-无机复合体特征，以及营林抚育措施等密切相关，是土壤肥力的一个重要指标（李勇，1989）。土壤中积累的酶，主要是由高等植物根系顶端和微生物在其生命过程中向土壤分泌的，或是微生物死后细胞裂解而释放出的，此外也来源于动植物活体及其残体（Tilman 等，2000）。

6.2.2　金沙江干热河谷土壤酶活性特征

2021 年在金沙江干热河谷核心区——云南省元谋县大哨林场内，采用空间代替时间的研究方法探究新银合欢以超强入侵能力不断扩散进入灌草丛后在时间尺度上形成不同人工林阶段的生态过程，包括天然灌草丛阶段（CK）、新银合欢入侵 5 a 阶段（P5）、新银合欢入侵 10 a 阶段（P10）和新银合欢入侵 25 a 阶段（P25）。对不同阶段新银合欢人工林土壤酶活性进行研究。

土壤碳水解酶活性，包括 α-葡萄糖苷酶（AG）活性、β-1,4-葡萄糖苷酶（BG）活性、纤维素二糖水解酶（CB）活性和 β-1,4-木糖苷酶（XS）活性，随土层变化的趋势一致，表现为 0~10 cm 土层的碳水解酶活性显著高于其他 3 个土层。新银合欢人工林生长过程中 AG 活性的变化差异不显著。P10 阶段的 BG 活性最低。CB 活性在新银合欢不同林龄阶段的变化为 P10 阶段最低。新银合欢人工林不同林龄阶段 XS 活性的变化表现为 P10 阶段最低。

新银合欢人工林不同林龄阶段土壤多酚氧化酶（POX）活性在土壤各个土层内变化差异不显著。在不同林龄阶段，POX 活性在 P5 阶段表现最低，变化范围在 21.28~30.30 $\mu mol \cdot g^{-1} \cdot h^{-1}$。在不同土层深度，POX 活性在新银合欢人工林不同林龄阶段变化趋势不一致。表层（0~10 cm）土壤 POX 活性表现为 P25 阶段>P10 阶段>P5 阶段，在 10~50 cm 土层中 POX 活性表现为 P10 阶段>P25 阶段>P5 阶段。过氧化氢酶（CAT）活性在不同土壤深度的变化与 POX 活性一致，CAT 活性在 CK 阶段表现最低，变化范围在 26.29~29.13 $\mu mol \cdot g^{-1} \cdot h^{-1}$，在 P10 阶段表现最高。

碳酶活性质量指数（CQI）随土层深度的增加呈现上升趋势。CK 阶段 CQI 变化范围为 0.46~0.55，P5 阶段变化范围为 0.37~0.50，P10 阶段变化范围为 0.43~0.59，P25 阶段为 0.43~0.67，均在 30~50 cm 土层最大，在 0~10 cm 土层最小。CQI 随新银合欢林龄的增大呈现增加的趋势，但这种变化趋势不显著（$P=0.390$），表现为 P10 和 P25 阶段高于 P5 阶段。与 CK 阶段相比，P5 阶段 CQI 较低，但 CK、P10 和 P25 阶段的 CQI 差异不明显。

土壤微生物是土壤有机质分解和周转的主要驱动因素，在土壤碳循环中发挥重要作用（吴金水等，2006）。其分泌的胞外酶活性随着土层深度的增加而降低，导致有机质分解和矿化速率降低（Gartzia-Bengoetxea 等，2016）。本研究 4 种土壤碳水解酶在土壤剖面上具有明显的层次性，均为表层土壤高于深层土壤，这与庞丹波（2019）的研究结果相似。而土壤氧化酶则相反，同时 CQI 在土壤垂直剖面上自上而下呈现上升趋势，这些结果均表明土壤表层主要聚集活性碳组分。CQI 越大表明土壤中难分解碳的相对丰度越高（Hill 等，2018）。本研究结果发现，CQI 在中龄林阶段较高，表明中龄林阶段土壤难降解碳相对比例高，中龄林阶段土壤碳具有更高的稳定性。土壤碳矿化速率与碳水解酶活性具有显著正相关关系，说明碳水解酶活性越高，碳矿化消耗的碳比例就越大。这与刺槐林恢复过程中微生物酶活性与碳矿化速率关系的研究结果相似（李文杰等，2022）。微生物获取生长所需要的碳、氮等营养物质可以通过调整胞外酶活性进行，在其生长受限时可以通过产生更多的胞外酶到土壤中进行土壤碳矿化作用（Bernal 等，2016），进而影响土壤碳矿化速率。

对不同树种林地土壤的测定结果表明（表 6-6），造林 10 余年后，不同树种对林地土壤酶活性的影响不尽相同。苏门答腊金合欢纯林除脲酶活性较对照稍低外，其他酶的活性均高于对照。赤桉×苏门答腊金合欢、赤桉×新银合欢、柠檬桉×新银合欢等混交林，以及新银合欢、赤桉、印楝、几种相思等纯林的情况基本如此，除少数酶活性（如脲酶等）较低外，其余酶活性指标也都高于各自的对照样地。同时，除赤桉纯林的蛋白酶、印楝纯林的过氧化氢酶外，其他参试林地的这两项指标均高于对照样地。说明人工林对提高和改善干热河谷退化土壤的酶活性具有显著作用，也说明干热河谷退化生态系统在人工恢复植被后正在得到逐步恢复。当然，在小横山试验点，除赤桉、柠檬桉等林地的上、下层土壤，苏门答腊金合欢、柠檬桉×新银合欢混交林上层土壤的多酚氧化酶活性高于对照外，其他林地或土层的多酚氧化酶活性较对照有所降低；岭庄点的几种相思类林地，除多酚氧化酶活性外，酸性磷酸酶、蔗糖酶、脲酶、蛋白酶、过氧化氢酶 5 种酶的活性均较对照有不同程度的提高，尤其是对前 4 种酶的活性提高幅度最为显著；虽然 4 个相思类林地的下层土壤多酚氧化酶活性有较大提高，但上层土壤则是下降的。同样，印楝林地下层土壤的多酚氧化酶活性高于对照，下层土壤则有所降低。多酚氧化酶活性在多数林地降低的原因有待进一步研究。

表 6-6　金沙江干热河谷不同人工林类型对土壤酶活性的影响

样地号	土层深度/cm	酸性磷酸酶/ (mg·g⁻¹)	蔗糖酶/ (mL·g⁻¹)	脲酶/ (mg·kg⁻¹)	蛋白酶/ (μg·g⁻¹)	过氧化氢酶/ (mL·g⁻¹)	多酚氧化酶/ (mg·kg⁻¹)
1	0~25	2.42	0.50	6.41	71.29	0.79	1.94
	25~45	193.42	0.01	0.70	41.22	0.62	4.99
2	0~25	9.67	0.47	1.15	57.11	0.81	7.21
	25~45	96.22	0.20	0.51	72.05	0.74	1.66
3	0~25	24.18	0.37	7.24	46.71	0.81	14.98
	25~45	33.85	0.21	1.72	119.52	0.82	1.11
4	0~25	24.18	0.00	0.65	83.02	0.81	1.39
	25~45	643.13	0.14	5.51	45.39	0.60	6.94

（续表）

样地号	土层深度/cm	酸性磷酸酶/ (mg·g⁻¹)	蔗糖酶/ (mL·g⁻¹)	脲酶/ (mg·kg⁻¹)	蛋白酶/ (μg·g⁻¹)	过氧化氢酶/ (mL·g⁻¹)	多酚氧化酶/ (mg·kg⁻¹)
5	0~25	2.90	0.24	2.11	0.38	0.68	15.26
	25~45	14.51	0.17	1.08	4.35	0.79	15.54
6	0~25	26.60	1.03	8.71	94.17	0.77	9.71
	25~45	19.34	0.13	0.76	48.03	0.62	3.33
7	0~25	14.51	0.36	3.78	3.95	0.24	16.30
	25~45	11.72	0.07	4.42	1.24	0.13	15.61
8	0~25	7.25	0.31	5.25	58.62	0.54	9.99
	25~45	2.42	0.30	1.02	79.61	0.36	24.13
9	0~25	4.19	0.08	7.30	94.55	0.75	0.00
	25~45	36.27	0.16	20.89	96.26	0.79	3.05
10	0~25	7.08	0.21	5.64	104.48	0.89	0.57
	25~45	39.01	0.13	25.61	93.84	0.58	2.91
11	0~25	2.58	0.18	2.89	71.71	0.64	0.59
	25~45	29.55	0.10	19.49	63.48	0.42	3.57
12	0~25	2.42	0.14	1.59	41.73	0.15	0.40
	25~45	22.84	0.08	17.12	37.16	0.20	4.65
13	0~25	4.59	0.66	1.62	48.03	0.90	15.54
	25~45	4.84	0.05	2.62	55.79	0.50	8.88
14	0~25	2.42	0.23	0.57	40.85	0.71	9.99
	25~45	4.84	0.06	4.99	66.57	0.48	0.00
15	0~25	4.74	0.10	2.24	50.11	0.81	1.67
	25~45	4.84	0.07	7.43	38.20	0.59	8.05

注：样地号 1、2、3、4、5、6、7、8、9、10、11、12、13、14、15 分别代表赤桉×新银合欢、赤桉×苏门答腊金合欢、苏门答腊金合欢、新银合欢、赤桉、柠檬桉×新银合欢、柠檬桉、印楝、大叶相思、台湾相思、绢毛相思、马占相思、磨诃点印楝对照样地、岭庄点对照、小横山点对照样地，其中 1~7 号和 15 号样地位于小横山点，8 号和 13 号样地位于磨诃点，9~12 号和 14 号样地位于岭庄点。

酸性磷酸酶、蔗糖酶和过氧化氢酶的活性均与土壤有机质含量有关（Tilman 等，1994；史作民等，2002；陈秋波，2002）；脲酶活性增强会导致土壤 NH_4^+ 的积累，从而加剧土壤中氨的挥发和亚硝酸盐的积累，降低植物对氮元素的吸收利用；多酚氧化酶参与土壤中芳香族有机化合物转化为腐殖质组分的过程，多酚氧化酶活性低表征土壤腐殖质化程度低，多酚氧化酶活性降低会导致林地土壤酚类物质积累，这有可能对植物根系和土壤微生物产生不利影响（杨国清等，1997；彭少麟，1996；史作民等，2002）；蔗糖酶和蛋白酶的活性均与土壤有机质含量有关，故其活性的提高表明土壤化学性质的改善（Tilman 等，1994；陈秋波，2002）。因此，从所有参试树种林分的土壤酶活性测定结果看，苏门答腊金合欢纯林对提高土壤酶活性效果最佳，赤桉×苏门答腊金合欢和赤桉×新银合欢混交林、新银合欢纯林和柠檬桉×新银合欢混交林等小横山点的有关参试树种林地对提高林地土壤酶活性有较好效果；赤桉、柠檬桉对该试验点的土壤酶活性影响相对较小，且 2 个树种的作用效果相近。印楝纯林可能因为造林时间相对较短，对土壤酶活性的影响和作用相对较小。相思类树种有一个比较奇特的现象，就是各参试树种林地与对照相比，下层土壤的各种土壤酶活性普遍都有较大幅度的提高，表层土壤则增幅较小，甚至低于对照。出现这种结果，可能是由于这类树种属于含羞草科植物，它们的根系具有根瘤菌，根系死亡后留存于土壤中，相对于土壤表层下层土壤积累了更多的有机质，而相思类树种的枯枝落叶不易腐烂，经常被风搬运出林地，所以土壤表层有机质积累较少。这种现象与赤桉、柠檬桉纯林的情况比较相同，土壤表层的土壤酶活性测定结果也有较大的相似性。各树种对土壤酶活性的影响存在差异，苏门答腊金合欢和新银合欢及它们与桉属树种等营造的混交林，对提高林地土壤酶活性具有较大作用。目前，桉属类和相思类树种，以及印楝、小桐子等比较适应干热河谷气候环境条件，是该地区大力发展的主要造林树种，但所营造的皆为纯林。从发展的长远利益出发，为实现其资源的高效培育目的，在开始培育与发展这些多用途树种时，最好与小叶型改良退化土壤效果更好的豆目树种，如苏门答腊金合欢、新银合欢或白灰毛豆、木豆等树种营造不同形式的混交林，以加速退化土壤的恢复。另外，在造林整地时最好能追施有机肥，可以减少土壤亚硝酸盐的毒害作用，有利于提高退化土壤中生物的氧化能力，以加速芳香族有机化合物转化为腐殖质组分的过程。

6.3　金沙江干热河谷土壤肥力影响因素

6.3.1　植被类型对土壤肥力的影响

深入研究人工林对林地的培肥效果，对了解人工林林地土壤矿质营养元素的供应状况、人工林土壤肥力的发展趋势，维护持续立地生产力，恢复生态环境以及指导生产实践、调节和改善各种限制因素、加速养分的循环利用速率和最大限度地提高人工林的生产力等都具有深刻的理论和实践意义。众所周知，土壤肥力是多种因子的综合表现，孤立地用某个或几个因子来反映人工林土壤肥力状况都是不科学的。因此，需要寻找全面合理的方法评价人工林培肥土壤的作用。而因子分析是从研究相关矩阵内部的依赖关系出发，把一些具有错综复杂关系的变量归结为少数几个综合变量的一种多变量统计分析方法。笔者运用因子分析和加乘法原理，从土壤物理性质、化学性质、酶活性和微生物等方面研究分析干热河谷人工植被"自肥"效果。

土壤及时满足植物对水、肥、气、热需求的能力称为土壤肥力。虽然土壤肥力是众多因子的综合体现，但土壤物理性质直接影响着土壤的透水、透气及养分在土壤胶体中的运输。因此，土壤物理性质是土壤肥力的一个重要方面。人工恢复植被以后，土壤物理性质明显优于对照地荒地。具体表现为土壤容重降低了 4.05%~15.61%。由于林木枯落物及其根系的作用，林地变得疏松，其透气、透水性能均有不同程度的提高，总孔隙度提高了 7.56%~24.31%，非毛管孔隙度提高了 4.69%~30.01%，土壤饱和含水量增加了 16.52%~51.83%，毛管持水量提高 17.63%~45.48%，土壤田间持水量提高了 16.80%~45.89%。土壤容重的降低，在一定程度上减少了土壤蒸发，说明恢复干热河谷退化植被对改善退化土壤的物理性质效果明显。其中，苏门答腊金合欢的改良效果较佳，其林地土壤容重最小，土壤总孔隙度、非毛管孔隙度等指标的改善均好于对照和其他树种林地。总体上混交林对土壤改良的效果均好于纯林，赤桉、柠檬桉、印楝等纯林对土壤物理性质的改良效果相对较差。

土壤 pH 值是构成土壤肥力的重要指标，也是影响土壤生态系统的重要指标（卢元添，1989；Johnson，1993）。土壤微生物活动、有机质分解、营养元素释放与转化、土壤酶活性发挥等都与土壤 pH 值有关。土壤养分是地质大循环和生物小循环共同作用的结果，其含量直接影响林分生产力。营造人工林后，虽然土壤 pH 值变化不显著，但原造林地（为碱性或弱碱性）土壤酸性有增强趋势；不同林分林地土壤全磷、全钾和有机质含量均较对照地增加，其他指标的变化各有差异。就不同林分而言，赤桉×苏门答腊金合欢混交林、柠檬桉×新银合欢混交林的土壤养分含量均较其对照有明显增加，赤桉×新银合欢混交林以及苏门答腊金合欢、新银合欢、赤桉和大叶相思等纯林，除少数几种养分含量较相应对照低外，其他养分含量均较相应对照增加；而印楝纯林除全氮、全钾、有机质、有效氮和有效磷含量高于对照外，其他养分含量则低于对照，这可能与印楝人工林前期生长快、养分消耗多有关。在干热河谷植被恢复中，营造豆科与非豆科树种混交林对改善退化土壤化学性质有明显作用。

微生物参与土壤有机质分解、腐殖质合成、养分转化和加速土壤发育与形成，因此，土壤微生物组成及数量的变化，一般反映了林地土壤肥力的变化（阎德仁等，1996）。试验表明，林地土壤微生物变化因树种而异。赤桉×苏门答腊金合欢、苏门答腊金合欢、新银合欢和柠檬桉×新银合欢等人工林地的土壤细菌、真菌和放线菌数量均较其对照高，而印楝及相思类树种的土壤微生物数量，赤桉和赤桉×新银合欢林地的放线菌数量均较相应的对照低，尤其是印楝和相思类树种的纯林地，与对照相比差异甚大。其原因可能与树种的生物学特性及林下土壤裸露、干旱板结，叶片厚大不易分解，林地土壤缺乏有机质有关。这些林地（包括赤桉、柠檬桉纯林地）缺少有效养分的归还，地表径流相对较大，使得林地土壤微环境不利于现有微生物的生存和繁殖。苏门答腊金合欢、新银合欢、赤桉×苏门答腊金合欢、赤桉×新银合欢、柠檬桉×新银合欢等林地，因包含具小型叶片的豆科树种，土壤有机质含量有明显提高，林地土壤微生物数量相对比较大。

土壤中一切生化反应，实际都是在酶的参与下进行的，土壤酶活性反映了土壤中各种生化反应进行的程度和方向。大量研究表明，土壤酶活性与土壤理化性质、水热状况、碳水化合物含量、吸收性复合体特征以及营林抚育措施等密切相关，是土壤肥力的一个重要指标（李勇，1989）。对不同树种人工林地的测定结果表明，不同树种林地对土壤酶活性的影响不尽相同。苏门答腊金合欢除脲酶活性较对照低外，其他酶的活性均高于对照荒地；其他林分除少数酶（如脲酶等）外，其余酶活性指标优于各自的对照。

同时，除赤桉纯林的蛋白酶、印楝纯林的过氧化氢酶外，其他林地的此2项指标均较相应对照高，说明人工林对提高和改善干热河谷退化土壤的酶活性具有重要作用。

不过，赤桉×新银合欢、赤桉×苏门答腊金合欢、新银合欢和大叶相思人工林的土壤多酚氧化酶活性较相应对照有所降低。多酚氧化酶活性的降低会导致林地土壤酚类物质积累，有可能引起地力衰退，对此应予以重视。从整体来看，苏门答腊金合欢对提高土壤酶活性效果较好，赤桉×苏门答腊金合欢混交林也有较好效果。在这方面，相思类树种的纯林林地效果则比较差，不仅多酚氧化酶活性低于对照，而且脲酶活性高于对照，而脲酶活性增强会导致土壤 NH_4^+ 的积累，从而加剧土壤中氨的挥发和亚硝酸盐的积累，但相思类树种对林地下层土壤的改良效果好于表层土壤。

6.3.2 海拔对土壤肥力的影响

对金沙江干热河谷各海拔段表层土壤容重、总孔隙度、毛管孔隙度、pH 值、有机质、全氮和全磷等理化性质进行统计分析（表6-7），结果显示，土壤容重随海拔升高而降低，其中1 800~2 000 m 海拔段土壤容重为 1.09 g · cm^{-3}，不足 800~1 000 m 海拔段土壤容重的70%。土壤总孔隙度和毛管孔隙度均呈现明显的随海拔升高而增加的趋势，其中1 800~2 000 m 海拔段土壤总孔隙度和毛管孔隙度分别是 800~1 000 m 海拔段的 1.3 倍和 1.2 倍。1 400 m 以上土壤呈弱酸性，1 400 m 以下土壤呈弱碱性。土壤有机质、全氮和全磷含量均呈现随海拔增加而增加的趋势，其中1 800~2 000 m 海拔段土壤有机质、全氮和全磷含量分别是 800~1 000 m 海拔段的 2.1 倍、2.0 倍和 2.2 倍。

表 6-7 金沙江干热河谷不同海拔段土壤肥力

海拔段/m	物理性质			化学性质			
	容重/ (g · cm^{-3})	总孔隙 度/%	毛管孔隙 度/%	pH 值	有机质/ (g · kg^{-1})	全氮/ (g · kg^{-1})	全磷/ (g · kg^{-1})
1 800~2 000	1.09f	61.93a	48.63a	6.56c	42.65a	2.21a	1.44a
1 600~1 800	1.23e	58.13b	46.28b	6.33c	36.06b	1.75b	1.08b
1 400~1 600	1.31d	56.19b	45.56b	6.55c	31.60c	1.67b	0.93b
1 200~1 400	1.39c	53.31c	43.89c	7.10c	27.53c	1.57b	0.83b
1 000~1 200	1.49b	51.87c	41.99d	7.14c	21.70d	1.19c	0.76c
800~1 000	1.57a	48.38d	40.04e	7.88a	20.09d	1.13c	0.59c

注：同列不同小写字母表示不同海拔段差异显著（$P<0.05$）。

土壤理化性质与海拔之间的关系不尽相同。土壤容重与海拔高度之间呈线性负相关关系（$R^2=0.847\,9$）；在土壤孔隙度方面，总孔隙度和毛管孔隙度都与海拔呈线性正相关关系，其决定系数分别达到了 0.849 6 和 0.748 2；土壤含水量与海拔呈线性正相关关系（$R^2=0.574\,6$）。在化学性质方面，土壤 pH 值与海拔呈线性负相关关系（$R^2=0.433\,9$）；土壤有机质、全氮和全磷与海拔均呈现线性正相关关系，其决定系数分别达到了 0.849 6、0.556 6 和 0.573 6。

6.3.3 坡向对土壤肥力的影响

对金沙江干热河谷不同坡向土壤理化性质进行分析，从整体上看，阴坡土壤物理性质（除容重外）显著高于阳坡；不同坡向土壤 pH 值无显著差异，均呈弱酸性；阴坡土壤有机质、全氮和全磷均显著高于阳坡，分别是阳坡的 1.36 倍、1.47 倍和 1.55 倍。在干热河谷不同区段，阴坡土壤肥力状况也均优于阳坡，理化指标也均显著高于阳坡（容重显著低于阳坡）。

6.3.4 林分结构调整对土壤肥力的影响

云南松（*Pinus yunnanensis* Franch）林是我国西南地区特有的森林类型。云南松生长迅速，适应性强，是我国重要的用材树种。据统计，云南松林占云南省林地面积的52%，占有林地蓄积的32%（廖声熙等，2009；邓喜庆等，2014）。80%的云南松林为纯林，林分结构相对简单，植物多样性普遍较低，导致其林分稳定性差、森林病虫害频发、生态系统服务功能衰退（廖声熙等，2009；邓喜庆等，2014；罗天浩等，1983）。邓喜庆等（2014）利用云南省森林资源监测数据对云南松林资源的动态变化进行研究，发现云南松林龄呈明显的低龄化特征，林龄结构现状迫切要求对云南松林进行抚育管理。因此，有必要通过云南松林分结构的调整来提高林地生物多样性水平和生产力（廖声熙等，2009）。林分密度调整是林分结构调整的重要手段，是实现针叶纯林向天然混交林恢复的有效措施。通过林分密度控制，改变林冠的郁闭度与林分的光辐射状况和光环境，提高保留木光合能力，改变林内小环境，促进林下植被的发展，有利于林地生物多样性增加，从而提高林分的稳定性。土壤肥力是构成森林生产力的重要因素，而林分结构调整也能显著影响土壤肥力（杨瑞吉等，2004；樊后保等，2006a；杨树军等，2015；朱喜等，2015；李亚男等，2015；谭桂霞等，2014）。本研究通过对比林分结构调整后云南松林林木生长量、林下植被变化以及土壤肥力差异，揭示云南松林分密度调整对林木生长的影响和林地土壤肥力的演化趋势，为改善云南松纯林单一结构和恢复退化云南松纯林地力提供依据。

研究区位于云南省楚雄彝族自治州，海拔 1 400~1 500 m，属亚热带半湿润性季风气候，地貌为中山类型，土壤以砂岩和砂页岩发育的山地红壤为主。研究区现存植被类型主要为云南松纯林，其中混杂少量高山栲（*Castanopsis delavayi* Franch）、滇青冈（*Quercus glaucoides* Schotky）、麻栎（*Quercus acutissima* Carrut）、尼泊尔桤木（*Alnus nepalensis* D. Don）和锐齿槲栎（*Quercus aliena* var. *acutiserrata* Maxim. ex Wenz.）等。云南松中、幼林面积与蓄积比重较大，长期以来未采取任何抚育措施，且云南松林杂灌、杂草丛生，林分密度过大，林下更新不良，林分生态系统功能较差（邓喜庆等，2014），在森林防火、林业有害生物防治方面也存在较大难度（廖声熙等，2009）。2012 年 3 月，在研究区内开展林分结构调整，主要采取卫生抚育+大径材培育，彻底清除病虫为害树木和病源木，改善林分卫生状况，合理控制密度，伐除部分小径级植株，保留 1 800 株·hm^{-2} 左右大径级植株（高成杰等，2017）。具体调整措施参照《森林抚育规程》（GB/T 15781—2015），设置不进行林分结构调整的对照样地，林分调整前后样地特征见表6-8。

表6-8　干热河谷林地结构调整前后样地特征

处理	密度/(株·hm⁻²)		郁闭度		胸径/cm		树高/m		灌木盖度/%		草本盖度/%	
	间伐前	间伐后	间伐前	间伐后	间伐前	间伐后	间伐前	间伐后	间伐前	间伐后	间伐前	间伐后
对照	5 113	—	0.96	—	8.66	—	9.81	—	23	—	17	—
调整	4 825	1 783	0.95	0.64	8.57	9.09	9.63	11.00	26	23	18	16

采用典型取样法，分别于林分结构调整之前（2012年2—3月）和之后（2016年3月）在结构调整样地和对照样地中具有代表性地段进行样方调查，在每个样地内分别设立5个20 m×20 m样方，对样方内的立木进行每木调查，记录每个立木的树高、胸径、冠幅和生长势。在每个样方的4个角和中心点分别设置1个1 m×1 m的小样方，调查林下植被和树种更新状况，并收集地表全部凋落物，包括未分解层（由新鲜凋落物组成，保持原有形态，颜色变化不明显，质地坚硬，外表无分解的痕迹）和半分解层（叶无完整外观轮廓，多数凋落物已经粉碎），根据叶片形态将凋落物分为针叶和阔叶，带回实验室分别测定其干质量和含水量。于2016年1月在样方内多点采集表层（0~20 cm）土样（去除凋落物和腐殖层），形成混合样，每次共采集土壤混合样10个，同时采集环刀样，测量腐殖质层厚度（高成杰等，2017）。

2012年林分结构调整时，林分密度由5 113株·hm⁻²调整至1 783株·hm⁻²（表6-8），导致林分蓄积量大幅下降（降低了58.01%，表6-9）。经过4 a生长，结构调整样地林分蓄积量增加了21.15 m³·hm⁻²，提高了50.26%；而对照样地林分蓄积增加量和增长率分别为8.13 m³·hm⁻²和8.11%，均远低于结构调整样地。经林分结构调整后，云南松平均单株蓄积量、树高和胸径均明显高于对照样地，其中，单株蓄积量提高了59.09%，树高和胸径提高幅度均在15%以上。这是因为结构调整大幅降低了林分密度，短期内引起云南松整个林分蓄积量的下降，但结构调整后的云南松个体获得了更大的生长空间和光照条件，有利于云南松单株生长和蓄积量的增加。

表6-9　干热河谷林分结构调整对云南松生长的影响

处理	调查时间	林分蓄积量/(m³·hm⁻²)	单株蓄积量/m³	树高/m	胸径/cm
对照	2012年2月	100.21a	0.020b	8.66b	9.81b
	2016年3月	108.34a	0.022b	9.10ab	11.24ab
调整	2012年2月	42.08c	0.024b	9.09ab	11.00ab
	2016年3月	63.23b	0.035a	10.47a	13.45a

注：同列不同小写字母表示差异达到显著水平（$P<0.05$）。

林分结构调整后，云南松林现存凋落物量显著降低，约为对照样地的80%，现存凋落物中针阔叶比（针叶凋落物/阔叶凋落物）也由19.65降至8.11；结构调整样地凋落物含水量略低于对照样地，二者差异不显著（表6-10）。结构调整样地与对照样地的针叶凋落物含水量差异不显著，但结构调整样地的阔叶凋落物含水量显著低于对照样地，仅为对照样地的86.39%，这可能与阔叶树种变化有关。林分结构调整后，云南松林地土壤腐殖质层厚度和地表温度变化明显，其中，调整样地的腐殖质层厚度（11.23 cm）显著低于对照样地（18.22 cm），约为对照样地的60%，这可能与林分结构调整时林地清理有关，而地表温度（13.36℃）显著高于对照样地（12.74℃）；结构调整样地土壤含水量和土壤容重略高于对照样地，但差异均不显著（表6-10）。上述结果表明，林分结构调整初期，土壤结构并未发生明显变化。

表6-10 干热河谷林分结构调整对地表凋落物和土壤物理性质的影响

处理	凋落物量/（g·cm⁻³）	凋落物中针阔叶比	凋落物含水量/%	针叶凋落物含水量/%	阔叶凋落物含水量/%	腐殖质层厚度/cm	地表温度/℃	土壤含水量/%	土壤容重/（g·cm⁻³）
对照	717.80a	19.65a	21.24a	15.92a	29.98a	18.22a	12.74a	16.34a	1.41a
调整	571.60b	8.11b	19.80a	19.80a	15.09a	25.90b	11.23b	17.29a	1.52a

注：同列不同小写字母表示差异达到显著水平（$P<0.05$）。

林分结构调整后，土壤pH值、土壤全量养分含量及有效养分含量均未发生显著变化（表6-11）。结构调整样地土壤有机质含量显著提高，比对照样地增加了10.43%，而土壤有效养分含量均低于对照样地，但二者差异均不显著。

表6-11 干热河谷林分结构调整对土壤化学性质的影响

处理	pH值	有机质/（g·kg⁻¹）	全氮/（g·kg⁻¹）	全磷/（g·kg⁻¹）	全钾/（g·kg⁻¹）	有效氮/（mg·kg⁻¹）	有效磷/（mg·kg⁻¹）	速效钾/（mg·kg⁻¹）	交换性钙/（mg·kg⁻¹）
对照	5.42a	7.29b	0.10a	0.29a	0.85a	11.2a	14.5a	155.5a	421.67a
调整	4.98a	8.05a	0.12a	0.33a	0.87a	10.0a	11.6a	146.3a	364.67a

注：同列不同小写字母表示差异达到显著水平（$P<0.05$）。

林分结构调整后，土壤微生物生物量和土壤基础呼吸显著提高，其中，微生物生物量碳、氮、磷分别比对照样地提高了12.18%、13.17%、20.78%，基础呼吸提高了31.25%；但不同处理样地中，微生物生物量C/N、C/P、土壤呼吸熵差异均不显著（表6-12）。

表6-12 干热河谷林分结构调整对土壤微生物性质的影响

处理	微生物生物量碳/（mg·kg⁻¹）	微生物生物量氮/（mg·kg⁻¹）	微生物生物量磷/（mg·kg⁻¹）	微生物生物量C/N	微生物生物量C/P	基础呼吸/（g·h⁻¹·kg⁻¹）	土壤呼吸熵/（g·h⁻¹·kg⁻¹）
对照	160.9b	16.7b	7.7b	9.8a	21.2a	0.16b	1.1a
调整	180.5a	18.9a	9.3a	9.6a	20.6a	0.21a	1.2a

注：同列不同小写字母表示差异达到显著水平（$P<0.05$）。

　　通常林分结构调整使林分密度下降，导致土壤水分承载压力降低，从而提高土壤含水量（朱喜等，2015）。杨树军等（2015）研究发现，沙地樟子松（*Pinus sylvestris* var. *mongholica* Litv.）林分结构调整初期，旱季土壤含水量明显高于未调整样地，得出结构调整有利于改善林分土壤水分状况、缓解林分干旱胁迫的结论。本研究中，云南松林分结构调整 4 a 后，土壤含水量有增加的趋势，但与对照差异不显著。这是由于结构调整虽然降低了林分郁闭度，减少了树干对降雨的截流，提高了凋落物和表土含水量，但在调整初期郁闭度的降低又会提高土壤温度，促进土壤蒸发。本研究中，结构调整使林分密度大幅下降，直接导致林间凋落物量减少，林分郁闭度降低，提高了林地土壤温度（表6-10）。大多数土壤结构的形成和生物地球化学循环需要在土壤微生物的参与下才能完成，如土壤养分的活化（García-Palacios 等，2011）。在土壤含水量相对稳定的情况下，土壤温度升高有利于激活土壤微生物，提高微生物数量和活性，进而加速土壤养分循环，促进凋落物和土壤腐殖质的分解转化（Tang 等，2013）。此外，林下植被覆盖度的增加对土壤微生物数量以及土壤酶活性的提高均有明显的促进作用（盛炜彤，2014）。本研究中，土壤微生物生物量和土壤基础呼吸在林分结构调整后显著提高，这可能是土壤微生物对结构调整后林分环境变化敏感所致，包括阔叶树种类和数量的增加、林下植被覆盖度的提高以及土壤水分和温度等环境因子的变化等（Anderson 和 Domsch，1993；Wang 和 Wang，2008；Tang 等，2013；盛炜彤，2014）。尽管如此，林分结构调整后土壤呼吸墒、土壤微生物生物量 C/N 和 C/P 没有显著变化，表明土壤微生物结构和种群在林分结构调整初期可能没有发生显著变化（He 等，1997）。

　　林分结构调整通过影响凋落物组成、凋落物量和分解速率等改变土壤有机碳和微生物活性及其分解过程，最终影响土壤的化学性质（Wang 和 Wang，2008）。于海群等（2008）和张鼎华等（2001）研究发现，人工林间伐后土壤酶活性增强，微生物数量增加，土壤有效养分含量提高，他们认为间伐后林分土壤肥力有效性增加是由于间伐后林下植被生物多样性提高，进而诱发了土壤微生物多样性和数量的增加，由此增强了土壤的生物活性。研究认为，不同种类凋落物的混合一般会提高分解者的活性，如挪威云杉和苏格兰松混合凋落物的有氧呼吸比预测值增加 39%（Chapman 等，1988）。刘文耀等（2000）研究了云南松、滇青冈和元江栲枯叶在针、阔叶林两种生境下的分解及养分动态变化规律，结果表明，滇青冈和元江栲枯叶分解速率高于云南松针叶，且阔叶林生境有利于枯落叶的分解和养分元素的循环。本研究中，结构调整后的云南松林地树种比较丰富，除了对照样地的白栎、麻栎、滇青冈等阔叶树种外，还有相当数量的来自天然更新的水锦树、余甘子、木荷以及部分火绳树等树种，且结构调整样地林下植被盖度以及多样性指数均高于对照林地。林分结构调整后阔叶树种类和林下植被盖度的增加使土壤微生物生物量和土壤基础呼吸提高（表 6-12），有利于凋落物的分解（盛炜彤，2014），从而使调整样地内土壤有机质含量增加（表 6-11），这与前人的研究结果一致（谭桂霞等，2014），此外，凋落物现存量和腐殖质层厚度降低也可能是因为受到结构调整时林地清理的影响。尽管如此，结构调整后林地土壤有效养分含量却有所下降，这一方面可能与林分结构调整初期部分林木移走导致林地养分输入减少有关；另一方面，林分结构调整降低了林分郁闭度，使林下获得了更多的光照，保留木和林下阔叶树种类的增加可能促进了对林地土壤养分的吸收，加快了林内养分循环，这与成向荣等（2010）和 Juan 等（2009）的研究结果类似。此外，针叶凋落物存留时间一般较长，在结构调整初期以凋落物等形式归还给土壤的养分可能并不多（康冰等，2009），因此，云南松林分结构调整在短期内对于提升林地土壤有效养分含量并不明显。

6.4　本章总结

　　金沙江干热河谷土壤肥力低，保水保肥能力弱。金沙江干热河谷各区段表层土壤肥力对比研究结果表明，干热河谷土壤容重和 pH 值从上段到下段有增加的趋势，土壤孔隙度、毛管孔隙度、有机质、全氮和全磷从上段到下段有减少的趋势；从植被类型角度分析，土壤孔隙度、毛管孔隙度、有机质、全氮和全磷皆表现为天然林>人工林>稀树灌草丛，土壤容重则表现为稀树灌草丛>人工林>天然林；土壤孔性和养分含量随海拔上升而增加，土壤容重和 pH 值则呈降低趋势；阳坡土壤容重显著高于阴坡，而阴坡土壤总孔隙度、毛管孔隙度、有机质、全氮和全磷均显著高于阳坡。金沙江干热河谷各区段土壤肥力存在一定程度的区域变异，上段土壤肥力高于中段和下段。天然林土壤肥力优于人工林和稀树灌草丛，但相对稀树灌草丛而言，人工林土壤肥力提升程度较小。金沙江干热河谷土壤肥力随海拔升高而提升，阴坡土壤肥力优于阳坡。研究显示，金沙江干热河谷天然林、人工林、稀树灌草丛的生态化学计量特征具有显著差异，这与不同植被类型的气候、土壤及微生物等环境因子密切相关，提高土壤水分、营养元素含量等可以有效改善植被恢复及生态治理效应。金沙江干热河谷不同海拔段土壤碳、氮、磷化学计量和土壤酶活性存在明显的空间异质性，这与不同海拔段的气候、土壤、植被等环境因素有关；高海拔地区气候、土壤和植被条件有利于土壤碳、氮、磷元素的积累和土壤酶活性的提高。金沙江干热河谷土壤容重、孔隙度、自然含水量、pH 值、有机质、全氮、全磷等土壤肥力指标受不同区段、植被类型、海拔和坡向等环境因子的影响。在金沙江干热河谷生态恢复实践中应根据河谷区段、植被类型、海拔和坡向制订精细的恢复方案。

第七章 金沙江干热河谷生态恢复的 土壤改良效应与监测实例

萨瓦纳生态系统约占全球陆地表面积的 1/3，其植被特征为稀树灌草丛（Walter，1979；Scholes 等，1997）。干热河谷是我国特有的萨瓦纳类型，被称为河谷型萨瓦纳，面积约为 3×10^4 km²（金振洲，2002）。受焚风效应和雨影区的复合影响，海拔低于 1 600 m 的河谷地区植被稀疏，以黄茅、车桑子和余甘子为主（金振洲，2002；李昆，2008）。干热河谷土壤贫瘠、板结、石砾含量高，植被退化后土壤极易流失（金振洲，2002；李昆，2008；Zhu 等，2008）。就养分而言，干热河谷土壤富钾、缺氮、少磷、贫有机质，因而土地生产力普遍不高，但由于该地区光热条件优越，土地生产潜力大（金振洲，2002；李昆，2008；高成杰等，2013；李彬等，2013b；Tang 等，2013）。因此，土地退化被认为是该地区主要生态问题（金振洲，2002；李昆，2008）。

过去几十年里，国家在干热河谷实施了一系列以造林为主的大型生态工程项目以改善该地区生态环境，而造林树种的筛选以及关键土壤限制因素对这些树种的响应机制关系到该地区植被恢复的进程。植被在土壤形成过程中起到至关重要的作用，植被类型会影响生态系统的结构和功能，进而影响土壤性质及其演化（Dobson 等，1997；Tomar 等，2003；Lamb 等，2005；Giai 等，2007；Shinneman 等，2008；Freeman 和 Jose，2009；Danquah 等，2012；Sardans 等，2013；Wu 等，2013；Zhang 等，2013）。通常，一旦制约土壤改良的因素被消除，就可以通过构建相应的植被来恢复退化生态系统（Dobson 等，1997；Lamb 等，2005；Whisenant，2005）。植被-土壤体系相互作用机制不同，导致退化土壤改良所需的时间各异（Dobson 等，1997；Lamb 等，2005）。Tang 等（2013）以土壤固碳潜力和"新固定"碳表观稳定性为依据，推荐新银合欢为干热河谷优先造林树种。

7.1 金沙江干热河谷土壤改良效应实例研究

地处 101°35′~102°06′E、25°23′~26°06′N 的云南省元谋县，属南亚热带季风干热气候区，是金沙江干热河谷的典型代表。试验区位于元谋干热河谷腹地的甘塘试验林区，平均海拔 1 120 m，坡度 3°~5°，坡向为南坡，坡位为中下坡，水土流失严重。土壤类型为燥红土，表层土壤浅薄，心土层土壤深厚、板结。造林前试验区为弃耕 15 a 以上的退化荒地，植被稀疏，放牧、割草等人为活动频繁，地表裸露率大（>70%），植被以黄茅、车桑子和余甘子为主。

于 1991 年雨季初期（5 月）在该退化荒地上选择新银合欢、大叶相思、苏门答腊金合欢、印楝和赤桉等干热河谷主栽速生生态树种，采取台状整地，容器苗造林，株行距为 2 m×3 m，造林面积超过 3.33 hm²，实施封禁管理。同时在该荒地上设置自然恢复试验样地。为消除微地形等因素的影响，6 个植被恢复处理（5 种人工林和 1 种自然恢复）采取随机区组排列，每个处理 4 次重复。每个小区面积为 0.133 hm²。2012 年在距离植被恢复区约 2.3 km 的地方选取 4 块对照样地（未退化样地）。该样地植被、土壤和人为活动强度与干热河谷未发生明显退化的生态系统类似。未退化样地各小区面积约为 0.1 hm²，植被覆盖率为 84%。2013 年自然恢复处理植被平均覆盖率为 79%。造林前在试验区采集了土样，用于测定土壤本底值（Tang 等，2014；唐国勇等，2015）。

于 1996 年 5 月在各小区内设置一个面积为 400 m² 的固定样方，用于长期观测和取样（林木破坏性取样除外）。6 个处理共设置 24 个固定样方，每样方内 70 株林木（不含保护行林木）。1997 年 5 月、2005 年 5 月和 2013 年 5 月分别对固定样方进行每木检尺，测定林木树冠、树高和胸径，记录林木保存率。固定样方内林木生物量通过相关文献中生物量方程计算获得（李昆，2008；高成杰等，2013；李彬等，2013a）。1996 年 5 月在人工林固定样方内随机设置 5 个 1 m×1 m 的凋落物收集框，每半个月收集 1 次植被凋落物，持续 12 个月，调查频率为 3 年 1 次。黄茅地上部（草本植物）在旱季（每年 11 月至翌年 5 月）枯萎并在随后的雨季被新生的黄茅取代，Tang 等（2013）研究表明，典型河谷型萨瓦纳植被群落中超过 95% 的凋落物来自黄茅，因此，可将黄茅地上部生物量当作自然恢复样地植被凋落物量。在自然恢复样方内随机设置面积为 9 m² 的小样方，用于测定黄茅地上部生物量（收获法）。自然恢复样方内凋落物测定时间为每年 11 月，自 1996 年起连续测定。各样方内的凋落物经分类、称重后归还原样地。截至 2013 年 5 月，人工林内凋落物量共测定了 6 次。为与人工林凋落物进行比较，自然恢复样地内凋落物量按 3 a 平均值计算。在各调查阶段，新银合欢人工林凋落物量最大，其次是大叶相思人工林，再次是自然恢复样地和印楝人工林，而苏门答腊金合欢人工林凋落物量最小。2011 年 5 月至 2012 年 4 月期间，新银合欢人工林凋落物量（3.22 t·hm⁻²）是苏门答腊金合欢人工林（0.94 t·hm⁻²）的 3.4 倍。

烘干的凋落物磨细过 0.149 mm（100 目）筛用于测定其碳、氮含量。土样采集前去除地表凋落物层，在各固定样方内用土壤采样器（内径为 5 cm）分别采集 12～15 个表层土样（0～15 cm），形成 1 个混合样，6 个试验处理共采集 24 个土壤混合样。在每个固定样方内采集环刀样用于测定土壤容重，同时用土壤硬度计测定表层土壤硬度。采样时间为 1991 年 4 月、1997 年 5 月、2005 年 5 月和 2013 年 5 月。土样除去植物残体后，自然风干，根据测试项目的需要过筛并于 4 ℃下保存。采用 Bray-Curtis 目标轴分析法（McCune 等，2002；Ruiz-Jaén 等，2005；Tang 等，2013）研究土壤改良率和土壤改良进程。

造林 22 a 后，树种间林木保存率差异较小，死亡率为 3.1%～3.7%（表 7-1）。林木死亡主要发生在造林最初 6 a 内（1991—1997 年），此后林木保存率几乎不变。造林后 5 个树种林木径向生长差异明显。2013 年，赤桉平均树高最高（9.7 m）；其次是大叶相思、新银合欢；再次是印楝；而苏门答腊金合欢树高最低（3.1 m），不足赤桉平均树高的 1/3。2013 年 5 个树种林木胸径为 10.0～18.4 cm，其中赤桉的胸径略大于大

叶相思，均显著大于其他树种。新银合欢胸径与印楝接近，均显著大于苏门答腊金合
欢。树种间冠幅差异明显，2013年大叶相思和新银合欢平均冠幅明显大于其他树种，
而赤桉的冠幅最小。造林22 a后5种人工林总生物量为22.1～115.9 t·hm^{-2}，其中新
银合欢和印楝人工林生物量显著高于苏门答腊金合欢人工林，但显著低于大叶相思和赤
桉人工林。

表7-1 金沙江干热河谷生态恢复区样地基本特征

采样时间	处理	林木死亡率/%	树高/m	胸径/cm	冠幅/m	林木生物量/(t·hm^{-2})	凋落物C/N
1997年	新银合欢林	2.7	3.3	4.8b	3.4×3.4	7.8d	nd
	大叶相思林	2.7	3.5	5.4a	3.5×3.5	7.7b	nd
	苏门答腊金合欢林	2.7	1.6	3.2c	2.8×2.9	2.9cd	nd
	印楝林	2.7	2.3	4.6b	3.0×3.1	3.6c	nd
	赤桉林	2.7	4.2	5.6a	2.4×2.5	6.6a	nd
	自然恢复样地	nd	nd	nd	nd	nd	nd
2005年	新银合欢林	3.1	6.1	10.7b	5.0×5.0	36.2b	nd
	大叶相思林	3.1	6.3	12.2a	5.1×5.2	47.4a	nd
	苏门答腊金合欢林	3.4	2.6	6.9c	3.9×4.1	11.7c	nd
	印楝林	3.4	4.1	10.3b	4.0×4.1	22.3b	nd
	赤桉林	3.4	7.7	12.7a	3.0×3.0	48.8a	nd
	自然恢复样地	nd	nd	nd	nd	nd	nd
2013年	新银合欢林	3.1	7.8	15.5b	5.5×5.6	71.9b	21.1b
	大叶相思林	3.4	8.1	17.8a	5.7×6.1	108.5a	28.5a
	苏门答腊金合欢林	3.4	3.1	10.0c	4.5×4.6	22.1c	21.9b
	印楝林	3.4	5.4	15.0b	4.7×4.9	54.7b	23.8b
	赤桉林	3.7	9.7	18.4a	3.1×3.2	115.9a	32.2a
	自然恢复样地	nd	nd	nd	nd	nd	20.7b
	未退化样地	nd	nd	nd	nd	nd	20.9b

注：用于测定碳、氮含量的凋落物于2011—2012年收集；nd表示未测量；同列不同小写字母表示处理间差异显著（$P<0.05$）。

生态恢复后，各处理样地内土壤物理性质（容重、硬度、孔隙度和水稳性大团聚体含量）变幅较小（表7-2）。植被恢复22 a后，新银合欢、大叶相思和苏门答腊金合欢人工林以及自然恢复样地土壤容重显著降低。除此之外，各采样阶段6个植被恢复处理样地土壤容重降幅均不显著。2013年6个处理样地土壤平均容重（1.60 g·cm^{-3}）比1991年（1.68 g·cm^{-3}）降低了5%，但显著高于未退化样地，约为未退化样地土壤容重的1.1倍。研究期内（1991—2013年），造林树种和采样阶段对土壤硬度均无显著影

响。2013 年，6 个处理样地表层土壤硬度为 28.84~29.52 kg·cm^{-3}，均显著高于对照样地（25.22 kg·cm^{-3}）。土壤总孔隙度随植被恢复呈现提高的趋势，但处理间总孔隙度差异不显著。植被恢复 22 a 后各处理土壤总孔隙度均显著低于未退化样地。在植被恢复过程中，处理间土壤水稳性大团聚体含量差异明显，其中新银合欢和大叶相思人工林以及自然恢复样地土壤水稳性大团聚体含量显著高于其他处理。2013 年，各处理土壤水稳性大团聚体含量（37.77%~42.25%）显著高于植被恢复前（1991 年，34.77%），但均显著低于未退化样地（69.56%）。

表 7-2　金沙江干热河谷生态恢复区土壤物理性质

采样时间	处理	容重/（g·cm^{-3}）	硬度/（kg·cm^{-3}）	总孔隙度/%	大团聚体含量（>250 μm）/%
1991 年	造林前荒地	1.68	30.45	36.60	34.77
1997 年	新银合欢林	1.67a2	30.07a2	36.98a2	35.62a2
	大叶相思林	1.67a2	30.20a2	36.98a2	35.57a2
	苏门答腊金合欢林	1.67a2	30.17a2	36.98a2	34.89a2
	印楝林	1.68a2	30.19a2	36.60a2	35.11a2
	赤桉林	1.68a2	30.30a2	36.60a2	34.84a2
	自然恢复样地	1.68a2	30.11a2	36.60a2	35.16a2
2005 年	新银合欢林	1.65a2	29.51a2	37.74a2	37.10a1
	大叶相思林	1.64a2	29.84a2	38.11a2	37.25a1
	苏门答腊金合欢林	1.65a2	29.69a2	37.74a2	35.76a2
	印楝林	1.66a2	29.74a2	37.36a2	35.92a2
	赤桉林	1.66a2	29.91a2	37.36a2	35.85a2
	自然恢复样地	1.66a2	29.60a2	37.36a2	37.24a1
2013 年	新银合欢林	1.59a1	28.84a2	40.00b1	41.78b1
	大叶相思林	1.58a1	29.08a2	40.38b1	42.25b1
	苏门答腊金合欢林	1.61a1	29.14a2	39.24b1	37.91c1
	印楝林	1.62a2	29.25a2	38.87b2	38.42c1
	赤桉林	1.62a2	29.52a2	38.87b2	37.77c1
	自然恢复样地	1.60a1	29.01a2	39.62b1	41.57b1
	未退化样地	1.45b1	25.22b1	45.28a1	69.56a1

注：同列不同小写字母表示差异达到显著水平（$P<0.05$），字母后面的数字 1 和 2 分别表示该均值与 1991 年造林前荒地差异显著（$P<0.05$）和不显著（$P≥0.05$）。

生态恢复后，各处理样地土壤 pH 值和全磷含量变化不显著，但各处理样地 SOC、全氮、有效磷、速效钾、有效钙和有效镁含量显著提高，且处理间差异显著（表 7-3）。

总体上，造林后新银合欢人工林 SOC、全氮和有效养分（P、K、Ca、Mg）含量最高，其次为大叶相思人工林，再次为自然恢复样地和印楝人工林，而苏门答腊金合欢和赤桉人工林含量最低。除全磷外，2013 年对照样地中参试养分元素含量为各处理的 1.0~1.6 倍。各植被恢复处理不同采样阶段 SOC、全氮和有效养分含量均有不同程度的增加（表 7-3）。总体上，土壤养分含量增加达显著水平时所需的时间以新银合欢和大叶相思人工林最短，赤桉人工林最长。例如，造林 6 a 后（1997 年）新银合欢人工林 SOC 含量显著增加，而赤桉人工林 SOC 含量显著增加所需的时间为 14 a（1991—2005 年）。

表 7-3　金沙江干热河谷生态恢复区土壤化学性质

采样时间	处理	pH 值	SOC/ $(g \cdot kg^{-1})$	全氮/ $(g \cdot kg^{-1})$	全磷/ $(g \cdot kg^{-1})$	有效磷/ $(mg \cdot kg^{-1})$	速效钾/ $(mg \cdot kg^{-1})$	有效钙/ $(mg \cdot kg^{-1})$	有效镁/ $(mg \cdot kg^{-1})$
1991 年	造林前荒地	5.99	2.95	0.23	0.080	0.75	24.09	214.77	89.77
1997 年	新银合欢林	6.09a2	3.87a1	0.31a1	0.082a2	6.61b1	27.89cd1	234.58a1	122.33a1
	大叶相思林	6.14a2	3.39b1	0.29a1	0.074a2	5.19c1	34.21a1	240.09a1	125.68a1
	苏门答腊金合欢林	6.10a2	2.92c2	0.24b2	0.080a2	6.21b1	30.29bc1	237.94a1	120.39ab1
	印楝林	6.21a2	2.98c2	0.24b2	0.079a2	6.91ab1	28.77bcd1	235.53a1	111.25b1
	赤桉林	6.21a2	2.93c2	0.24b2	0.073a2	7.56a1	26.88d2	253.64a1	97.56c2
	自然恢复样地	6.01a2	2.99c2	0.24b2	0.081a2	5.35c1	31.24b1	242.93a1	100.56c1
2005 年	新银合欢林	6.20a2	5.53a1	0.48a1	0.08a2	11.55b1	39.87a2	255.64a1	120.37b1
	大叶相思林	6.20a2	4.71b1	0.40b1	0.074a2	12.57a1	40.25a2	249.87a1	117.77b1
	苏门答腊金合欢林	6.19a2	3.62c1	0.30d1	0.081a2	9.10c1	38.87a2	261.21a1	135.46a1
	印楝林	6.30a2	3.89c1	0.31cd1	0.082a2	10.54c1	39.64a2	248.76a1	122.56b1
	赤桉林	6.21a2	3.67c1	0.29d1	0.077a2	10.91b1	39.11a2	250.37a1	119.81b1
	自然恢复样地	6.14a2	4.57b1	0.35c1	0.081a2	10.87b1	38.99a2	248.16a1	120.64b1
2013 年	新银合欢林	6.20a2	7.67b1	0.73b1	0.079b2	14.74a1	58.94ab1	267.16a1	148.48ab1
	大叶相思林	6.22a2	7.03c1	0.69b1	0.084b2	14.60ab1	54.74cd1	266.91a1	143.37bc1
	苏门答腊金合欢林	6.30a2	4.55e1	0.39d1	0.079b2	13.25c1	52.19d1	230.54b2	131.83d1
	印楝林	6.24a2	5.71d1	0.42d1	0.081b2	13.54bc1	52.62d1	247.91b1	130.62d1
	赤桉林	6.30a2	5.07f1	0.38d1	0.074b2	13.88abc1	53.87cd1	245.67b1	134.54cd1
	自然恢复样地	6.19a2	5.96d1	0.49c1	0.083b2	14.77a1	56.32bc1	274.56a1	140.25bcd1
	对照样地	6.50a1	8.18a1	0.81a1	0.152a1	14.77a1	60.49a1	267.55a1	155.43a1

注：同列不同小写字母表示差异达到显著水平（$P<0.05$），字母后面的数字 1 和 2 分别表示该均值与 1991 年造林前荒地差异显著（$P<0.05$）和不显著（$P\geqslant 0.05$）。

植被恢复对干热河谷退化土壤微生物性质［微生物生物量（碳、氮、磷）、土壤基础呼吸、土壤呼吸熵］有显著影响（表 7-4）。各处理样地土壤微生物生物量（碳、氮、磷）和土壤基础呼吸呈现显著增加趋势，土壤呼吸熵则相反。总体上，不同采样阶段新银合欢和大叶相思人工林以及自然恢复样地土壤微生物生物量和土壤基础呼吸高于其他 3 个处理。植被恢复 22 a 后，各处理样地土壤基础呼吸和土壤呼吸熵与对照样地差异不显著，土壤微生物生物量接近或显著低于未退化样地。2013 年，新银合欢与大叶相思人工林土壤微生物生物量差异不显著。

表 7-4　金沙江干热河谷生态恢复区土壤微生物性质

采样时间	处理	土壤微生物生物量/（mg·kg^{-1}）			基础呼吸/（g·kg^{-1}·h^{-1}）	土壤呼吸熵/（mg·h^{-1}·g^{-1}）
		碳	氮	磷		
1991 年	造林前荒地	26.9	2.1	1.1	0.06	2.2
1997 年	新银合欢林	106.0a1	9.5a1	4.6a1	0.13a1	1.2bc1
	大叶相思林	94.9b1	9.6a1	4.7a1	0.12a1	1.3bc1
	苏门答腊金合欢林	95.7b1	7.6c1	3.5b1	0.11a1	1.2c1
	印楝林	84.9c1	8.5b1	3.4b1	0.12a1	1.4ab1
	赤桉林	90.3b1	8.0bc1	3.4b1	0.11a1	1.2bc1
	自然恢复样地	75.2d1	7.6c1	3.6b1	0.11a1	1.5a1
2005 年	新银合欢林	158.8a1	15.1a1	7.8a1	0.15a1	0.9a1
	大叶相思林	147.8b1	14.3b1	7.5ab1	0.15a1	1.0a1
	苏门答腊金合欢林	144.2b1	13.6d1	6.2c1	0.14a1	1.0a1
	印楝林	132.6c1	14.3bc1	6.1c1	0.14a1	1.1a1
	赤桉林	140.0b1	13.9cd1	6.0c1	0.14a1	1.0a1
	自然恢复样地	164.4a1	14.6ab1	7.1b1	0.15a1	0.9a1
2013 年	新银合欢林	184.7a1	18.3ab1	9.1a1	0.17a1	0.9a1
	大叶相思林	180.5a1	18.5ab1	9.3a1	0.17a1	0.9a1
	苏门答腊金合欢林	170.8b1	17.4bc1	8.0c1	0.16a1	1.0a1
	印楝林	168.9b1	17.1bc1	7.9c1	0.16a1	1.0a1
	赤桉林	166.9b1	16.7c1	7.7c1	0.16a1	1.0a1
	自然恢复样地	178.6a1	17.8a1	8.6b1	0.17a1	0.9a1
	对照样地	185.2a1	19.2ab1	9.6a1	0.17a1	0.9a1

注：同列不同小写字母表示差异达到显著水平（$P<0.05$），字母后面的数字 1 和 2 分别表示该均值与 1991 年造林前荒地差异显著（$P<0.05$）和不显著（$P\geqslant0.05$）。

Bray-Curtis 目标轴分析法是估算土壤改良率的有效方法，能分析和比较大量测定指标或恢复指标的响应，有助于及时调整生态恢复的管理措施（Ruiz-Jaén 等，2005；Tang 等，2013）。如果把土壤改良率 60% 作为某项土壤性质或土壤整体恢复成功的标准，经过 22 a 的植被恢复，限制干热河谷退化生态系统恢复的土壤微生物和化学限制因素已基本清除。就植被恢复处理而言，新银合欢和大叶相思人工林的营建以及自然恢复已成功改良退化土壤

（表7-5）。Bray-Curtis目标轴分析法尽管是一种简单可行的判断生态系统恢复程度的方法，但也存在其明显不足。如果生态恢复样地的某项指标超出阈值范围（即造林前和对照样地的指标范围），那该方法得出的结果将显示为负值或修复程度大于100%。另外，在分析生态修复程度或生态系统子系统修复程度时也未能考虑不同指标的权重。

表7-5　基于Bray-Curtis目标轴分析法的干热河谷生态恢复区土壤改良率

单位：%

采样时间	参试指标	新银合欢林	大叶相思林	苏门答腊金合欢林	印楝林	赤桉林	自然恢复样地	所有样地
1997年	物理性质	4.6	4.0	3.6	1.5	0.8	1.9	2.7
	化学性质	22.1	21.4	18.5	18.9	18.1	14.4	18.9
	微生物性质	55.0	51.4	46.4	43.5	44.7	39.1	46.7
	平均值	27.3	25.6	22.8	21.3	21.2	18.5	22.8
2005年	物理性质	12.7	13.4	10.7	8.6	7.7	10.2	10.5
	化学性质	47.1	41.0	38.5	38.9	34.7	38.1	39.7
	微生物性质	83.8	79.6	74.0	71.8	73.1	82.6	77.5
	平均值	47.8	44.7	41.1	39.8	38.5	43.7	42.6
2013年	物理性质	32.3	33.7	23.7	21.4	19.7	29.2	26.7
	化学性质	74.7	70.5	49.0	54.0	52.0	66.8	61.2
	微生物性质	97.8	97.6	90.2	89.3	87.8	94.8	93.1
	平均值	68.2	67.3	54.3	54.9	53.2	63.6	60.3

Bray-Curtis目标轴分析结果显示，与未退化样地（对照样地）相比，植被恢复22 a后各处理样地参试的土壤微生物和化学性质平均改良率分别为93.1%和61.2%，而土壤物理性质平均改良率仅为26.7%（表7-5）。就植被恢复处理而言，与未退化样地相比，新银合欢和大叶相思人工林以及自然恢复样地土壤改良率为63.6%~68.2%，而其他处理土壤改良率为53.2%~54.9%。2013年植被恢复区整体土壤改良率为60.3%。本研究植被恢复期间（1991—2013年）各处理样地土壤性质均有不同程度的改善，但土壤结构和肥力仍远低于未退化样地，尤其是土壤结构（表7-2，表7-3）。表明干热河谷退化土壤改良是一个长期的过程，这可能是因为生态系统退化过程中结构和功能相对较好的表层土壤流失，导致瘠薄板结的亚表层土壤出露。通常干热河谷表层土浅薄，植被破坏后该土层极易流失（金振洲，2002；李昆，2008）。与物理和化学性质相比，土壤微生物性质极易受植被恢复的影响而迅速被改良（表7-5）。这可能是由于土壤微生物自身对外界生物和非生物环境变化敏感，包括凋落物量、地表覆盖、土壤含水量等环境因子的变化（Giai等，2007；Han等，2013；Anderson等，1993）。此外，大多数生物地球化学循环和土壤结构的形成需要在土壤微生物的参与下才能完成，如土壤养分的活化（Eviner等，2008；García-Palacios等，2011）。

通常，干热河谷土壤养分含量及其有效性明显低于河谷高海拔地区（>1 600 m）的灌木林或亚热带常绿林（Sardans 等，2013；Whisenant，2005）。因此，有必要判断本研究试验地养分含量低是土壤发生退化所致还是原本养分含量就不高，因为养分含量低并不意味着对生态系统不利（金振洲，2002；李昆，2008）。本研究试验地 SOC、全氮和有效养分含量均显著低于其附近未退化样地。由此可以判断本研究植被恢复区土壤养分含量低的确是由土壤退化所致。植被恢复后，在土壤微生物的参与下，退化土壤中 SOC、全氮和有效养分逐渐积累。植被恢复过程中土壤全磷含量无显著变化，表明全磷主要受土壤母质的控制，一旦土壤发生退化这些土壤性质将很难被改良（在非人为添加情况下）。土壤 pH 值略有增加（不显著）则可能与速效钾、有效钙、有效镁等碱土元素和阳离子交换量显著提高有关。

修复退化生态系统，需要消除生境地表物理条件的限制，以达到保水、保土、保肥和保种的目的。尽管这种地表状况的改善可能只是暂时的，但它可以促进植被的建立与恢复，提高其改善环境条件的潜力（Whisenant，2005；Li 等，2006）。与土壤生化过程相比，新生态系统的形成和发展演变或退化生态系统的恢复将需要更长的时间（Dobson 等，1997；Ruiz-Jaén 等，2005；Li 等，2006）。本研究中植被恢复 22 a 后土壤物理性质平均改良率不足 30%（表 7-5），表明本研究中制约退化土壤生态恢复的物理限制因子尚未完全去除。这一方面与输入土壤中的植物残体量较低有关（Li 等，2006）。植被恢复 22 a 后，各处理样地植被凋落物量为 0.94~3.22 t·hm^{-2}·a^{-1}，这明显低于其河谷高海拔地区的灌木林或亚热带常绿阔叶林（金振洲，2002；李昆，2008）；另一方面与该地区夏季高温多雨所导致的植物残体分解速率快、土壤腐殖质化作用弱有关。通常，土壤物理性质与土壤腐殖质化作用密切相关，如土壤腐殖质化过程中形成的有机-无机复合物可提高土壤大团聚体含量、改善土壤结构（Whisenant，2005；Li 等，2006；Cécillon 等，2010）。此外，在干热暴雨环境条件下，表层土壤继续发生流失造成土壤物理性质的进一步恶化，细土壤颗粒的沉积会填充土壤孔隙，加剧土壤物理性质的恶化（Zhu 等，2008）。

植被在土壤形成过程中起关键作用，植被类型会影响生态系统的结构和功能，进而影响土壤性质及其演化（Dobson 等，1997；Tomar 等，2003；Lamb 等，2005；Giai 等，2007；Shinneman 等，2008；Freeman 等，2009；Danquah 等，2012；Sardans 等，2013；Zhang 等，2013；Wu 等，2013）。退化土壤的改善也有助于植被生长和植物群落正向演替。植被-土壤相互作用及其协同进化也成为生态系统被成功恢复的关键（Ruiz-Jaén 等，2005；Li 等，2006；Eviner 等，2008；García-Palacio 等，2011）。本研究中，造林树种决定退化土壤改良及其进程。从总体上看，新银合欢和大叶相思相对印楝、苏门答腊金合欢和赤桉更适合于干热河谷退化土壤的改良（表 7-5）。其原因有 3 个。第一，植物有机残体的分解与转化，包括植被凋落物、死的或尚在分解的植物根系以及根分泌物。在不同调查阶段，大叶相思和新银合欢人工林植被凋落物量均明显高于其他 3 种人工林。来自固氮植物（新银合欢、大叶相思和苏门答腊金合欢）的凋落物比非固氮植物（印楝、赤桉）更容易被分解，进而促进土壤改良（Forrester 等，2006；Tang 等，2013）。第二，土壤微生物、植物根系共生体的培养，包括土壤有益微生物、菌根、根瘤等。新银合欢、大叶相思和苏门答腊金合欢均属含羞草科植物，在缺氮的干热河谷能有效固定大气中的氮素以满足植物自身的生长，进而促进土壤改良（Forrester 等，2006；Tang 等，2013）。第三，植物生长改变了林间微气候。总体上大树冠和高凋落物量可改善林间微气候，如提高土壤含水量、降低土壤和林内空气温度，这有助于退化土壤的改良。本研究 5 种供试树种中，大叶相思和新银合欢的树冠最大（表 7-1），林间植被凋落物量也最高（Tang 等，2014）。用苏门答腊金合欢改良干热河谷退化土壤的进程较慢，这可能与其林间植被凋落物量低有关。本研究 5 种供试树种中，新银合欢和大叶相思改良土壤的综合效果最好而且其土地生产力也较高，在不考虑生态系统其他功能和服务的条件下（Lamb 等，2005；Birch 等，2010），可将新银合欢和大叶相思作为先锋树种来改良干热河谷退化土壤。

健康的生态系统具有内在的自发修复机制，但退化过程可能超过这种自身修复能力。一旦如此，自然修复机制将不可能修复所有的损害（Whisenant，2005）。通过自然恢复机制来恢复极度退化的生态系统是非常困难的，而且需要很长时间来建立与之相应的植物群落，这时就需要采取人工干预措施（Bashan 等，2012）。通过积极的人工干预来消除阻碍自然恢复的障碍因素，方可启动自然生境的自我修复过程，并使之向着能正常发挥系统功能的方向发展（Whisenant，2005）。在本研究中，自然恢复对退化土壤改良的效果虽不及营建新银合欢和大叶相思人工林，但其改良效果优于印楝、苏门答腊金合欢和赤桉人工林的营建（表 7-5）。表明相对自然恢复而言，人工植被恢复（人工林）并不一定能加速退化土壤的改良，这可能与干热河谷生态系统植被特征有关。自然恢复样地植被是以黄茅为主的稀树灌草丛，这与典型干热河谷植被类似。该样地凋落物量低于大叶相思和新银合欢人工林，但显著高于苏门答腊金合欢和赤桉人工林。与高度木质化的树植被凋落物相比，草本植物（黄茅）凋落物 C/N 相对更低（表 7-1），这有助于黄茅的快速分解和养分释放，进而在微生物的作用下改善土壤结构和功能（Archer，1997；Tang 等，2014）。黄茅为须根系，其根系死亡和分解所留下的土壤孔隙可提高土壤孔隙度、降低土壤容重。在没有外界干扰的情况下草本植被（黄茅）更容易生长和恢复。调查数据显示，2012 年自然恢复样地植被覆盖率（79%）与未退化样地接近（84%）。再者，人工林营造过程中某些造林措施可能破坏土表而造成新的水土流失，比如预整地，而自然恢复样地不存在因人为措施而造成的新的水土流失。生态系统自然恢复对改良退化土壤所需的时间长于新银合欢和大叶相思人工林营造，但所需时间短于印楝、苏门答腊金合欢和赤桉人工林（表 7-5）。因此，在某些造林难以实施的地区（如因造林经费问题），这种代价极低的生态系统自然恢复也可以作为改良干热河谷退化土壤的一种可行方法。

7.2　金沙江干热河谷生态恢复监测实例研究

7.2.1　干热河谷土壤改良生态监测体系构建

我国进入生态文明建设新时代，对包括生物多样性在内的生态环境高质量保护已经成为国家经济社会高质量发展的重要内容，也是国家治理体系和治理能力现代化的重要目标。森林生态系统是森林生物与环境之间、森林生物之间相互作用，并产生能量转换和物质循环的统一体系，是陆地生态系统中面积最大、最重要的自然生态系统。森林生态系统一旦遭到破坏，就会引起一系列环境问题，如水土流失、土壤沙漠化、温室效应加剧、气候失调、生物多样性锐减等。建立和完善森林生态监测系统，有利于及时发现问题并处理，其监测成果既是政府科学决策的重要依据，也是全面、科学、系统评价生态修复执行情况、提升森林经营管理水平、履行国际公约和加强生态文明建设的基本要求。整合各类监测技术、方法和资源，建立完善的、可靠操作的森林资源和生态状况综合监测体系，充分反映生态建设的成就和客观评价森林的生态效益，是当前我国林业生态建设中的当务之急。本方案通过采用森林生态系统相关监测方法，对金沙江干热河谷面山生态修复区（以下简称生态修复区）的生物多样性、大气环境、土壤条件展开系统监测，全面掌握本底资料，科学评估项目实施过程中潜在的风险，以及项目实施后取得的成效，具有重要的科学指导意义。

2021 年度共抽调 18 人次对 4 个监测区 12 个固定样地进行系统调查、监测和采样分析，其中样地全面调查采样 1 次、负氧离子监测 4 次；历时 2 个月对采集的土壤、植物和凋落物样品进行实验室分析。

（1）生态监测内容　金沙江干热河谷生态恢复监测必须遵循整体性、科学性、经济性、代表性、可测性等原则。

生态修复区生态监测主要内容包括森林资源情况和生态服务功能监测。森林资源情况监测主要是对森林本身数量、质量、结构和分布状态的监测。其中，森林数量包括森林面积、覆盖状况、蓄积、生物量、生长量等，森林质量包括单位面积蓄积、自然度、天然更新等级、健康度、生物多样性等，森林结构包括群落结构、树种结构、龄级结构、径阶结构、层次结构、疏密结构等；生态服务功能监测主要是依据《森林生态系统服务功能评估规范》（LY/T 1721—2008），结合造林绿化实际情况，主要开展森林涵养水源、保土保肥、固碳释氧、林木养分固持、净化空气、生物多样性保护等生态服务功能的监测。

生态监测指标体系主要参考国家或行业相关标准和规范，包括《森林生态系统长期定位观测指标体系》（GB/T 35377—2017）、《森林生态系统长期定位观测方法》（GB/T 33027—2016）、《森林生态系统服务功能评估规范》（GB/T 38582—2020）、《退耕还林工程生态效益监测与评估规范》（LY/T 2573—2016）和《森林土壤调查技术规程》（LY/T 2250—2014）。根据生态修复区特点和相关要求，本实例中监测指标体系包括涵养水源、保土保肥、固碳释氧、林木养分固持、净化空气、生物多样性六大类指标（表 7-6）。

表 7-6　干热河谷生态恢复区监测内容和监测指标

监测内容	监测指标
涵养水源 保土保肥	土壤剖面性质，土壤物理性质、化学性质和凋落物性质等
固碳释氧 林木养分固持	植物器官和凋落物生物量和营养元素含量及其有效性

（续表）

监测内容	监测指标
净化空气	负氧离子
生物多样性	乔木：树高、胸径、冠幅、第一活枝高、树种、径级、郁闭度
	灌木：组成、高度、盖度、生物量
	草本：组成、高度、盖度、生物量

（2）生态监测方法　包括植物群落监测和森林土壤监测两个方面。

植物群落监测。在笔山、栗坡、南甸和鱼山4个生态修复监测区分别设置3个20 m×20 m固定样地，共12个固定样地。并在固定样地中心位置和4个角分别设置5个5 m×5 m和5个2 m×2 m小样方，用于乔木、灌木和草本调查。每个灌木调查样方面积25 m²，一个样地5个小样方合计面积125 m²；每个草本调查样方面积4 m²，一个样地5个小样方合计面积20 m²（图7-1）。森林生态系统多样性监测包括：植被类型多样性、乔木径级组多样性和乔灌草藤本植物多样性。乔木层调查（表7-7）：对乔木样地内所有胸径达到及超过2 cm的乔木个体进行每木检尺，调查树种和郁闭度，测量胸径、树高、冠幅和第一活枝高，填写固定样地乔木层调查表。同时，调查幼树（胸径<2 cm）和幼苗种名、高度、地径、冠幅和生长状况等，填写固定样地幼树调查表。灌木层调查：在布设好的5个灌木调查样方中，分别调查记录灌木的种名、株（丛）数、茎秆数、平均高度及盖度等，填写固定样地灌木层调查表。灌木取样在样方邻近区域根据平均木挖取植物样品，称量地上部和地下部生物量。草本层调查：在布设好的5个草本调查样方中，分别调查记录草本植物的种名、平均高度及盖度等，填写固定样地草本层调查表。草本取样在样方邻近区域通过收获法获取，烘干称量地上部和地下部生物量。此外，枯落物生物量调查在草本样地内开展，称重后取少量样品（100 g）带回实验室分析测试，其余样品归还样地。通过测定群落的碳含量和净生产力计算群落生物量及碳储量、固碳释氧量；通过测定植物N、P、K元素含量，分析植物群落对N、P、K的固持量。

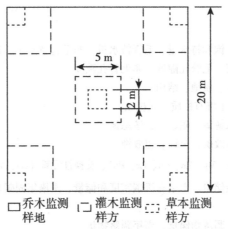

图7-1　干热河谷生态恢复区监测固定样地设置示意图

表 7-7　干热河谷生态恢复区植物群落监测内容

监测内容	监测指标	监测频度
森林植被	森林覆盖率	每年 1 次
群落主要成分	乔木（种名、林龄、树高、胸径、郁闭度、第一活枝高、冠幅、生长状况）	每年 1 次
	灌木（种名、株（丛）数、茎秆数、平均地径、平均高度、盖度、多度、冠幅、生长状况）	
	草本（种名、盖度、平均高度、生长状况）	
	幼树（种名、树高、基径、冠幅、生长状况）	
群落生物量	乔木层生物量	
	地被层（灌木、草本和藤本）生物量	
	凋落物量	
森林群落养分与重金属元素	C、N、P、K、Ca、Mg、Mn、Fe、Cu、Pb、Cr	

森林土壤监测。应考虑样地亚表层和深层土壤异质性低等特点，按照尽可能少破坏样地的原则，在每个监测区选择 1 个土壤剖面取样点，分层取 0~60 cm（0~10 cm、10~20 cm、20~40 cm 和 40~60 cm）土壤样品。同时，调查样地土壤剖面性质和样地基本土壤属性（表 7-8），分层取环刀样和铝盒样。在每个样地按"S"形收集 5 个 0~10 cm 土层样品，混合形成 1 个表层土壤混合样，用于测定土壤化学性质。同时，取环刀样和铝盒样，用于测定土壤容重、孔隙度、含水量、持水性能等土壤物理性质。考虑到样地施肥等原因，土壤剖面距离种植塘 0.5 m 以上。

表 7-8　干热河谷生态恢复区土壤监测内容

监测内容	监测指标	监测频度
剖面性质	土壤母岩	监测 1 次
	土壤层次和厚度	
	土壤颜色	
物理性质	土壤容重	每年 1 次
	土壤含水量、饱和持水量、毛管持水量、非毛管持水量、田间持水量	
	土壤总孔隙度、毛管孔隙度、非毛管孔隙度	
	土壤颗粒组成、质地、结构	
化学性质	土壤 pH 值、土壤有机质、无机碳	
	土壤全氮、水解氮、硝态氮、铵态氮	
	土壤全磷、有效磷、全钾、速效钾	
	全量元素（Ca、Mg、Zn、Cu、Cr、Pb）、交换性元素（Ca、Mg、Zn、Cu）	
碳	计算凋落物碳储量、土壤有机碳密度和储量、土壤年固碳量，用于生态功能评估	
凋落物	凋落物厚度、凋落物储量、当年凋落物量	

森林净化大气环境监测。按照 GB/T 33027—2016 的方法，在 4 个生态监测区采用负离子仪（AIC-1000）进行动态监测（表 7-9）。每年监测 4 次，每次分时段（每 2 h 一个时段，共 5 个时段）监测 8:00—18:00 东、西、南、北 4 个方位负氧离子浓度。

表 7-9　干热河谷生态恢复区森林净化大气环境监测

监测内容	监测指标	监测频度
负离子数	负氧离子浓度	每年 4 次，每次分时段（5 个时段）监测 8:00—18:00 东、西、南、北 4 个方位负氧离子浓度

（3）生态监测区基本情况　本生态修复区共设置 4 个生态监测区，包括笔山、栗坡、南甸和鱼山监测区，监测区样地基本信息见表 7-10。总体上，4 个监测区海拔为 2 100~2 200 m，属于高原中山地貌。气候类型为低纬高原亚热带季风气候，四季温差不大、干湿季分明。受苍山影响，生态修复区降雨偏少，气温偏高，干燥度较大。

4 个监测区微地形略有不同（表 7-10）。笔山监测区地势平缓，整体坡度为 5°~15°，其他 3 个监测区地势陡斜，坡度为 20°~30°，尤其是南甸监测区（接近 30°）。4 个监测区土壤母质和类型差异明显（表 7-10）。笔山监测区土壤为石灰岩发育的红壤，岩石出露率约为 1%，土壤石砾含量较低（质量分数<2%），土层深厚，土壤冲积堆积明显，土壤疏松；栗坡监测区土壤为石灰岩发育的红壤，岩石出露率约为 15%，土壤石砾含量较低（质量分数<5%），土层较厚，土壤较疏松；南甸和鱼山监测区土壤母质均为砂岩，土壤类型为棕黄壤，土壤石砾含量较高（质量分数为 15% 左右），土层较薄，土壤较紧实。

表 7-10　干热河谷生态恢复区样地基本信息

样地号	地点	海拔/m	坡度	坡向	土壤类型	造林树种
1	笔山	2 136.7	5	W	红壤	球花石楠
2	笔山	2 158.3	7	W	红壤	滇朴
3	笔山	2 150.5	6	W	红壤	香樟
4	栗坡	2 194.9	20	N	红壤	大叶女贞
5	栗坡	2 211.6	23	N	红壤	大叶女贞
6	栗坡	2 208.8	24	N	红壤	大叶女贞
7	南甸	2 167.3	26	W	棕黄壤	大叶女贞
8	南甸	2 116.2	26	W	棕黄壤	大叶女贞
9	南甸	2 104.8	27	W	棕黄壤	大叶女贞
10	鱼山	2 104.8	21	SE	棕黄壤	冬樱花、球花石楠
11	鱼山	2 104.3	20	S	棕黄壤	冬樱花
12	鱼山	2 072.3	25	E	棕黄壤	冬樱花、球花石楠

笔山、栗坡和南甸监测区生态恢复（造林）时间主要为 2018 年，鱼山监测区生态恢复时间主要为 2019 年。笔山监测区主要造林树种为球花石楠、滇朴和香樟，样地原有乔木有云南松、梨、凤凰木、棠梨、圆柏、车桑子、小石积，生态修复方式主要有人工造林、抚育管理和有林地补植，生态修复面积约为 280 hm²，生态恢复前利用类型主要为灌木林地和耕地等；栗坡监测区主要造林树种是大叶女贞，样地原有乔木为云南松、柏树、板栗、鼠李、桉树、车桑子、小石积、白刺花，幼树主要为清香木、麻栎，生态修复方式主要有人工造林、抚育管理、点播和有林地补植，生态修复面积约为 415 hm²，生态恢复前利用类型主要为灌木林地和耕地等；南甸监测区造林树种为大叶女贞，样地原有乔木有云南松、黑荆树、桉树、板栗、梨、棠梨、黄葛树、清香木、金刚纂、车桑子、小石积、滇藏叶下珠等，幼树主要为滇青冈，生态修复方式主要有人工造林、抚育管理、点播和有林地补植，生态修复面积约为 330 hm²，生态恢复前利用类型主要为灌木林地、耕地、有林地和宜林地等；鱼山监测区主要造林树种为冬樱花和球花石楠，样地原有乔木为云南松、滇合欢、桉树、旱冬瓜、黑荆树、桤木、胡枝子、马桑、车桑子等，生态修复方式主要有人工造林和有林地补植，生态修复面积约为 365 hm²，生态恢复前利用类型主要为灌木林地和纯林地等。

7.2.2 干热河谷森林资源状况评价

将森林资源、生长状况、动态变化、结构、分布、功能等，用一定的指标进行定性评估或定量评价，得出森林资源及其生态系统的特征和发展规律，以及与社会经济发展、环境保护和生态建设之间的内在联系，为林业可持续发展提供信息支持。本研究主要从生态系统稳定性、森林健康和生物多样性等方面进行综合评价。评价生态系统稳定性是综合监测体系评价的首要任务，其目的是通过对林地和林木资源的数量、结构、质量及其变化的分析，客观评价林业和生态修复成效，为加强保护和可持续发展提出建议。森林数量包括植物数量、林木蓄积量、郁闭度（盖度）、树高、凋落物厚度等。森林结构包括植被群落类型、群落组成特征、群落结构、径级结构（各树种胸径分布）、个体/种关系。森林质量包括单位面积蓄积、健康度、生物多样性等。

（1）生态系统稳定性监测与评价　从植物群落数量特征方面看，生态修复区 12 个固定样地（400 m²）乔木平均株数为 33.1 株，树高为 3.6 m，胸径为 4.7 cm，郁闭度为 0.15（表 7-11）。整体上，乔木层树高较低、胸径较小，郁闭度低，这说明新造林树种尚未成林，处于幼龄阶段。样地调查时间为旱季中期（2 月），部分树种枝叶凋落，也在一定程度上导致较低的郁闭度。灌木层树高约 1.2 m，由幼树和灌木组成，其中灌木树种在种类和数量上占绝对优势，分别占灌木层的 70% 和 90%。监测区 12 个样地灌木平均株（丛）数为 114.6 株，茎秆数 419.4 根，平均盖度为 30%。草本层平均高度为 1.2 m，平均盖度为 55%。监测区乔灌草层植物群落数量特征表明，在乔木树种尚未成林的情况下，灌草层植物有良好的更新和演化，这不仅有利于本区域生态恢复，也有利于水土保持、土壤肥力提升和维持生物多样性。

表 7-11　干热河谷生态恢复区样地植物群落数量特征

| 监测区 | 样地号 | 乔木层 | | | | 灌木层 | | | | 草本层 | |
		株数	平均树高/m	平均胸径/cm	郁闭度/%	株（丛）数	茎秆数	平均树高/m	盖度/%	平均高度/m	盖度/%
笔山	1	24	3.7	6.5	0.20	—	—	—	—	0.3	30
	2	30	4.7	7.4	0.45	—	—	—	—	1.0	65
	3	28	3.8	5.6	0.10	16	52	0.7	5	1.2	55
	总体	27.3	4.1	6.5	0.25	5.3	17.3	0.7	1	0.9	50
栗坡	4	49	3.4	4.6	0.10	95	519	1.2	25	1.2	60
	5	34	3.6	5.0	0.15	181	351	1.1	30	1.2	75
	6	29	3.3	4.4	0.05	132	292	0.9	20	1.4	90
	总体	37.3	3.4	4.7	0.10	136	387	1.0	25	1.3	75
南甸	7	38	3.4	3.8	0.05	88	324	1.3	30	1.3	85
	8	22	3.7	3.6	0.05	171	427	1.1	30	1.2	80
	9	20	3.5	3.9	0.05	185	841	1.4	65	1.2	60
	总体	26.7	3.5	3.8	0.05	148	531	1.3	40	1.3	75
鱼山	10	47	3.6	4.2	0.20	196	780	1.3	55	1.3	20
	11	39	3.4	4.4	0.15	160	624	1.3	55	1.2	30
	12	37	3.2	4.0	0.15	151	823	1.4	45	1.7	25
	总体	41	3.4	4.2	0.15	169	742	1.3	50	1.4	25
整体监测区		33.1	3.6	4.7	0.15	114.6	419.4	1.2	30	1.2	55

注：乔木层包含萌生乔木，灌木层包含胸径<2.0 cm的乔木幼树。乔木样地面积为400 m²，灌木样地面积为125 m²，草本样地面积为20 m²。

　　生态修复区4个监测区植物群落数量特征差异明显（表7-11）。其中栗坡和鱼山监测区乔木株数在35株左右（分别37.3株和33.1株），明显高于笔山和南甸监测区（27.3株和26.7株）。但笔山监测区乔木平均树高和平均胸径在4个监测区最大，分别是其他监测区的1.2倍和1.5倍左右。4个监测区森林郁闭度都非常低，尤其是南甸和栗坡监测区（0.05和0.10）。笔山监测区灌木层树种极少，除此之外，其他监测区灌木层株（丛）数均超过100株，其中鱼山监测区灌木层植物株（丛）数超过150株。栗坡、南甸和鱼山监测区灌木层平均高度为1.0~1.3 m，平均盖度为25%~50%，以栗坡监测区灌木层平均高度和盖度略低。4个监测区草本层平均高度为0.9~1.4 m，其中南甸和鱼山监测区黄背草和禾草占优势，其高度普遍较高。由于笔山和鱼山监测区每年都实施卫生抚育和割草等森林防火措施，草本层遭到严重破坏，导致草本盖度（50%和25%）明显低于栗坡和南甸监测区（75%左右）。

　　从植物群落生物量特征方面看，生态修复区12个样地平均生物量为4.02 kg·m⁻²（表7-12），远低于云南省森林生物量（10.2 kg·m⁻²，燕腾等，2015）和我国西南云贵川渝地区森林生物量（16.2 kg·m⁻²，吴鹏等，2012），也低于我国森林生物量（4.9~32.4 kg·m⁻²，方精云等，1996）。究其原因：一是干热河谷整个区域降水量偏少、气候偏干燥，导致植物生物量偏低；二是本生态修复项目实施的时间较短，新造林尚未成林（幼龄树占绝大部分），乔木树高、胸径和冠幅普遍较低；三是本生态修复项目造林树种多为大叶女贞、冬樱花、球花石楠和香樟，这些树种在本区域冠幅普遍不大，而且在造林时去除了较多的枝叶，部分树种采取断梢种植的方法，在一定程度上也影响了乔木生物量；四是部分样地采取了卫生抚育和割草等森林防火措施，导致笔山和鱼山等监测区部分灌草生物量损失。此外，本次样地调查时间为旱季中期，乔木树种落叶、灌木树种干枯枝叶凋落、草本枯萎现象明显，也导致样地生物量偏低。

表 7-12   干热河谷生态修复区样地植物群落生物量特征

| 监测区 | 样地号 | 乔木层 | | | 灌木层 | | 草本层 | | 总生物量/ (kg·m⁻²) |
		胸断面积/ (cm²·m⁻²)	生物量/ (kg·m²)	占比/%	生物量/ (kg·m²)	占比/%	生物量/ (kg·m²)	占比/%	
笔山	1	2.3	2.11	50.0	—	—	2.11	50.0	4.22
	2	3.6	3.48	83.3	—	—	0.70	16.7	4.18
	3	2.0	2.03	52.3	—	—	1.85	47.7	3.88
	总体	2.7	2.54	61.9	—	—	1.55	38.1	4.09
栗坡	4	2.2	2.02	72.4	0.13	4.7	0.64	22.9	2.79
	5	1.9	2.12	41.6	1.20	23.5	1.78	34.9	5.10
	6	1.4	1.60	30.5	0.44	8.4	3.20	61.1	5.24
	总体	1.8	1.91	48.2	0.59	12.2	1.87	39.6	4.38
南甸	7	0.9	1.39	46.0	0.28	9.3	1.35	44.7	3.02
	8	0.6	0.85	15.5	1.58	28.8	3.05	55.7	5.48
	9	0.5	0.65	23.0	0.86	30.4	1.32	46.6	2.83
	总体	0.6	0.96	28.2	0.91	22.8	1.91	49.0	3.78
鱼山	10	1.7	2.16	57.4	1.20	31.9	0.40	10.6	3.76
	11	1.4	1.66	37.8	0.52	11.8	2.21	50.3	4.39
	12	1.4	1.43	43.2	0.95	28.7	0.93	28.1	3.31
	总体	1.4	1.75	46.2	0.89	24.2	1.18	29.7	3.82
整体监测区		1.6	1.79	46.1	0.80	14.8	1.63	39.1	4.02

注：乔木层包含萌生乔木，灌木层包含胸径<2.0 cm的乔木幼树。乔木样地面积为400 m²，灌木样地面积为125 m²，草本样地面积为20 m²。

在生态修复区内，乔木层生物量和草本层生物量是样地生物量的主要组成部分（表7-12），其占比超过样地总生物量的85%，其中乔木层生物量接近总生物的一半，乔木层胸断面积为1.6 cm²·m⁻²。生态修复区4个监测区之间植物群落生物量差异明显

（表7-12）。栗坡监测区植物群落总生物量最大（4.38 kg·m^{-2}），其次为笔山和鱼山监测区，而南甸监测区植物群落总生物量最小（3.78 kg·m^{-2}），比栗坡监测区低15%左右。在生物量构成方面，笔山监测区乔木层生物量占比超60%，栗坡和鱼山监测区乔木层生物量占比接近50%，但南甸监测区乔木层生物量占比不足30%；笔山监测区灌木层极少，南甸和鱼山监测区灌木层生物量占比超过20%，栗坡监测区灌木层生物量占比也超过了10%；南甸监测区草本层生物量占比接近50%，笔山和栗坡监测区草本层生物量占比接近40%，而鱼山监测区草本层生物量占比接近30%。4个监测区生物量及其占比差异性说明金沙江干热河谷上段面山生态修复区的复杂性，树种选择、样地立地环境、绿化施工质量与林地抚育管理措施均会影响生态修复效果；也说明生态修复的长期性和精细管理的重要性，部分样地乔木枯死率较高、林木生长不良、灌草破坏严重。因此，困难立地区域生态修复不是一蹴而就的，必须经过长期精细抚育管理和动态监测调整才能达到绿水青山的生态目标。

类似地，在各监测区不同样地之间，植物群落生物量差异更加明显（表7-12）。南甸、栗坡和鱼山监测区各样地之间植物群落总生物量属于中等程度变异，笔山监测区样地之间植物群落总生物量属于弱变异（4%）。样地之间乔木层、灌木层和草本层生物量均属于中等程度变异。总体而言，各监测区不同样地之间灌木层、草本层生物量变异系数较高，南甸、栗坡和鱼山监测3个样地间灌木层生物量变异系数分别为93%、72%和39%；样地间草本层生物量变异系数为48%~78%；样地间乔木层生物量变异程度普遍较低，其变异系数为14%~40%。各监测区样地间生物量构成占比均为中等程度变异。说明各监测区内3块样地间乔木树种长势普遍一致，灌草植物长势除与样地管理措施有关外，还与样地原有植被、自然环境和立地条件等诸多因素有关。

从植物群落组成特征方面看，2022年2月在生态修复区12个样方内共调查到21科45属49种植物，其中乔木层调查到7科9属9种植物，灌木层调查到9科11属12种植物，草本层调查到8科25属28种植物。乔木层植物以木樨科、蔷薇科、松科、榆科和樟科为主，灌木层植物以无患子科、蔷薇科和豆科为主，草本层植物以禾本科和菊科为主。各样地调查到5~11科6~21属6~21种植物（表7-13），分别占所有样地总科数、总属数和总种数的23.81%~52.38%、13.33%~46.67%和12.24%~42.86%。

表7-13 生态修复区12个样地典型植物群落组成特征

样地号	科					属					种				
	乔木层	灌木层	草本层	合计	占总科数/%	乔木层	灌木层	草本层	合计	占总属数/%	乔木层	灌木层	草本层	合计	占总种数/%
1	2	0	3	5	23.81	2	0	4	6	13.33	2	0	4	6	12.24
2	3	0	3	6	28.57	3	0	5	8	17.78	3	0	5	8	16.33
3	2	2	2	6	28.57	2	2	5	9	20.00	2	2	5	9	18.37
4	2	3	2	7	33.33	2	3	5	10	22.22	2	3	5	10	20.41

（续表）

样地号	科					属					种				
	乔木层	灌木层	草本层	合计	占总科数/%	乔木层	灌木层	草本层	合计	占总属数/%	乔木层	灌木层	草本层	合计	占总种数/%
5	2	7	2	11	52.38	2	7	7	16	35.56	2	7	7	16	32.65
6	2		2	4	7	33.33	2	4	7	13	28.26	2	4	7	13	26.53
7	1	5	4	9	42.86	1	5	13	19	42.22	1	5	13	19	38.78
8	2	5	3	10	47.62	2	5	7	14	31.11	2	5	7	14	28.57
9	1	5	2	8	38.10	1	6	8	15	33.33	1	6	9	16	32.65
10	2	4	5	10	47.62	3	4	12	19	42.22	3	4	13	20	40.82
11	1	6	3	9	42.86	2	6	12	20	44.44	2	6	12	20	40.82
12	3	5	4	10	47.62	4	5	12	21	46.67	4	5	12	21	42.86

生态修复区4个监测区之间植物群落组成差异明显（表7-14）。笔山监测区共调查到9科14属14种植物，分别占所有样地总科数、总属数和总种数的42.86%、31.11%和28.57%，以蔷薇科、榆科、樟科、禾本科和菊科等植物为主，植物种偏少，这可能与样地整地方式、生态修复前土地利用方式和林地管理措施有关。笔山监测区土地相对平整，台状整地；生态修复前耕地比例较大，样地分布少量果树（如梨），灌木树种极少，而且主要分布在台间陡坡上；林地每年都进行卫生抚育和割草等森林防火措施（离居民点近），导致林下灌草层植被严重破坏。栗坡监测区共调查到11科18属18种植物，分别占所有样地总科数、总属数和总种数的52.38%、40.00%和36.37%，以木樨科、松科、无患子科、蔷薇科、禾本科和菊科等植物为主，植物种比笔山监测区稍多，但仍偏少。南甸监测区共调查到13科27属28种植物，分别占所有样地总科数、总属数和总种数的61.90%、60.00%和57.14%，以木樨科、无患子科、蔷薇科、禾本科和菊科等植物为主，植物种明显高于笔山和栗坡监测区。鱼山监测区共调查到14科29属32种植物，分别占所有样地总科数、总属数和总种数的66.67%、64.44%和

表7-14 生态修复区各监测区典型植物群落组成特征

监测区	科					属					种				
	乔木层	灌木层	草本层	合计	占总科数/%	乔木层	灌木层	草本层	合计	占总属数/%	乔木层	灌木层	草本层	合计	占总种数/%
笔山	4	2	3	9	42.86	5	2	7	14	31.11	5	2	7	14	28.57
栗坡	2	7	2	11	52.38	2	8	8	18	40.00	2	8	8	18	36.73
南甸	2	8	4	13	61.90	2	10	15	27	60.00	2	10	16	28	57.14
鱼山	3	8	5	14	66.67	4	8	17	29	64.44	4	8	20	32	65.31

65.31%，以蔷薇科、松科、无患子科、禾本科和菊科等植物为主，植物种相对丰富。调查发现，鱼山监测区部分非优势灌木和草本主要分布在种植塘内。这主要是由于鱼山监测区林地每年都进行卫生抚育和割草等森林防火措施，而且样地主要位于东南向等阳坡，在乔木层尚未郁闭成林前，土壤含水量偏低，而种植塘内土壤含水量相对较高。

从植被群落类型与优势种方面看，生态修复区主要是以造林方式进行生态修复，主要造林树种是乔木树种，也为建群种，采用乔木层+灌木层+草本层优势种命名原则，根据重要值对生态修复区的植被进行典型群落划分，并以重要值≥0.2来划分优势种，可将植被分为9种典型植物群落（表7-15），包括球花石楠-白草群落、滇朴-白草群落、香樟-铁仔-鬼针草群落、大叶女贞-车桑子-黄背草群落、云南松-车桑子-野古草群落、大叶女贞-华西小石积-芒群落、大叶女贞-车桑子-黄茅群落、冬樱花-车桑子-黄背草群落和球花石楠-车桑子-黄背草群落。

表7-15 生态修复区典型植物群落优势种重要值

监测区	样地号	群落类型	群落结构	乔木层		灌木层		草本层	
				优势种	重要值	优势种	重要值	优势种	重要值
笔山	1	球花石楠-白草群落	复杂结构	球花石楠	0.926	—	—	白草	0.368
								黄背草	0.222
				其他1种	0.074			小蓝雪花	0.208
								鬼针草	0.201
	2	滇朴-白草群落	复杂结构	滇朴	0.596	—	—	白草	0.588
				梨	0.369			鬼针草	0.388
				其他1种	0.035			其他3种	0.024
	3	香樟-铁仔-鬼针草群落	复杂群落	香樟	0.792	铁仔	0.733	鬼针草	0.379
								白草	0.235
				梨	0.208	车桑子	0.267	禾草	0.209
								其他2种	0.178
栗坡	4	大叶女贞-车桑子-黄背草群落	复杂群落	大叶女贞	0.734	车桑子	0.915	黄背草	0.456
				云南松	0.266			黄茅	0.303
						其他2种	0.085	其他3种	0.240
	5	云南松-车桑子-野古草群落	复杂群落	云南松	0.616	车桑子	0.235	野古草	0.429
				大叶女贞	0.384			黄茅	0.219
						其他6种	0.712	其他5种	0.353
	6	大叶女贞-华西小石积-芒群落	复杂群落	大叶女贞	0.863	华西小石积	0.435	芒	0.261
				其他1种	0.137	车桑子	0.420	其他6种	0.739
						其他2种	0.145		

（续表）

监测区	样地号	群落类型	群落结构	乔木层 优势种	乔木层 重要值	灌木层 优势种	灌木层 重要值	草本层 优势种	草本层 重要值
南甸	7	大叶女贞-车桑子-黄茅群落	复杂群落	大叶女贞	1.000	车桑子	0.864	黄茅	0.265
						其他4种	0.136	禾草	0.233
								其他11种	0.502
	8	大叶女贞-车桑子-黄茅群落	复杂结构	大叶女贞	0.948	车桑子	0.736	黄茅	0.378
								禾草	0.254
				其他1种	0.052	其他4种	0.264	黄背草	0.206
								其他4种	0.162
	9	大叶女贞-车桑子-黄背草群落	复杂结构	大叶女贞	1.000	车桑子	0.813	黄背草	0.320
						其他5种	0.187	其他8种	0.680
鱼山	10	冬樱花-车桑子-黄背草群落	复杂结构	冬樱花	0.930	车桑子	0.871	黄背草	0.396
				其他2种	0.070	其他3种	0.129	黄茅	0.252
								其他11种	0.352
	11	冬樱花-车桑子-黄背草群落	复杂结构	冬樱花	0.822	车桑子	0.764	黄背草	0.374
				其他1种	0.178	其他5种	0.236	其他11种	0.626
	12	球花石楠-车桑子-黄背草群落	复杂结构	球花石楠	0.474	车桑子	0.868	黄背草	0.332
				冬樱花	0.335	其他4种	0.132	禾草	0.218
				其他2种	0.191			其他10种	0.450

注：乔木层重要值=（相对密度+相对频度+相对显著度）/3，灌木层重要值=（相对高度+相对频度+相对盖度）/3，草本层重要值=（相对高度+相对盖度）/2。

从生态修复区样地乔木层来看（表7-15），栗坡监测区5号样地乔木层优势种是云南松，为原生植被（人工植被为大叶女贞，重要值为0.386），其他11个样地乔木层优势种均为人工植被，建群种主要是球花石楠、滇朴、香樟、大叶女贞、冬樱花等。大部分样地乔木层包含2~3种树种，但南甸监测区7号和9号样地乔木层仅1种树种（大叶女贞）。鱼山监测区12号样地造林模式为球花石楠与冬樱花1:1混交种植，建群种为球花石楠和冬樱花，其重要值均超过0.3。由于冬樱花枯死率较高，冬樱花重要值（0.335）低于球花石楠（0.474）。山监测区2号和3号样地原生植被（梨树）优势度也较高，其重要值均超过了0.2。栗坡监测区4号样地原生植被（云南松）优势度较高，其重要值为0.266。从生态修复区样地灌木层来看（表7-15），笔山监测区3个样地灌木极少，尤其是1号和2号样地，几乎没有灌木。其他监测区灌木植物种类为4~6种，以车桑子为主，华西小石积也有一定的优势，3/4的样地灌木层优势种为车桑子。栗坡监测区5号样地灌木种类达到7种，而且各非优势种灌木均占有一定的比例（重要值为0.182~0.041），优势种（车桑子）重要值不到0.3。从生态修复区样地草本层来看（表7-15），草本层优势种为黄茅、黄背草、禾草、白草、鬼针草、野古草和芒等，尤其是黄茅和黄背草。样地草本种类为7~13种，鱼山和南甸监测区草本种类较丰富，分别达到20种和16种；而栗坡和笔山监测区草本种类较少，分别只有9种和7种。笔山监测区3个样地优势种以白草和鬼针草为主，其重要值分别超过0.4和0.3。由于该样地草本层破坏严重（割草），部分草种类无法辨认或忽略、高度无法测定、盖度失真。栗坡监测区3个样地黄背草、黄茅、野古草和芒优势度高。南甸监测区3个样地黄茅、禾草和黄背草优势度高。鱼山监测区3个样地黄背草重要值远大于其他优势种。

从群落垂直结构特征方面看，生态修复区所有样地植物群落结构均为复杂结构，其中笔山监测区1号和2号样地包含乔木层和草本层，其他10个样地均包含完整的乔木层、灌木层和草本层，所有样地均不含地被物层（表7-15）。由于部分样地存在卫生抚育和割草等森林防火措施，对灌草层高度造成明显影响。因此本研究只分析建群的优势种（乔木树种）垂直结构（以0.4 m为高阶阶级）。不同监测区群落高度结构存在差异，笔山、栗坡和南甸监测区群落高阶分布总体上呈现正态分布格局，鱼山监测区群落高阶分布呈现明显的右偏态分布。其中，2号、5号和7号样地群落高阶分布近似均匀分布。鱼山监测区10号样地高阶中值为4.4 m，植物个体数最多，为14株，而高阶>4.6 m的植株数为0。在不同监测区或样地，同一树种在高阶范围出现最多的个体数差异较小，如大叶女贞为栗坡和南甸监测区建群种，4号至9号样地大叶女贞个体数出现最多的高阶为3.0~4.2 m范围内。表明生态修复区植物群落具有良好的稳定性。

从群落径级分布特征方面看，生态修复区绝大多数建群乔木树种都为人工造林树种，而且造林树种胸径均超过2 cm。因此本报告将乔木树种胸径起点设为2.0 cm。在400 m²样方内，调查的绝大多数乔木胸径在2~9 cm范围内，其中又以胸径2~5 cm为主，径级分布呈金字塔形，只有极少数个体（原生乔木）为大径级，大多数个体是小径级的乔木幼树和小乔木（表7-16），这与群落垂直结构分布相互印证，说明修复区植物群落稳定性较高，往正向演替。

表7-16　生态修复区12个样地建群种（乔木树种）径级分布

样地号	2~5 cm 径级植物株数	5~10 cm 径级植物株数	10~15 cm 径级植物株数	>15 cm 径级植物株数	总株数
1	0	28	0	0	28
2	3	25	1	1	30
3	14	12	2	0	28
4	39	0	0	0	39
5	23	10	1	0	34
6	26	2	0	1	29
7	33	1	0	0	34
8	22	0	0	0	22
9	16	0	0	0	16

（续表）

样地号	2~5 cm 径级植物株数	5~10 cm 径级植物株数	10~15 cm 径级植物株数	>15 cm 径级植物株数	总株数
10	42	6	0	0	48
11	24	12	0	0	36
12	30	5	0	0	35

从种与个体的关系方面看，上述胸径>2 cm 径级的植物 379 株，隶属于 9 个种，平均每种 42.1 株；胸径>5 cm 径级的植物有 107 株，隶属 8 个种，各径级的种与个体的关系见表 7-17。由于造林树种胸径普遍不大，4 个监测区中胸径>10 cm 径级的乔木共有 6 株，隶属 3 个种，分别为云南松、梨和滇朴。除滇朴外，其他 2 个树种为原生树种。胸径>15 cm 径级的仅有 2 株，分别为云南松和滇朴，表明小径级乔木优势较明显。由表 7-18 可以看出，12 个样方中只有 1 株或者 2~5 株的植物种累计有 10 种，10~40 株的植物种累计有 12 种。表明各样方中均存在 1 个较为优势的乔木种类。

表 7-17　生态修复区 12 个样地建群种（乔木树种）种与个体关系

监测区	样地号	指标	胸径>2 cm	胸径>5 cm	胸径>10 cm	胸径>15 cm
笔山	1	种数	2	2	0	0
		个体/种	14.0	14.0	0	0
	2	种数	3	3	2	1
		个体/种	10.0	9.0	1.0	1.0
	3	种数	2	2	1	0
		个体/种	14.0	7.0	2.0	0
	总体	种数	5	5	2	1
		个体/种	17.2	13.8	2.0	1.0
栗坡	4	种数	2	0	0	0
		个体/种	19.5	0	0	0
	5	种数	2	1	1	0
		个体/种	17.0	11.0	1.0	0
	6	种数	2	2	1	1
		个体/种	14.5	1.5	1.0	1.0
	总体	种数	2	2	1	1
		个体/种	51.0	7.0	2.0	1.0

（续表）

监测区	样地号	指标	胸径>2 cm	胸径>5 cm	胸径>10 cm	胸径>15 cm
南甸	7	种数	1	1	1	1
		个体/种	34.0	1.0	1.0	1.0
	8	种数	2	0	0	0
		个体/种	11.0	0	0	0
	9	种数	1	0	0	0
		个体/种	16.0	0	0	0
	总体	种数	2	1	0	0
		个体/种	35.5	1.0	0	0
鱼山	10	种数	3	1	0	0
		个体/种	16.0	6.0	0	0
	11	种数	2	1	0	0
		个体/种	18.0	12.0	0	0
	12	种数	4	1	0	0
		个体/种	8.8	5.0	0	0
	总体	种数	4	1	0	0
		个体/种	29.8	23.0	0	0
整体监测区		种数	9	8	3	2
		个体/种	42.1	13.4	2.0	1.0

表 7-18　生态修复区 12 个样地建群种（乔木树种）树种的频度分布

样地号	1 株	2~5 株	6~10 株	11~20 株	20~30 株	30~40 株	>40 株
1	0	1	0	0	1	0	0
2	1	0	1	0	1	0	0
3	0	1	0	0	1	0	0
4	0	1	0	0	0	1	0
5	0	0	0	2	0	0	1
6	1	0	0	0	1	0	0
7	0	0	0	0	0	1	0
8	1	0	0	0	1	0	0
9	0	0	0	1	0	0	0
10	1	1	0	0	0	0	1
11	0	0	2	0	1	0	0
12	0	2	0	1	0	0	0

注：不含萌生乔木。

（2）**森林健康监测与评估**　从森林质量、灾害等方面评价生态修复区森林健康。森林质量指标包括成活率、枯死率、森林健康等级等。森林灾害包括不同森林灾害（病、虫、鼠、兔、火灾等）类型、灾害等级的面积和比例。

生态修复区乔木树种枯死率不低（表7-19），12个样地平均枯死率达到15.7%，南甸监测区9号样地乔木累计枯死率超过30%。较高的枯死率一方面与样地造林困难有关，另一方面与造林管理措施关系很大。例如，在调查时发现部分样地枯死的乔木树种细根极少，仅剩截断的主根，甚至移栽时包裹根系的塑料膜都未去除。栗坡监测区6号样地和鱼山监测区10号样地乔木成活率较高，超过90%。经过补植补造后，所有样地乔木树种达到一定数量，且生长正常。2022年2月调查时，文山和鱼山监测区未见幼树（苗），栗坡和南甸监测区幼树（苗）成活率非常低，3 a成活率不足50%。调查数据表明，在生态修复中，乔木造林树种推荐用大叶女贞、球花石楠、香樟、滇朴、冬樱花和壳斗科植物（如麻栎、滇青冈）等；灌木造林树种推荐美登木、车桑子、华西小石积和铁仔，尤其推荐美登木（乡土特色灌木树种，且生态防护效果好）；新造林地注意保留原有乔木树种和乡土植物，尽量少破坏灌木和草本层。

样地调查时未发现生态修复区林木受病害、虫害、鼠兔害、风害或火灾等人为或自然灾害影响。但值得警惕的是，样地普遍存在鬼针草等外来种，而且鬼针草数量有增加的趋势，另外，部分样地存在紫茎泽兰入侵种。

表7-19　生态恢复区12个样地森林健康状况

样地号	森林乔木质量		森林健康	森林灾害		
	成活率/%	枯死率/%	等级	灾害类型	灾害等级	面积和比例
1	87.5	12.5	健康	无	无	无
2	83.3	16.7	亚健康	无	无	无
3	84.8	15.2	亚健康	无	无	无
4	89.5	10.5	健康	无	无	无
5	85.0	15.0	健康	无	无	无
6	90.6	9.4	健康	无	无	无
7	82.9	17.1	亚健康	无	无	无
8	84.6	15.4	亚健康	无	无	无
9	68.5	31.5	亚健康	无	无	无
10	94.1	5.9	健康	无	无	无
11	88.8	11.2	健康	无	无	无
12	71.4	28.4	亚健康	无	无	无

注：样地乔木成活率和枯死率是基于2019年的调查数据（总株数含补植补造株数）。

（3）**植物多样性监测与预估**　由于本研究造林年限较短（2018年和2019年造林）且造林树种较单一，不宜评价生态恢复区生态系统多样性，也不宜评价动物或微生物多样性。本研究以乔木、灌木和草本植物物种多样性作为评价重点，主要评价指标包括 Margalef 丰富度指数、Shannon 多样性指数、Pielou 均匀度指数和 Sorensen 相似性指数。枯桩萌生乔木计作乔木树种进行统计分析，胸径<2 cm 乔木幼树在物种多样性评价时当作灌木处理。

生态修复区各监测区之间植物多样性差异明显，而且乔木层、灌木层和草本层之间也存在明显差异（表 7-20）。从总体上看，各监测区乔木层植物 Margalef 丰富度指数都偏低，均小于 1.0，而且大部分样方的乔木 Margalef 丰富度指数都小于 0.4。南甸监测区 7 号和 9 号样地乔木 Margalef 丰富度指数甚至为 0，说明该样地仅 1 种乔木分布（大叶女贞）。各监测区灌木层植物 Margalef 丰富度指数平均值为 1.2~1.5，其中南甸监测区灌木 Margalef 丰富度指数最高，鱼山监测区灌木 Margalef 丰富度指数最低。监测区各样地间灌木 Margalef 丰富度指数变异也较明显，其中南甸监测区 3 个样地间灌木 Margalef 丰富度指数为 1.3~1.8，而栗坡监测区 3 个样地间灌木 Margalef 丰富度指数为 0.7~1.9。

表 7-20　生态恢复项目 12 个样地植物多样性

监测区	样地号	Margalef 丰富度指数		Shannon 多样性指数				Pielou 均匀度指数			Sorensen 相似性指数		
		乔木	灌木	乔木	灌木	草本	合计	乔木	灌木	草本	乔木	灌木	草本
笔山	1	0.30	—	0.26	—	1.35	1.61	0.38	—	0.97			
	2	0.59	—	0.79	—	0.78	1.57	0.72	—	0.49	0.00	—	0.43
	3	0.30	—	0.26	—	1.35	1.61	0.38	—	0.97			
栗坡	4	0.26	0.71	0.58	0.34	1.32	2.24	0.84	0.31	0.82			
	5	0.28	1.92	0.67	1.81	1.60	4.08	0.96	0.82	0.82	1.00	0.64	0.63
	6	0.30	1.17	0.40	1.09	1.80	3.29	0.58	0.61	0.93			
南甸	7	0.00	1.46	0.00	0.53	2.06	2.59	0.00	0.30	0.80			
	8	0.32	1.29	0.21	0.90	1.51	2.62	0.30	0.50	0.78	0.75	0.38	0.52
	9	0.00	1.79	0.00	0.73	1.92	2.65	0.00	0.35	0.88			
鱼山	10	0.52	0.77	0.30	0.49	1.85	2.64	0.27	0.36	0.72			
	11	0.27	1.57	0.47	0.87	1.95	3.29	0.67	0.44	0.78	0.67	0.40	0.49
	12	0.83	1.33	1.16	0.51	1.91	3.58	0.67	0.28	0.77			

注：胸径<2 cm 的乔木幼树当作灌木处理。

在生态修复区，栗坡和鱼山监测区植物 Shannon 多样性指数平均值最大，为 3.2，其次是南甸监测区（2.6），而笔山监测区植物 Shannon 多样性指数最小，仅为 1.7。笔山监测区植物 Shannon 多样性指数最低，一方面可能是由于 3 个样方生态修复之前分别为耕地、荒地和疏林地，灌木层较少；另一方面是由于严格的卫生抚育和割草等措施，样地灌草层植被严重破坏。在物种多样性构成方面，12 个样地乔木植物多样性所占样地植物多样性的比例大多在 30% 以下，草本层所占比例大多在 50% 以上。

南甸监测区乔木层 Pielou 均匀度指数较低，平均值仅为 0.1，而其他监测区乔木层

Pielou 均匀度指数平均值为 0.6~0.8；栗坡监测区灌木层 Pielou 均匀度指数为 0.6，略高于南甸和鱼山监测区（0.4）；4 个监测区草本层 Pielou 均匀度指数较接近，在 0.8 左右，但笔山监测区 3 个样方草本层 Pielou 均匀度指数差异明显。

笔山监测区乔木层 Sorensen 相似性指数为 0.00，说明该监测区各样地乔木层没有共同种；而栗坡监测区乔木层 Sorensen 相似性指数为 1.00，说明该监测区各样地乔木层树种完全相同（均为云南松和大叶女贞）。而南甸和鱼山监测区乔木层树种分别有 3/4 和 2/3 的树种为各样方共有，相似性高。栗坡和南甸监测区草本层植物 Sorensen 相似性指数高，其他 2 个监测区草本层 Sorensen 相似性指数较低。这充分反映出人工造林样地的植物多样性特征，即有较高的乔木植物相似性（若造林树种一致），较低的灌草植物相似性。

金沙江干热河谷面山生态修复区共调查到 21 科 45 属 49 种植物，乔木层植物以木樨科、蔷薇科、松科、榆科和樟科为主，灌木层植物以无患子科、蔷薇科和豆科为主，草本层植物以禾本科和菊科为主。2021 年度生态修复区植物平均生物量为 4.02 kg·m⁻²，比 2020 年（3.70 kg·m⁻²）和 2019 年（3.52 kg·m⁻²）样地平均生物量分别提高了 9% 和 14%。生态修复区植被以乔木层和草本层为主，其占比在 85% 左右。乔木处于尚未成林的幼龄阶段，灌草层盖度较高。植物群落垂直结构复杂稳定，高阶呈正态分布或右偏态分布，径级以小径级为主。相对未退化区域，生态修复区植物 Margalef 丰富度指数、Shannon 多样性指数和 Pielou 均匀度指数都偏低，但植物多样性随生态恢复日益增加。与乔灌层相比，草本层植物多样性和均匀性较高。各监测区内乔木植物相似性较高（若造林树种一致），灌草植物相似性较低。

7.2.3 金沙江干热河谷生态修复效益监测与评估

近年来，森林生态系统生态效益评估成为国内外的热点。我国自 20 世纪 80 年以来，开展了大量相关方面的研究工作，取得众多成果。森林生态效益评估包括生态系统服务功能的实物物质量和货币价值两个部分。2009 年在国务院新闻办举行的第七次全国森林清查新闻发布会上，国家林业和草原局首次公布了我国森林生态系统功能的评估结果，其中，全国森林每年涵养水源量近 5.0×10¹⁵ m³，相当于 12 个三峡水库的库容量；每年固土量 7.0×10¹³ t，相当于全国每平方千米减少了 730 t 的土壤流失；6 项森林生态系统服务功能年价值合计达到 10.01 万亿元，相当于 GDP 总量的 1/3。评估结果更加全面反映了森林的多种功能和效益。

（1）生态效益计算方法　生态效益物质量评估主要是从实物物质量的角度对生态系统提供的各项生态服务进行定量评价。价值评估是指从货币价值的角度对生态系统提供的各项生态服务价值进行定量评估，其评估结果都是货币值，可以将不同生态系统的同一项生态系统服务进行比较，也可以将生态效益的各单项服务价值综合起来，使得价值更具有直观性。在价值评估中，主要采用等效替代原则用替代品的价格进行等效替代核算某项评估指标的价值。同时，在具体选取替代品的价格时应遵守权重当量平衡原则，考虑计算所得的各评估指标价值在总价值中所占的权重，使其保持相对平衡。

依据国家林业和草原局《退耕还林工程生态系统监测评估技术标准与管理规范》和

林业行业标准《森林生态系统服务功能评估规范》（LY/T 1721—2008）等相关规范、标准和要求，本研究主要对金沙江干热河谷面山生态修复区森林涵养水源（调节水量、净化水质）、保育土壤（固土、保肥）、固氮释氧（固碳、释氧）、林木累积营养物质（林木累积氮、磷、钾）、净化大气环境（提供负氧离子）及保育生物多样性（森林植物种保育）等生态功能的物质量和价值进行评价，为金沙江干热河谷生态修复提供科学数据。

实物物质量评价，是指直接利用监测结果分析评价不同时期、不同范围的森林资源和生态状况，它是森林资源清查中最常用的方法。例如，可以直接利用森林面积、森林覆盖率、森林蓄积、生长量、消耗量、荒漠化土地面积、湿地面积等监测指标，来评价森林资源和生态状况及其动态变化。从一般意义上讲，实物物质量评价方法适用于所有监测指标。

涵养水源量。森林植被与水文过程有着重要的生态效益，主要表现在森林植被和土壤具有截留、吸收、贮存、降水，蒸腾，抑制蒸发，净化水质，调节径流等功能。因此，森林生态系统被誉为"天然绿色水库"，对调节生态平衡具有重要的不可替代的作用。水源涵养功能主要是指森林对降水进行截留、吸收和贮存，将地表水转化为地表径流或地下水的作用。主要功能表现在增加可利用水资源、净化水质和调节径流 3 个方面。本研究选取调节水量和净化水质 2 个指标反映森林涵养水源功能（表 7-21）。单位面积年调节水量公式：

$$G_{调} = 10 \times (P - E - C) \times F \tag{7-1}$$

其中，$G_{调}$ 为样地调节水量（$m^3 \cdot hm^{-2} \cdot a^{-1}$）；$P$ 为降水量（$mm \cdot a^{-1}$）；E 为样地蒸散量（$mm \cdot a^{-1}$）；C 为地表径流量（$mm \cdot a^{-1}$）；F 为样地生态功能修正系数。

单位面积年净化水量采用年调节水量的公式：

$$G_{净} = G_{调} \tag{7-2}$$

其中，$G_{净}$ 为样地净化水量（$m^3 \cdot hm^{-2} \cdot a^{-1}$）；$G_{调}$ 为样地调节水量（$m^3 \cdot hm^{-2} \cdot a^{-1}$）。

表 7-21　生态修复效益评估指标体系和核算方法

一级指标	功能及价值	二级指标	物质量评估方法	价值评估方法
涵养水源	增加可利用水资源、调节水量、净化水质	调节水量	水量平衡法，调节水量即年降水量减去年蒸散量和地表径流量	影子工程法（水库单位库容的工程造价）
		净化水质	与调节水量相当	替代工程法（净化水质工程的成本）
保育土壤	固定土壤、保持肥力	固土	土壤侵蚀模数法，采用修正通用水土流失方程	替代市场法（清淤工程费用）
		保肥	质量平衡法，固持土壤中氮、磷、钾和有机质量	市场价值法（N、P、K 和有机质市场价格）
固碳释氧	吸收 CO_2、释放 O_2	固碳	质量平衡法，以植被初级净生产力为基础，根据光合作用推出，每形成 1 g 干物质需要 1.63 g CO_2	市场价值法（碳汇交易价格）
		释氧	质量平衡法，以植被初级净生产力为基础，根据呼吸作用推出，每形成 1 g 干物质释放 1.19 g O_2	市场价值法（工业制氧成本）

（续表）

一级指标	功能及价值	二级指标	物质量评估方法	价值评估方法
林木积累营养物质	林木积累氮磷钾等元素	林木积累氮、磷、钾	质量平衡法，N、P、K 在植物体内积累量	市场价值法（林木积累 N、P、K 转换成肥料价格）
净化大气环境	生产负离子、滞尘、吸收污染物等	提供负氧离子	实测负氧离子浓度，来核算区域释放负氧离子数量	替代市场法（工业生产负氧离子价格）
保育生物多样性	保护环境、提供栖息地	森林植物物种保育	利用 Shannon-Wiener 指数、濒危指数、特有种指数及古树年龄指数对生物多样保育价值进行核算	机会成本法（单位面积物种损失的机会成本）

保育土壤量。人工林凭借树冠、枯枝落叶层及网格状根系截留降水，减少或避免雨滴对土壤表层的直接冲击，有效固持土体，降低了地表径流对土壤的冲蚀，使土壤流失量大大降低。而且林木生长发育及其代谢产物不断对土壤产生物理及化学影响，参与土体内部的能量转换与物质循环，提高土壤肥力。因此，本研究选用固土和保肥 2 个指标反映森林的保育土壤功能（表 7-21）。样地固土量公式：

$$G_{固土} = (X_2 - X_1) \times F \tag{7-3}$$

其中，$G_{固土}$ 为样地固土量（$\times 10^3 kg \cdot hm^{-2} \cdot a^{-1}$）；$X_1$ 为生态修复实施后土壤侵蚀模数（$\times 10^3 kg \cdot hm^{-2} \cdot a^{-1}$）；$X_2$ 为生态修复实施前土壤侵蚀模数（$\times 10^3 kg \cdot hm^{-2} \cdot a^{-1}$）；$F$ 为样地生态功能修正系数。

森林保肥功能是通过固持土壤而减少 N、P、K、有机质流失实现的。样地保氮、保磷、保钾、保有机质的公式分别为：

$$\begin{cases} G_N = N \times (X_2 - X_1) \times F \\ G_P = P \times (X_2 - X_1) \times F \\ G_K = K \times (X_2 - X_1) \times F \\ G_{OM} = OM \times (X_2 - X_1) \times F \end{cases} \tag{7-4}$$

其中，G_N、G_P、G_K 和 G_{OM} 分别为减少的氮、磷、钾和有机质流失量（$\times 10^3 kg \cdot hm^{-2} \cdot a^{-1}$）；$N$、$P$、$K$ 和 OM 分别为样地土壤平均氮、磷、钾和有机质含量。

固碳释氧量。森林与大气的物质交换主要是 CO_2 与 O_2 的交换，即森林固定并减少大气中 CO_2 和提高大气中 O_2，这对维持大气 CO_2 和 O_2 动态平衡、减少温室效应以及为人类提供生存基础都有巨大的不可替代的作用。森林通过光合作用吸收 CO_2 并转化为 O_2 与有机物，从而起到固碳释氧作用。为此，本研究选用固碳和释氧 2 个指标来反映森林固碳释氧功能（表 7-21）。根据光合作用化学反应式，森林植被每积累 1.00 g 干物质，可吸收 1.63 g CO_2、释放 1.19 g O_2。森林固碳主要包括植被固碳和土壤固碳，固碳量公式：

$$G_{碳} = 1.63 \times R_{碳} \times B_{年} \times F \tag{7-5}$$

其中，$G_\text{碳}$ 为样地固碳量（$\times 10^3 \text{kg} \cdot \text{hm}^{-2} \cdot \text{a}^{-1}$）；$R_\text{碳}$ 为 CO_2 中碳含量，为 27.27%；$B_\text{年}$ 为样地净生产力（$\times 10^3 \text{kg} \cdot \text{hm}^{-2} \cdot \text{a}^{-1}$）；$F$ 为样地生态功能修正系数。

公式得出森林的潜在固碳量，再从其中减去森林采伐造成的生物量移去从而损失的碳量，即为森林的实际固碳。本研究生态修复实施年限短，无采伐，因此无须对固碳量进行校正。

森林生态系统释氧量公式：

$$G_\text{释氧} = 1.19 \times B_\text{年} \times F \tag{7-6}$$

其中，$G_\text{释氧}$ 为实测样地释氧量（$\times 10^3 \text{kg} \cdot \text{hm}^{-2} \cdot \text{a}^{-1}$）；$B_\text{年}$ 为样地净生产力（$\times 10^3 \text{kg} \cdot \text{hm}^{-2} \cdot \text{a}^{-1}$）；$F$ 为样地生态功能修正系数。

林木积累营养物质量。森林在生长过程中不断从周围环境中吸收营养物质，固定在植物体中，是全球生物化学循环不可缺少的环节。林木积累营养物质是维持自身系统养分平衡的需要，同时也为人类提供生态服务。林木积累营养物质功能与固土保肥功能中的保肥作用，无论从机理、空间部位，还是在计算方法上都有本质区别，它属于生物地球化学循环的范畴，而保肥功能是从水土保持的角度考虑，即如果没有这片森林，每年水土流失中也将包含一定的营养物质，属于物理过程。而林木积累营养物质与林分的净初级生产力密切相关，林分的净初级生产力与区域水热条件也存在显著相关。考虑到指标操作的可行性和营养物质在植物体内的含量，本研究选用林木积累氮、磷、钾指标反映森林积累营养物质功能（表7-21），其计算公式：

$$\begin{cases} G_\text{氮} = N_\text{营养} \times B_\text{年} \times F \\ G_\text{磷} = P_\text{营养} \times B_\text{年} \times F \\ G_\text{钾} = K_\text{营养} \times B_\text{年} \times F \end{cases} \tag{7-7}$$

其中，$G_\text{氮}$、$G_\text{磷}$、$G_\text{钾}$ 分别为样地固氮量、固磷量、固钾量（$\times 10^3 \text{kg} \cdot \text{hm}^{-2} \cdot \text{a}^{-1}$）；$N_\text{营养}$、$P_\text{营养}$、$K_\text{营养}$ 分别为林木氮、磷、钾元素平均含量（%）；$B_\text{年}$ 为样地净生产力（$\times 10^3 \text{kg} \cdot \text{hm}^{-2} \cdot \text{a}^{-1}$）；$F$ 为样地生态功能修正系数。

净化大气环境量。森林能有效吸收有害气体、吸滞粉尘、降低噪声、提供负氧离子等功效，从而起到净化大气环境的作用。空气负氧离子是一种重要的无形旅游资源，具有杀菌、降尘、清洁空气的功效，被誉为"空气维生素与生长素"，对人体健康十分有益，能改善肺器官功能，增加肺部吸氧量，促进人体新陈代谢，激活肌体多种酶和改善睡眠，提高免疫力、抗病能力。森林环境中的空气负氧离子浓度高于城市居民区的空气负氧离子浓度，人们到森林游憩区旅游的重要目的之一是呼吸新鲜的空气。甚至，很多景区和森林公园的负氧离子浓度到达天然氧吧的标准。鉴于研究区域本身良好的空气状况、工业排硫排氮低、矿业释尘少等现状，加之降低噪声指标计算方法尚不成熟。因此，本研究仅选取提供负氧离子这个指标来反映森林的大气净化功能（表7-21）。森林提供负氧离子量的计算方法为：

$$G_\text{负氧离子} = 5.256 \times 10^{15} \times Q_\text{负氧离子} \times H \times F / L \tag{7-8}$$

其中，$G_\text{负氧离子}$ 为样地提供负氧离子个数（个 $\cdot \text{hm}^{-2} \cdot \text{a}^{-1}$）；$Q_\text{负氧离子}$ 为样地负氧离子浓度（个 $\cdot \text{cm}^{-3}$）；H 为样地林木平均高度（m）；L 为负氧离子寿命（min）；F 为样地生态

功能修复系数。

货币价值评估，一般用于森林的价值评估，运用科学可行的方法，以统一的货币单位，分别对单项资源效益价值进行定量评价。本研究主要涉及经济价值、生态服务功能价值两个方面。其中，经济效益评价一般采用市场价格法、未来收益净现值法、预期收益净现值法等进行；生态功能评价主要包括边际机会成本法、影子价格法、替代性市场法、意愿调查评估法等（表7-21）。

样地生态系统服务价值的合理测算对绿色国民经济核算具有重要意义，对社会进步程度、经济发展水平、森林资源质量等生态系统服务均会产生一定影响，而样地植被自身结构和功能状况则是体现生态系统服务可持续发展的基本前提。"修正"作为一种状况，表明系统各要素之间具有相对"融洽"的关系。当用现有的野外实测值不能代表同一生态单元同一目标林分（或植被）类型的结构或功能时，就需要采用样地生态功能修正系数，客观地从生态学精度的角度反映同一林分（或植被）类型在同一区域的真实差异。其计算公式：

$$F = B_e / B_o \tag{7-9}$$

其中，F 为样地生态功能修正系数；B_e 为评估林分（或植被）的生物量（$kg \cdot m^{-3}$）；B_o 为实测林分（或植被）的生物量（$kg \cdot m^{-3}$）。

实测林分（或植被）的生物量可以通过实测手段来获取，而评估林分（或植被）的生物量可以通过统计获得。

生态系统服务功能效益价值评估中，由物质量转价值时，部分价格参数并非评估当年价格参数，因此，需要使用贴现率将非评估年价格参数换算为评估年价格参数以计算各项功能价值的现价。生态系统服务功能效益价值评估中所使用的贴现率指将未来现金收益折合成现在收益的比率。贴现率是一种存贷款均衡利率，主要根据金融市场利率来决定，其计算公式：

$$t = (D_r + L_r) / 2 \tag{7-10}$$

其中，t 为存贷款均衡利率（%）；D_r 为银行的平均存款利率（%）；L_r 为银行的平均贷款利率（%）。贴现率利用存贷款均衡利率，将非评估年份价格参数，逐年贴现至评估年的价格参数。贴现率的计算公式：

$$d = (1 + t_{n+1})(1 + t_{n+2}) \cdots (1 + t_m) \tag{7-11}$$

其中，d 为贴现率；n 为价格参数可获得年份；m 为评估年年份。

本研究中，评估年份（m）为2021年，价格参数可获得年份（n）为2012—2021年。根据中国人民银行公布的数据，2021年贴现率为3.24%。

涵养水源价值。由于样地（森林）对水量主要起调节作用，与水库的功能相似。本研究样地单位面积年调节水量价值根据水库工程的蓄水成本（替代工程法）来确定，计算公式：

$$U_{调} = C_{库} \times G_{调} \times d \tag{7-12}$$

其中，$U_{调}$ 为实测样地调节水量价值（元 $\cdot hm^{-2} \cdot a^{-1}$）；$C_{库}$ 为水库库容造价（元 $\cdot t^{-1}$）；d 为贴现率；$G_{调}$ 为样地调节水量（$m^3 \cdot hm^{-2} \cdot a^{-1}$）。

根据1993—1999年《中国水利年鉴》平均水库库容造价为2.17元 $\cdot t^{-1}$，国家统计局公布的 2012 年原材料、燃料、动力类价格指数为 3.725，得到 2021 年单位库容造价为 $1.178×10^{-2}$ 元·kg^{-1}。林地净化水质与自来水的净化原理一致，所以参照水的商品价格，即居民用水平均价格，根据净化水质工程成本（替代工程法）计算本生态修复区样地单位面积年净化水质价值。计算公式：

$$U_{净} = G_{净} × K_{水} \tag{7-13}$$

其中，$U_{净}$ 为实测样地净化水量价值（元·hm^{-2}·a^{-1}）；$G_{净}$ 为样地净化水量（m^3·hm^{-2}·a^{-1}）；$K_{水}$ 为水的净化费用，根据研究区现行城市居民生活用水价格标准计算。

保育土壤价值。 由于土壤侵蚀流失的泥沙淤积于水库中，减少了水库蓄积水的体积。本研究根据蓄水成本（替代工程法）计算生态修复区样地单位面积年固土价值，公式为：

$$U_{固土} = C_{固土} × G_{固土} × d/ρ \tag{7-14}$$

其中，$U_{固土}$ 为实测样地固土价值（元·hm^{-2}·a^{-1}）；$C_{固土}$ 为挖取和运输单位体积土方所需费用（元·m^{-3}）；$G_{固土}$ 为样地固土量（$×10^3$ kg·hm^{-2}·a^{-1}）；d 为贴现率；$ρ$ 为土壤容重（g·cm^{-3}）。

《2014 退耕还林工程生态效益监测国家报告》中挖取单位体积土方所需费用根据人工挖土方价格计算。但在实际生活中通常采用挖掘机等工程机械挖取土方。综合研究区当地挖掘机使用价格和运输价格（按运输 15 km 里程计算），挖取和运输单位体积土方的价格为 60 元·m^{-3}，土壤容重按 1.60 g·cm^{-3} 计算。固土量中氮、磷、钾物质量换算成化肥价值即为森林年保肥价值。样地单位面积年保肥量以固土量中的有机质、氮、磷、钾数量折合成有机肥、磷酸二铵化肥和氯化钾化肥的价值来体现，计算公式：

$$U_{肥} = G_{固土} × (N×C_1/R_1 + P×C_1/R_2 + K×C_2/R_3 + OM×C_3) \tag{7-15}$$

其中，$U_{肥}$ 为实测样地保肥价值（元·hm^{-2}·a^{-1}）；$G_{固土}$ 为样地固土量（$×10^3$ kg·hm^{-2}·a^{-1}）；R_1 和 R_2 分别为磷酸二铵化肥中含氮量和含磷量（%）；R_3 为氯化钾化肥中含钾量（%）；C_1、C_2 和 C_3 分别为磷酸二铵化肥、氯化钾化肥和有机肥价格（10^{-3} 元·kg^{-1}）；N、P、K 和 OM 分别为样地土壤平均氮、磷、钾和有机质含量。根据化肥产品说明，磷酸二铵化肥含氮量和含磷量分别为 14% 和 15%，氯化钾化肥含钾量为 50%。磷酸二铵化肥、氯化钾化肥价格为中国化肥网（www.fert.cn）2021 年平均价格；有机肥价格根据中国农资网（www.ampcn.com）鸡粪有机肥的平均价格。

固碳释氧价值。 近年来，随着社会工业化的长足发展，污染和能耗也随之增加，CO_2 的排放加剧了温室效应，进而引起全球变暖，导致地球极地冰川融化、雪线上升和海水热膨胀，海平面升高，极端气候如异常降雨与降雪、高温、热浪、热带风暴、龙卷风等频发，自然灾害加重。森林除具有显著的经济和社会效益外，还具有巨大的生态效益，尤其在碳汇方面发挥重要作用。鉴于欧美发达国家和地区正在实施温室气体排放税收制度，对 CO_2 的排放征税。为了与国际接轨，便于在外交谈判中有可比性，采用国际上通用的碳税法进行评估。森林植被和土壤固碳价值的计算公式：

$$U_{碳} = C_{碳} × G_{碳} × d \tag{7-16}$$

其中，$U_{碳}$ 为实测样地固碳价值（元·hm^{-2}·a^{-1}）；$C_{碳}$ 为固碳价格（元·t^{-1}）；$G_{碳}$ 为样地固碳量（×10^3 kg·hm^{-2}·a^{-1}）；d 为贴现率。固碳价格根据欧盟 CO_2 市场得到 2020 年 CO_2 市场价为 32.23 欧元·t^{-1}。公式得出森林的潜在固碳价值，再从其中减去森林采伐消耗量造成的碳损失，即为森林的实际固碳价值。本研究生态修复实施年限短，无采伐，无须对固碳价值进行校正。

价值评估是经济的范畴，是市场化、货币化的体现，因此，本研究参考《2014 退耕还林工程生态效益监测国家报告》，根据采用国家权威部门公布的氧气商品价格计算森林的释氧价值，计算公式：

$$U_{释氧} = C_{氧} \times G_{释氧} \tag{7-17}$$

其中，$U_{释氧}$ 为实测样地释氧价值（元·hm^{-2}·a^{-1}）；$C_{氧}$ 为制造 O_2 的价格（元·t^{-1}）；$G_{释氧}$ 为实测样地释氧量（×10^3 kg·hm^{-2}·a^{-1}）。

制造 O_2 的价格采用中华人民共和国国家卫生健康委员会网站（www.hnc.gov.cn）O_2 平均价格，根据价格指数（医药制造业）和贴现率转化 2021 年制造 O_2 价格。

林木积累营养物质价值。森林植被在生长过程中不断地从周围环境中吸收氮、磷和钾等营养元素，并存在植物体的各器官内。森林植被积累营养物质的功能对降低下游面源污染及水体富营养化有重要作用和价值。把氮、磷、钾营养物质折合成磷酸二铵化肥和氯化钾化肥计算林木营养物质积累价值，计算公式：

$$U_{营养} = (N_{营养} \times C_1/R_1 + P_{营养} \times C_1/R_2 + K_{营养} \times C_2/R_3) \times B \tag{7-18}$$

其中，$U_{营养}$ 为实测样地林木积累氮、磷、钾价值（元·hm^{-2}·a^{-1}）；$N_{营养}$、$P_{营养}$、$K_{营养}$ 分别为林木氮、磷、钾元素平均含量（%）；C_1、C_2 和 C_3 分别为磷酸二铵化肥、氯化钾化肥和有机肥价格（10^{-3} 元·kg^{-1}）；R_1 和 R_2 分别为磷酸二铵化肥中含氮量和含磷量（%）；R_3 为氯化钾化肥中含钾量（%）。

净化大气环境价值。研究证明，当空气中负氧离子浓度达到 600 个·cm^{-3} 以上时才能有益人体健康，所以林分提供负氧离子价值采用如下公式计算：

$$U_{负氧离子} = 5.256 \times 10^{15} \times K_{负氧离子} \times (Q_{负氧离子} - 600) \times H \times F/L \tag{7-19}$$

其中，$U_{负氧离子}$ 为实测样地提供负氧离子价值（元·hm^{-2}·a^{-1}）；$K_{负氧离子}$ 为负氧离子生产费用（元·个$^{-1}$）；H 为样地林木平均高度（m）；F 为标地生态功能修复系数；L 为负氧离子寿命（min）。

若负氧离子浓度低于 600 个·cm^{-3}，则不计负氧离子价值。根据企业生产的适用范围为 30 m^2（房间高度 3 m）、功率为 6 W、负氧离子浓度为 100 万个·m^{-3}、使用寿命为 2 a、价格为 65 元·个$^{-1}$ 的 KLD-2000 型负离子发生器而推断获得，其中负离子寿命按 10 min 计量，结合 2021 年研究区平均工业电价，推断获得负氧离子生产费用。

保育生物多样性价值。生物多样性是指物种生境的生态复杂性与生物多样性、变异性之间复杂关系，它具有物种多样性、遗传多样性、生态系统多样性和景观多样性等多个层次。本研究生态修复区中森林生态系统动植物资源丰富度较低，使得森林本身就成为一个生物多样性较低的载体，为各级物种提供了一定的食物资源、较安全的栖息地，保育了物种的多样性。生物多样性维护了自然界的生态平衡，并为人类的生存提供了良好的环境条件，是生态系统不可缺少的组成部分，对生态系统提供服务具有十分重要的作用。Shannon-Wiener 指数是反映森林中物种的丰富度和分布均匀程度的经典指标，但对生物多样性保护等级的界定不够全面。为合理利用生物资源和对相关部门保护工作进行合理分配，需考虑濒危指数、特有种指数和古树年龄指数。其中，物种濒危指数体系、特有种指数体系和古树年龄指数体系分别见表7-22、表7-23 和表7-24。经调查，生态修复区无濒危植物、特有种植物或古树，本研究无须对 Shannon-Wiener 指数进行修正。

表 7-22　物种濒危指数体系

濒危指数	濒危等级	物种指数
4	极危	
3	濒危	参见《中国物种红色名录：第一卷　红色名录》
2	易危	
1	近危	

表 7-23　特有种指数体系

特有种指数	分布范围
4	仅限于范围不大的山峰或特殊的自然地理环境下分布
3	仅限于某些较大的自然地理环境下分布的类群，如仅分布于较大的海岛（岛屿）、高原、若干个山脉等
2	仅限于某个大陆分布的分类群
1	至少在大洲、大陆都有分布的分类群
0	世界广布的分类群

注：特有种指数主要针对封山育林而言。

表 7-24　古树年龄指数体系

古树年龄/a	指数等级	来源及依据
100~299	1	参见全国绿化委员会、国家林业和草原局《关于开展古树名木普查建档工作的通知》
200~499	2	
≥500	3	

生物多样性保护价值评估公式：

$$U_I = S_I \times (I+1) \tag{7-20}$$

其中，U_I为实测样地生物多样性保护价值（元·hm^{-2}·a^{-1}）；S_I为物种多样性保护价值

（元·hm^{-2}·a^{-1}）；I 为 Shannon-Wiener 指数的小数部分，当等级为 0 级时，$U_I = S_I \times I$。

本研究参考《2014 退耕还林工程生态效益监测国家报告》，根据 Shannon-Wiener 指数计算生物多样性价值，共划分 7 个等级（表 7-25），分别计算监测区乔木层、灌木层和草本层植物多样性价值，再累加监测区植物多样性总价值。

表 7-25　物种多样性保护价值分级

等级	Shannon-Wiener 指数	物种多样性保护价值/（元·hm^{-2}·a^{-1}）
0	指数<1	3 000
1	1≤指数<2	5 000
2	2≤指数<3	10 000
3	3≤指数<4	20 000
4	4≤指数<5	30 000
5	5≤指数<6	40 000
6	≥6	50 000

生态系统服务总价值。对生态修复区 4 个监测区森林生态系统涵养水源、保育土壤、固碳释氧、林木积累营养物质、净化大气环境、保育生物多样性 6 个类别的生态效益价值分别评估，再将各分项累加即得到本研究生态修复区的生态效益总价值，计算公式：

$$U_{总} = U_{调} + U_{净} + U_{固土} + U_{肥} + U_{碳} + U_{释氧} + U_{营养} + U_{负氧离子} + U_I \qquad (7-21)$$

其中，$U_{总}$ 为本生态修复区生态效益总价值（元·hm^{-2}·a^{-1}）；$U_{调}$ 为实测样地调节水量价值（元·hm^{-2}·a^{-1}）；$U_{净}$ 为实测样地净化水量价值（元·hm^{-2}·a^{-1}）；$U_{固土}$ 为实测样地固土价值（元·hm^{-2}·a^{-1}）；$U_{肥}$ 为实测样地保肥价值（元·hm^{-2}·a^{-1}）；$U_{碳}$ 为实测样地固碳价值（元·hm^{-2}·a^{-1}）；$U_{释氧}$ 为实测样地释氧价值（元·hm^{-2}·a^{-1}）；$U_{营养}$ 为实测样地林木积累氮、磷、钾价值（元·hm^{-2}·a^{-1}）；$U_{负氧离子}$ 为实测样地提供负氧离子价值（元·hm^{-2}·a^{-1}）；U_I 为实测样地生物多样性保护价值（元·hm^{-2}·a^{-1}）。

（2）生态效益物质量评估　生态修复区 4 个监测区森林生态系统涵养水源、保育土壤、固碳释氧、林木积累营养物质、净化大气环境 5 个类别 13 个分项的生态效益物质量评估结果见表 7-26。

表 7-26　金沙江干热河谷上段面山生态修复区生态效益物质量

功能类别	核算指标	单位	监测区				平均值
			笔山	栗坡	南甸	鱼山	
涵养水源	调节水量	×10^{3}m^3·hm^{-2}·a^{-1}	1.66	1.55	1.30	1.13	1.41
	净化水量	×10^{3}m^3·hm^{-2}·a^{-1}	1.66	1.55	1.30	1.13	1.41

（续表）

功能类别	核算指标	单位	监测区				平均值
			笔山	栗坡	南甸	鱼山	
保育土壤	固土	kg·hm^{-2}·a^{-1}	11.96	11.50	9.63	9.64	10.68
	固氮	kg·hm^{-2}·a^{-1}	34.47	34.77	39.01	30.33	34.64
	固磷	kg·hm^{-2}·a^{-1}	5.69	6.27	6.08	6.64	6.17
	固钾	kg·hm^{-2}·a^{-1}	95.64	99.35	95.57	100.64	97.80
	固有机质	kg·hm^{-2}·a^{-1}	174.05	203.19	210.09	195.77	195.78
固碳释氧	固碳	×10^{3}kg·hm^{-2}·a^{-1}	1.44	1.37	1.29	1.25	1.33
	释氧	×10^{3}kg·hm^{-2}·a^{-1}	3.41	3.26	3.05	2.93	3.16
林木积累营养物质	固氮	kg·hm^{-2}·a^{-1}	84.62	80.00	66.40	57.38	72.10
	固磷	kg·hm^{-2}·a^{-1}	17.52	15.81	12.68	9.69	13.92
	固钾	kg·hm^{-2}·a^{-1}	35.86	35.59	31.34	29.17	32.99
净化大气环境	提供负氧离子	×10^{18}个·hm^{-2}·a^{-1}	2.24	2.20	2.01	2.28	2.18

本研究生态修复区森林涵养水源物质量平均值为 1.41×10^3 m^3·hm^{-2}·a^{-1}；固土物质量为 10.68×10^3 kg·hm^{-2}·a^{-1}，固定土壤氮、磷、钾和有机质物质量分别为 34.64 kg·hm^{-2}·a^{-1}、6.17 kg·hm^{-2}·a^{-1}、97.80 kg·hm^{-2}·a^{-1} 和 195.78 kg·hm^{-2}·a^{-1}；植物和土壤固碳物质量为 1.33×10^3 kg·hm^{-2}·a^{-1}，释氧量为 3.16×10^3 kg·hm^{-2}·a^{-1}；林木积累氮、磷和钾物质量分别为 72.10 kg·hm^{-2}·a^{-1}、13.92 kg·hm^{-2}·a^{-1} 和 32.99 kg·hm^{-2}·a^{-1}；提供负氧离子物质量为 2.18×10^{18}个·hm^{-2}·a^{-1}。

4个监测区同一森林生态效益物质量评估指标表现出明显的区域差异（表7-26）。其中，4个监测区涵养水源功能物质量（调节水量或净化水量）为 1.13~1.66 m^3·hm^{-2}·a^{-1}，属中等程度变异（变异系数为17%）；保育土壤功能物质量为 9.67×10^3~11.99×10^3 kg·hm^{-2}·a^{-1}，属中等程度变异（变异系数为11%）；固碳释氧功能物质量为 4.18×10^3~4.85×10^3 kg·hm^{-2}·a^{-1}，属弱变异（变异系数为7%）；林木积累营养物质功能物质量为 96~138 kg·hm^{-2}·a^{-1}，属中等程度变异（变异系数为16%）；净化大气环境功能物质量（提供负氧离子数）在 2.01×10^{18}~2.28×10^{18}个·hm^{-2}·a^{-1}，属弱变异（变异系数为5%），变异程度明显小于其他生态功能的物质量。

4个监测区调节水量或净化水量物质量均大于1 400 m^3·hm^{-2}·a^{-1}，其中，笔山和栗坡监测区调节水量或净化水量物质量分别为 1 660 m^3·hm^{-2}·a^{-1} 和 1 550 m^3·hm^{-2}·a^{-1}，南甸监测区明显低于笔山和栗坡监测区，而鱼山监测区最小，不足为笔山监测区的70%。笔山监测区地势相对平缓，坡度为5°~15°，而其他监测区地势陡斜，坡度为20°~30°，尤其是南甸监测区3个样方（接近30°）。但是，南甸、栗坡和鱼山监测区较高的地表灌草盖度能有效延缓径流产生的时间，增加了入渗量。人工造林后，样地植物生物量快速增加，植物地下部分极大地改善了土壤性质（如土壤容重和孔隙度、孔性），有效增加径流的入渗强度，最终实现对水源的调节和水质的净化。

4 个监测区中，固土物质量最大的监测区是笔山和栗坡监测区，为 $11.5×10^3 \sim 12.0×10^3 kg \cdot hm^{-2} \cdot a^{-1}$，比南甸和鱼山监测区高 $2.0×10^3 kg \cdot hm^{-2} \cdot a^{-1}$ 左右。保育土壤与林地的地形地貌、土壤类型等密切相关，也与植被郁闭度和盖度有关。笔山监测区地势平缓，土壤为红壤，土壤有机质和氮含量相对较低；栗坡监测区为石质山地，土层疏松、坡度较大；南甸和鱼山监测区地势坡度非常大，土壤为棕黄壤、石砾含量大，有机质和氮含量相对较高。此外，南甸和鱼山 2 个监测区，由于人为和自然等综合因素造成的水土流失导致土壤严重退化。经计算，4 个监测区固土量结果与调节水量一致，各监测区能够避免更多的土壤流失，为水环境保护治理提供了重要保障。

森林保肥物质量除了与保土量有关外，还与易流失土体中氮、磷、钾和有机质含量有关。总体上，4 个监测区保肥量相当，在 $330 kg \cdot hm^{-2} \cdot a^{-1}$ 左右，笔山监测区总保肥量最小（$300 kg \cdot hm^{-2} \cdot a^{-1}$）。就保肥种类而言，保肥能力差异明显，固有机质量最大，平均固有机质量达 $195 kg \cdot hm^{-2} \cdot a^{-1}$，其次为固钾量（$98 kg \cdot hm^{-2} \cdot a^{-1}$），再次为固氮量（接近 $35 kg \cdot hm^{-2} \cdot a^{-1}$），而固磷量最低，仅为 $6 kg \cdot hm^{-2} \cdot a^{-1}$。森林生态系统的固土作用极大地保障了生态安全并减少了淤积，为本区域社会经济发展提供了重要保障。各监测区森林生态系统保育土壤功能对于降低该区域地质灾害及经济损失、保障人民生命财产安全具有非常重要的作用。

4 个监测区森林固碳释氧能力差异较小，而且在固碳功能与释氧功能上表现出一致性，4 个监测区森林固碳量和释氧量分别为 $1.25×10^3 \sim 1.44×10^3 kg \cdot hm^{-2} \cdot a^{-1}$ 和 $2.93×10^3 \sim 3.41×10^3 kg \cdot hm^{-2} \cdot a^{-1}$。笔山监测区的森林固碳释氧量最大，是鱼山监测区的 1.2 倍。森林生态系统作为陆地生态系统中最大的碳库，具有固持 CO_2、释放 O_2 的生态服务功能，受树种、林龄和净初级生产力等影响。4 个监测区植物总生物量为 $3.78 \sim 4.38 kg \cdot m^{-2}$，差异较小，因此，森林固碳释氧能力接近。4 个监测区林木积累氮、磷、钾物质量排序表现一致，积累物质量最大的为笔山监测区，林木累积氮磷钾总物质量约为 $140 kg \cdot hm^{-2} \cdot a^{-1}$，其次为栗坡监测区（$131 kg \cdot hm^{-2} \cdot a^{-1}$），再次为南甸监测区（$110 kg \cdot hm^{-2} \cdot a^{-1}$），鱼山监测区最低，为 $96 kg \cdot hm^{-2} \cdot a^{-1}$，约为笔山监测区的 2/3。就积累营养物质种类而言，积累营养物质能力差异明显，植物积累氮素能力最强，平均积累量达 $72 kg \cdot hm^{-2} \cdot a^{-1}$，其次为积累钾素能力（$33 kg \cdot hm^{-2} \cdot a^{-1}$），而积累磷素能力最弱，仅为 $14 kg \cdot hm^{-2} \cdot a^{-1}$。本研究中 4 个监测区水热条件差异较小，因此，各监测区林木积累营养物质差异主要与林分的净初级生产力，林木氮、磷、钾元素含量有关。林木积累氮、磷、钾营养物质对降低水源污染及水体富营养化也具有重要作用和意义。

从评估结果可以看出，2021 年度 4 个监测区森林提供负氧离子的个数为 $2.01×10^{18} \sim 2.28×10^{18}$ 个 $\cdot hm^{-2} \cdot a^{-1}$。南甸监测区森林提供负氧离子的能力稍弱于其他监测区，为其他监测区的 90% 左右。在不同季节和时间段监测区森林提供负氧离子的能力也存在明显差异。秋季森林提供负氧离子能力最强，是其他季节的 1.1 倍左右；而 8：00—12：00 森林提供负氧离子浓度最高，其后显著下降。这也证明了面山生态修复区森林提供负氧离子有利于该区域秋高气爽和天朗气清。

（3）生态效益价值评估　森林生态系统服务功能的可测性主要表现在直接价值和间接价值2个方面。直接价值主要是指森林生态系统为人类生活提供的产品，如木材、林副特产等可商品化的价值。间接价值主要体现为森林生态系统的服务功能，如涵养水源、净化大气环境、保育生物多样性等难以商品化的功能。因此，将生态修复区4个监测区森林生态系统的各个单项服务功能从货币价值的角度进行评估，结果更具有直观性和可比性，进而为生态修复区的生态效果评价提供科学依据。

根据前文评估指标体系及其计算方法，得出金沙江干热河谷面山生态修复区单位面积生态系统服务总价值约为3.94万元·hm^{-2}·a^{-1}（表7-27），低于全国森林生态服务功能价值（5.52万元·hm^{-2}·a^{-1}），远低于云南省森林生态服务功能价值（6.77万元·hm^{-2}·a^{-1}，张治军等，2011）。这一方面表明干热河谷上段面山生态修复区已经具备一定的生态经济价值，另一方面也说明该生态修复区生态效益尚有提升空间。其原因主要是本研究生态修复区实施时间非常短（2018年和2019年实施），生态系统尚处于恢复过程中，乔木尚未郁闭成林、植被生长量较低、地被物盖度不高。此外，干热河谷降水量较少、气候较干燥，导致植物生长缓慢、涵养水源功能有限。尽管如此，2021年度4个监测区生态服务功能总价值比2020年度（3.25万元·hm^{-2}·a^{-1}）提高了21.2%。表明随着生态恢复，生态修复区生态服务功能价值正逐步提升。

表7-27　金沙江干热河谷上段面山生态修复区生态效益价值

监测区	指标	涵养水源	保育土壤	固碳释氧	林木积累营养物质	净化大气环境	保育生物多样性	总价值
笔山	价值/（元·hm^{-2}·a^{-1}）	19 858.73	4 815.38	6 655.12	267.47	25.88	7 467.90	39 090.47
	贡献度/%	50.80	12.32	17.02	0.68	0.07	19.10	100.00
栗坡	价值/（元·hm^{-2}·a^{-1}）	18 645.14	4 673.72	6 356.06	251.88	25.42	14 767.50	44 719.72
	贡献度/%	41.69	10.45	14.21	0.56	0.06	33.02	100.00
南甸	价值/（元·hm^{-2}·a^{-1}）	15 556.01	3 984.22	5 955.95	208.95	23.23	11 404.80	37 133.17
	贡献度/%	41.89	10.73	16.04	0.56	0.06	30.71	100.00
鱼山	价值/（元·hm^{-2}·a^{-1}）	13 570.14	3 957.68	5 735.92	178.50	26.34	13 183.50	36 652.08
	贡献度/%	37.02	10.80	15.65	0.49	0.07	35.97	100.00
整体监测区	价值/（元·hm^{-2}·a^{-1}）	16 907.51	4 357.75	6 175.77	226.70	25.21	11 705.93	39 398.86
	贡献度/%	42.91	11.06	15.67	0.58	0.06	29.71	100.00

4个监测区森林生态系统服务功能总价值均超过3.6万元·hm^{-2}·a^{-1}，但各监测区

之间服务功能总价值差异明显（表7-26）。栗坡监测区单位面积生态系统服务功能总价值最高，达到 4.47 万元·hm^{-2}·a^{-1}；其次是笔山监测区（3.91 万元·hm^{-2}·a^{-1}），再次为南甸监测区（3.71 万元·hm^{-2}·a^{-1}）；鱼山监测区生态系统服务功能总价值最低，为 3.66 万元·hm^{-2}·a^{-1}，约为栗坡监测区的 80%。在面山生态修复区，不同生态系统服务功能价值差异明显（表7-26）。在整个生态修复区，生态系统涵养水源功能价值最大，为 1.69 万元·hm^{-2}·a^{-1}，超过总价值的 40%；其次为保育生物多样性功能价值（1.17 万元·hm^{-2}·a^{-1}），接近总价值的 30%；固碳释氧功能和保育土壤功能的价值也分别达到 0.62 万元·hm^{-2}·a^{-1} 和 0.44 万元·hm^{-2}·a^{-1}，占比均超过 10%；而林木积累营养物质和净化大气环境功能的价值最低，均不足总价值的 1%，尤其是净化大气环境功能的价值（不足 0.1%）。本研究中 4 个监测区森林生态系统林木积累营养物质价值占比极低，这主要是因为造林时间短，林木生物量积累较低。而净化大气环境功能价值极低则是因为本研究仅评估了森林提供负氧离子这一个分项，而价值相对较高的吸收污染物、滞尘、吸滞总悬浮颗粒物和颗粒物等净化空气功能未予考虑。根据《2014 退耕还林工程生态效益监测国家报告》，全国退耕还林工程中净化大气环境的价值占总价值的 19.06%，而其中吸收污染物、滞尘、吸滞总悬浮颗粒物和颗粒物功能的价值之和几乎等同于净化大气环境的价值。

在 4 个监测区内，各项生态服务功能价值的排序与总体排序一致（表7-27），均为涵养水源>保育生物多样性>固碳释氧>保育土壤>林木积累营养物质>净化大气环境。4 个监测区同一森林生态效益价值评估指标表现出明显的监测区域差异和分项指标价值（表7-27）。

4 个监测区涵养水源生态功能的价值差异显著（表7-27），其中笔山监测区最大，达到 1.98 万元·hm^{-2}·a^{-1}，占该监测区生态功能总价值的 50% 以上，是鱼山监测区（最低价值，1.36 万元·hm^{-2}·a^{-1}，占该监测区生态功能总价值的 37%）的 1.5 倍；栗坡和南甸监测区涵养水源生态功能的价值居中，分别为 1.86 万元·hm^{-2}·a^{-1} 和 1.56 万元·hm^{-2}·a^{-1}，占各监测区生态功能总价值的 40% 以上。一般而言，建设水利设施用以拦截水流、增加贮备，是人们采用最多的工程方法，但是，建设水利等基础设施存在许多缺点，例如，占用大量的土地，改变土地利用方式，水利等基础设施存在使用年限等。因此，森林生态系统就像一个"绿色、安全、永久"的水利设施，只要森林不遭受破坏，其涵养水源功能即可持续增长，同时还能带来其他方面的生态功能。本研究监测区森林生态系统范围极小，在气候环境、林分类型差异较小的背景下，地形地貌等就成为影响涵养水源价值的主要影响因素。总体上，4 个监测区水源涵养功能价值与区域坡度、坡位和地表植被盖度等有关。

森林生态系统土壤形成与保持功能主要表现在森林植被根系具有固定土壤结构、保持土壤肥力等作用。通过活地被物和凋落物层截留降水，降低雨水对森林土壤的冲击及地表径流的侵蚀作用。这些作用可减少水土流失，保持土壤结构稳定。4 个监测区保育土壤价值相当，为 0.40 万~0.48 万元·hm^{-2}·a^{-1}，占监测区生态功能总价值的 10%~12%。4 个监测区紧邻高速公路或铁路等重要交通干线，森林保育土壤也降低了水土流失、山体滑坡等自然灾害对交通干线安全的危害风险。森林植被根系与土壤密不可分，土壤与植被和凋落物进行着密切的物质、能量交换。土壤作用于植物，使其根系的分布范围及深度得到广泛扩大，从而增加了森林生态系统对土壤的固持能力。同时，森林植被的生长加速了生态系统中养分循环，提高了土壤微生物的能力，有利于改善土壤结构，增加植物根系和土壤的结合能力，进而更好发挥了固土保肥功能。

4 个监测区森林固碳释氧价值为 0.57 万~0.66 万元·hm^{-2}·a^{-1}（表 7-27），占总价值的 16% 左右，比保育土壤功能的价值稍高（11%）。笔山监测区森林固碳释氧价值最高，而鱼山监测区最低。表明森林生态系统的固碳释氧功能为提升区域生态环境同样起到了重要的作用，具有重要的价值。

尽管林木积累营养物质价值占总价值的比例极低（0.6% 左右），但各监测区域之间林木积累营养物质价值差异明显（表 7-26）。其中，林木积累营养物质价值最高区域（笔山监测区，267 元·hm^{-2}·a^{-1}）是最低区域（鱼山监测区，178 元·hm^{-2}·a^{-1}）的 1.5 倍。优势树种（组）的类型、比例、造林成效和造林时间决定了监测区森林林木积累营养物质的生态效益，不同林分林木净初级生产力和营养物质含量决定林分积累营养物质的价值。鱼山监测区造林时间为 2019 年，比其他区域更短（2018 年）。

本研究中森林提供负氧离子的价值不足总价值的 0.1%（表 7-26）。根据《2014 退耕还林工程生态效益监测国家报告》，全国退耕还林工程中净化大气环境的价值占总价值的 19.06%，其中吸收污染物、滞尘、吸滞总悬浮颗粒物和颗粒物功能的价值之和几乎等同于净化大气环境的价值，而森林提供负氧离子价值在整个净化大气环境生态价值中的占比极低。4 个监测区森林提供负氧离子价值差异较小，为 23.23~26.34 元·hm^{-2}·a^{-1}。需要说明的是，2021 年度生态修复区森林提供负氧离子价值略低于 2020 年度（25.30~28.29 元·hm^{-2}·a^{-1}），这可能与整体大气环境、空气温湿度等自然因素有关。大量研究表明，在一定范围内，林分空气负氧离子浓度与环境相对湿度、光照度呈正相关，与温度和风速呈负相关，而湿度和光照度是影响林分空气负氧离子浓度的主要因素（关蓓蓓等，2016）。

对本生态修复区森林生态系统的生物多样性保育价值进行评估（表 7-27），得出生物多样性保育价值为 0.75 万~1.48 万元·hm^{-2}·a^{-1}，占总价值的 19%~36%，其生态服务价值仅次于涵养水源价值，表明本区域生态修复对生物多样性保护的重要意义和价值。4 个监测区中，栗坡监测区森林保育生物多样性功能价值最大，其次为鱼山和南甸监测区，笔山监测区森林保育生物多样性价值最低。这主要与监测区植物群落结构、种类和数量等有关。笔山监测区植物群落结构中灌木层植物极少（表 7-10，表 7-11），因而森林保育灌木多样性价值几乎可以忽略；而其他 3 个监测区森林保育灌木多样性价值为 0.19 万~0.54 万元·hm^{-2}·a^{-1}，占保育植物多样性功能总价值的 14%~36%。说明在笔山监测区有必要修复灌木层，提高灌木层植物多样性。南甸监测区森林保育乔木生物多样性价值极低（0.02 万元·hm^{-2}·a^{-1}），这主要是因为该监测区生态恢复的乔木树种为大叶女贞，仅 8 号样地有原生乔木树种（表 7-10，表 7-11）。这再次证实该区域植树造林宜开展混交模式，也说明在造林过程中保留原有植被对生物多样性保育的重要性。

（4）人工林营造的生态环境效应　在对植物群落的影响方面，大量研究表明，人工林营造初期会造成一定程度的灌草植物多样性的丧失，而且短期内人工林植物多样性低于天然林。本生态修复区人工林营造前样地多为灌木林地、耕地或宜林荒地，人工林营造补植后，生态修复区植物群落结构有明显的变化，其主要特征表现为乔木树种数量和植物生物量迅速增加、生物多样性略有增加。2021 年生态修复区样地平均生物量为 4.02 kg·m^{-2}，比 2020 年（3.70 kg·m^{-2}）和 2019 年（3.52 kg·m^{-2}）样地平均生物量分别提高了 9% 和 14%。说明人工林营造能有效提高生物多样性、增加植被生物量，对植物群落有明显的正面影响。

在对土壤系统的影响方面，人工林营造后，生态修复区土壤结构、孔性、养分状况、枯落物厚度和保水保土能力等均有明显的提升，尤其是土壤养分状况和枯落物厚度。以土壤有机质含量为例，2021 年生态修复区样地土壤平均有机质含量为 21.85 g·kg^{-1}，比 2020 年度（19.98 g·kg^{-1}）和 2019 年度（17.20 g·kg^{-1}）分别提高了 9% 和 27%。在土壤生态功能方面，2021 年度生态修复区土壤涵养水量平均值为 1.44×10^3 m^3·hm^{-2}·a^{-1}，固土保肥量为 11.01×10^3 kg·hm^{-2}·a^{-1}，而 2020 年度生态修复区土壤涵养水量为 1.36×10^3 m^3·hm^{-2}·a^{-1}，固土保肥量为 9.17×10^3 kg·hm^{-2}·a^{-1}。因此人工林营造能有效改善土壤结构和孔性、提高土壤养分和枯落物厚度、提升保水保土能力，对土壤系统有明显的正面影响。

在对大气环境的影响方面，2021 年度 4 个监测区森林提供负氧离子个数为 2.01×10^{18}~2.28×10^{18} 个·hm^{-2}·a^{-1}，比 2020 年度森林提供负氧离子个数（2.20×10^{18}~2.46×10^{18} 个·hm^{-2}·a^{-1}）低 10% 左右，这可能与 2021 年度整体大气环境、空气温湿度等自然因素有关，但整体上比干热河谷某处未造林地同期负氧离子个数（1.64×10^{18} 个·hm^{-2}·a^{-1}）高 22%~50%，说明人工林营造能有效增加空气负氧离子浓度，改善空气质量，对大气环境有明显的正面影响。

7.2.4 基于生态系统长期监测的科学建议

经过 2020 年和 2021 年度调查监测结果分析，结合当前"双碳"政策，提出以下 3 点建议供参考。

（1）关于造林树种的选择　在金沙江干热河谷上段生态修复中，乔木造林树种推荐用大叶女贞、球花石楠、香樟、滇朴、冬樱花和壳斗科植物（如麻栎、滇青冈）等树种；灌木造林树种推荐美登木、车桑子、华西小石积和铁仔，尤其推荐美登木（乡土特色灌木树种，且生态防护效果好）；新造林地注意保留样地原有乔木树种和乡土植物，尽量保护原有灌木和草本层。

（2）关于森林抚育管理　统筹生物多样性保护与森林防火需求（部分监测区灌草层卫生抚育过度），补植已死亡乔木、补充灌木层、控制外来入侵种（如鬼针草和紫茎泽兰），加强森林抚育管理（如加强种植植物的管养、旱季持续浇灌等管护措施），促进乔木树种郁闭成林、灌草覆盖，提高森林质量、稳定性和抵御灾害能力。

（3）关于建立长期科研基地与生态系统持续监测　生态系统持续监测是科学管理生态修复区森林生态系统的基础和前提条件，也为正确评估生态恢复成效提供基础数据。有必要在现有监测样地的基础上，完善监测样地基础设施（如安装林间小气候监测设备），建立长期科研基地。在固定监测样地上持续开展森林资源、土壤环境、大气环境、固碳增汇和生态效益等方面的动态综合监测。

7.3　本章总结

土地退化是干热河谷主要环境问题，树种筛选及树种与土壤关键限制因子间的相互作用是生态恢复的基础和前提。研究根据对金沙江干热河谷各林业区划分调查结果及其主分量分析结果的期望值，结合土地的历史沿革、海拔高度、坡向、坡度、植被覆盖及其植物生长状况等，盆周（或河谷周山）山地植被严重退化类型组是人为活动频繁区，深受其干扰破坏，植被和土壤极度退化，水土流失严重，立地质量较差。该类型组植被稀少，土壤严重退化，物种资源极度匮乏，气候条件在干热河谷最为恶劣，是植被恢复极端困难的地区和进行人工植被恢复的重点地区，必须通过人工措施或人工启动才能恢复该地区严重退化的植被。研究得出，造林树种类型决定干热河谷土壤改良进程。与自然恢复相比，人工植被恢复（如造林）并不一定能加速退化土壤改良。新银合欢和大叶相思适合作为改良干热河谷退化土壤的先锋树种，而生态系统自然恢复也可作为改良干热河谷退化土壤的一种适宜方式。

金沙江干热河谷的生态监测，通过多元统计方法、数理模型、景观生态学等理论和方法研究金沙江干热河谷土地利用及植被资源，分析植被盖度的时空异质性及生态系统服务价值变化，继而构建景观生态安全模型，探索金沙江干热河谷景观生态安全变化特征，构建综合生态安全评价模型定量评估区域综合生态安全状态，构建综合生态安全屏障模型揭示综合生态安全的主要障碍因素及作用机制，进行生态修复效益评估，为干热河谷生态风险防范及区域可持续发展提供科学依据。

第八章 研究展望

本书主要对金沙江干热河谷土壤、植被状况以及植被恢复措施等方面进行了研究讨论，综合分析了金沙江干热河谷土壤特征、土壤退化、土壤养分、土壤肥力、土壤改良等相关内容，同时对该区域植被情况、气候、水文以及地理位置等内容做了介绍，着重讲述生态恢复手段——植被恢复技术，科学地分析树种的合理选择、土壤的适宜条件以及与气候的相关性，构建区域综合生态安全障碍模型，研究影响生态安全的主要障碍因素及其作用机制，能够更为深入地辨明干热河谷生态环境状况，为金沙江干热河谷生态风险防范及生态环境保护提供理论依据。

干热河谷植被与植物区系的研究结果表明，河谷型萨瓦纳植被的植物区系以热带植物区系成分为主，从 20 世纪 50 年代起对云南气候调查及气候区划方面积累的资料，以及对干热河谷气候指标的研究结果，说明干热河谷在气候上属于我国北热带范畴，是与北热带湿润气候类型区相并列的一个特殊气候类型——北热带干热气候类型，根据年均干燥度的变化，有人将干热河谷进一步划分为半干旱偏湿和半干旱 2 个亚类。气候上的干、湿差异是该气候区内水分条件分异的结果，降水的季节分配与年降水量，同样是我国各地气候干、湿变化的一个重要而具有决定性作用的因素。西南季风每年有规律的进退造成降水量年内分配不均，形成了干热河谷这一非地带性的局部干旱环境。随着西南季风的进退，每年的干旱发生有其基本固定的时间周期，属于有规律的干、湿季节交替的结果——季节性干旱，与我国西北地区全年均在干旱气候控制之下形成的干旱或半干旱气候环境有着根本的不同。气候上的热带性和季节性干旱是干热河谷气候的本质特征。

根据森林恢复的标准，选取了不同的树种和混交林林分，采用各自的造林成活率、保存率、人工植被蓄积量和生物量、林下植被生物量和植物多样性、林地枯落物数量，以及林地土壤水分、土壤物理性质、土壤化学性质、土壤微生物和土壤酶活性等指标，共同构成有关森林恢复的评价指标体系，综合反映和评价不同树种和林分在干热河谷退化植被恢复中的作用及效果，并据此评价不同树种对干热河谷植被恢复的适宜程度。综合各方面因素考虑，豆目树种（包括含羞草科、蝶形花科和苏木科）是干热河谷植被恢复中最重要的树种，尤其是那些能天然更新的小叶型多年生豆目树种；在具有同样生态适应性和生长能力的情况下，干热河谷植被恢复中应尽量避免使用桉属树种，为考虑当地需求而选择桉属树种时，应选择可天然更新的小叶型豆目树种与其混交。在干热河谷植被严重退化区恢复植被，应考虑其长远性和延续性，人工植被恢复仅仅是引入物种和启动恢复，其目的在于通过这种启动，依靠自然力实现天然更新。因此，在选择适宜树种时应非常重视其天然更新能力。

　　此外，干热河谷区整体的经济发展相对缓慢，对土地资源的依赖程度极高，对自然环境的压力大，但土地利用空间、方式、强度与技术措施存在严重的非可持续性问题，由此引发生态环境退化。因此，要保护、恢复退化环境就必须从推动适宜的产业发展，积极调整干热河谷的农村产业结构，促进区域经济的发展，这样就可以降低对土地资源的依赖性，从而可减少对河谷区植被的干扰破坏活动，促进植被与生态环境的自然恢复和区域土壤的改良与恢复。

　　干热河谷植被恢复过程中，植被发育和土壤质量之间相互作用。土壤酶活性降低、微生物种群数量减少和土壤团聚体结构变差可能是造成植被恢复效果不好的一个原因。因此，研究植被恢复对土壤酶活性、微生物群落结构和土壤团聚体结构的差异性影响，同时研究土壤各生态功能变化的耦合作用，尝试从生物及物理保护的角度解释植被恢复对各生态功能影响的机制，可更进一步研究干热河谷植被恢复对生态系统功能的影响。

　　随着全球气候变化和大型水利工程的建设，干热河谷气降水量是往"干"还是往"湿"方向发展？气温是往"热"还是往"暖"方向发展？干热河谷上限是否上升？干热河谷面积是增加还是降低？上述这些变化对生态系统有何影响，是加重土壤退化抑或促进退化土壤改良？目前尚无统一的结论，需要长期监测和观测。

参考文献

包浩生, 1962. 云南南部综合自然区划 [J]. 地理, 26(2): 43-56.

曹吉鑫, 田赟, 王小平, 等, 2009. 森林碳汇的估算方法及其发展趋势 [J]. 生态环境学报, 18(5): 2001-2005.

柴宗新, 范建容, 2001. 金沙江干热河谷植被恢复的思考 [J]. 山地学报, 19(4): 381-384.

陈乐蓓, 2008. 不同经营模式杨树人工林生态系统生物量与碳储量的研究 [D]. 南京: 南京林业大学.

陈利顶, 王军, 傅伯杰, 2001. 我国西南干热河谷脆弱生态区可持续发展战略 [J]. 中国软科学(6): 95-99.

陈灵芝, 黄建辉, 严昌荣, 1997. 中国森林生态系统养分循环 [M]. 北京: 气象出版社.

陈泮勤, 黄耀, 于贵瑞, 2004. 地球系统碳循环 [M]. 北京: 科学出版社: 423-441.

陈奇伯, 王克勤, 李艳梅, 等, 2003. 金沙江干热河谷不同类型植被改良土壤效应研究 [J]. 水土保持学报, 17(2): 67-70.

陈秋波, 2002. 桉树人工林土壤生物多样性问题研究 [J]. 热带农业科学, 22(1): 66-76.

陈小红, 张健, 赵安, 等, 2008. 短期型林(竹)-草复合植被还林初期土壤碳氮动态变化 [J]. 水土保持学报, 22(2): 126-130.

陈玉德, 吴陇, 喻占仁, 1995. 云南元谋干热河谷营造水土保持林技术措施及初步成效 [J]. 林业科学研究, 8(3): 340-343.

陈玉德, 张志钧, 惠雅雯, 等, 1990. 云南干热河谷的植物资源开发利用研究 [J]. 林业科学研究, 3(6): 638-641.

成向荣, 冯利, 虞木奎, 等, 2010. 间伐对生态公益林冠层结构及土壤养分的影响 [J]. 生态环境学报, 19(2): 355-359.

戴全厚, 刘国彬, 薛萐, 等, 2008. 侵蚀环境坡耕地改造对土壤活性有机碳与碳库管理指数的影响 [J]. 水土保持通报, 28(4): 17-21.

邓喜庆, 皇宝林, 温庆中, 等, 2014. 云南松林资源动态研究 [J]. 自然资源学报, 29(8): 1411-1419.

刁阳光, 1994. 金沙江干热河谷人工林生态经济功能研究 [J]. 林业科技通讯(8): 26-27.

杜峰, 梁宗锁, 徐学选, 等, 2008. 陕北黄土丘陵区撂荒群落土壤养分与地上生物量

空间异质性 [J]. 生态学报, 28(1): 13-22.

杜寿康, 2022. 金沙江干热河谷植被恢复效应 [D]. 昆明: 西南林业大学.

杜寿康, 唐国勇, 刘云根, 等, 2022. 不同立地环境下金沙江干热河谷各区段植物多样性 [J]. 浙江农林大学学报, 39(4): 742-749.

杜天理, 1994. 西南地区干热河谷开发利用方向 [J]. 自然资源 (1): 41-45.

段爱国, 崔永忠, 张建国, 等, 2013. 干热河谷植被恢复树种光合与水分生理特性的灌溉效应 [J]. 干旱区资源与环境, 27(12): 112-118.

段永宏, 2008. 长白山天然水曲柳根系呼吸动态研究 [D]. 北京: 北京林业大学.

樊后保, 李燕燕, 黄玉梓, 等, 2006a. 马尾松纯林改造成针阔混交林后土壤化学性质的变化 [J]. 水土保持学报, 20(4): 77-81.

樊后保, 李燕燕, 刘文飞, 等, 2012. 连续年龄序列尾巨桉人工林养分循环 [J]. 应用与环境生物学报, 18(6): 897-903.

樊后保, 李燕燕, 苏兵强, 等, 2006b. 马尾松-阔叶树混交异龄林生物量与生产力分配格局 [J]. 生态学报, 26(8): 2463-2473.

范建容, 刘淑珍, 钟祥浩, 等, 2002. 金沙江干热河谷土地荒漠化评价方法研究 [J]. 地理科学, 22(2): 243-248.

方精云, 2002. 探索 CO_2 失汇之谜 [J]. 植物生态学报, 6(2): 255-256.

方精云, 郭兆迪, 朴世龙, 等, 2007. 1981—2000 年中国陆地植被碳汇的估算 [J]. 中国科学 D 辑: 地球科学, 37(6): 804-812.

方精云, 刘国华, 徐嵩龄, 1996. 我国森林植被的生物量和净生产量 [J]. 生态学报, 16(5): 497-508.

方精云, 朴世龙, 赵淑清, 2001. CO_2 失汇与北半球中高纬度陆地生态系统的碳汇 [J]. 植物生态学报, 25(5): 594-602.

费世民, 王鹏, 陈秀明, 等, 2003. 论干热河谷植被恢复过程中的适度造林技术 [J]. 四川林业科技, 24(3): 10-16.

傅美芬, 高洁, 1997. 影响元谋植被恢复与造林成败的主要气象条件及其对策 [J]. 西南林学院学报, 17(2): 37-42.

高成杰, 2012. 干热河谷印楝和大叶相思人工林生物量分配规律与养分循环特征研究 [D]. 北京: 中国林业科学研究院.

高成杰, 唐国勇, 李昆, 等, 2013. 干热河谷印楝和大叶相思人工林根系生物量及其分布特征 [J]. 生态学报, 33(6): 1964-1972.

高成杰, 唐国勇, 刘方炎, 等, 2017. 林分结构调整对云南松次生林生长和土壤性质的影响 [J]. 林业科学研究, 30(5): 841-847.

高成杰, 唐国勇, 孙永玉, 等, 2012. 不同恢复模式下干热河谷幼龄印楝和大叶相思生物量及其分布 [J]. 浙江农林大学学报, 29(4): 482-490.

高洁, 曹坤芳, 王焕校, 2004. 干热河谷 9 种造林树种在旱季的水分关系和气孔导度 [J]. 植物生态学报, 28(2): 186-190.

高洁, 刘成康, 张尚云, 1997a. 元谋干热河谷主要造林植物的耐旱性评估 [J]. 西南林学院学报，17(2)：19-24.

高洁，叶洪刚，杨荣喜，1996. 攀枝花干热河谷14个树种的耐旱性研究[J]. 西南林学院学报，16(3)：135-139.

高洁，张尚云，傅美芬，等，1997b. 干热河谷主要造林树种旱性结构的初步研究[J]. 西南林学院学报，17(2)：59-63.

高庭艳，马培，张丹，等，2008. 云南元谋干热河谷区土壤微生物数量特征[J]. 武汉大学学报(理学版)，54(2)：183-187.

高旭，周路阔，郭婷，等，2020. 湖南郴州烟区土壤有机质和全氮时空变异及其影响因素研究[J]. 土壤通报，51(3)：686-693.

关蓓蓓，郑思俊，崔心红，2016. 城市人工林空气负离子变化特征及其主要影响因子[J]. 南京林业大学学报(自然科学版)，40(1)：73-79.

郭玉红，郎南军，和丽萍，等，2007. 元谋干热河谷8种植被类型的林地土壤特性研究[J]. 西部林业科学，36(2)：56-64.

韩爱惠，2009. 森林生物量及碳储量遥感监测方法研究[D]. 北京：北京林业大学.

何斌秦，武明，余浩光，等，2007. 不同年龄阶段马占相思(*Acacia mangium*)人工林营养元素的生物循环[J]. 生态学报，27(12)：5158-5167.

何晓群，2008. 多元统计分析[M]. 2版. 北京：中国人民大学出版社：291-300.

何兴元，张成刚，杨思河，等，1997. 固氮树种在混交林中的作用研究Ⅱ. 固氮树木叶部N、P养分动态特征[J]. 应用生态学报，8(3)：235-239.

何兴元，赵淑清，杨思河，等，1999. 固氮树种在混交林中的作用研究Ⅲ. 固氮树种凋落物分解及N的释放[J]. 应用生态学报，10(4)：404-406.

何永彬，卢培泽，朱彤，2000. 横断山-云南高原干热河谷形成原因研究[J]. 资源科学，22(5)：69-72.

何毓蓉，黄成敏，1995. 云南省元谋干热河谷的土壤系统分类[J]. 山地研究，13(2)：73-78.

何毓蓉，黄成敏，杨忠，等，1997. 云南省元谋干热河谷的土壤退化及旱地农业研究[J]. 土壤侵蚀与水土保持学报，3(1)：57-61.

贺金生，陈伟烈，1997. 陆地植物群落物种多样性的梯度变化特征[J]. 生态学报，17(1)：91-99.

胡建忠，2021. 金沙江干热河谷区水土保持植物资源配置[J]. 中国水土保持(2)：3-6.

黄昌学，张小平，彭贤超，等，2008. 金沙江干热河谷区田菁根瘤菌多样性与系统发育[J]. 微生物学报，48(6)：725-732.

黄成敏，何毓蓉，1995. 云南省元谋干热河谷的土壤抗旱力评价[J]. 山地学报，13(2)：79-84.

黄成敏，何毓蓉，张丹，等，2001. 金沙江干热河谷典型区(云南省)土壤退化机理研究 Ⅱ 土壤水分与土壤退化[J]. 长江流域资源与环境，10(6)：578-584.

黄从德，2008. 四川森林生态系统碳储量及其空间分异特征[D]. 雅安：四川农业大学.

黄从德，张健，杨万勤，等，2007. 四川森林植被碳储量的时空变化［J］. 应用生态学报，18(12)：2687-2692.

黄明勇，张小平，李登煜，等，2000. 金沙江干热河谷区土著花生根瘤菌耐旱性初步研究［J］. 应用与环境生物学报，6(3)：263-266.

黄培祐，2002. 干旱区免灌植被及其恢复［M］. 北京：科学出版社：30-50.

黄维南，黄志宏，林清洪，等，2004. 气候因子对三种豆科树种固氮的影响［J］. 热带亚热带植物学报，12(5)：455-458.

纪中华，方海东，杨艳鲜，等，2009. 金沙江干热河谷退化生态系统植被恢复生态功能评价：以元谋小流域典型模式为例［J］. 生态环境学报，18(4)：185-191.

贾风勤，杨比伦，腊萍，2009. 云南景东县豆科固氮树种及根瘤菌资源调查［J］. 西南林学院学报，22(4)：13-18.

贾国梅，方向文，刘秉儒，等，2006. 黄土高原弃耕地自然恢复过程中微生物碳的大小和活性的动态［J］. 中国沙漠，26(4)：580-584.

贾国梅，张宝林，刘成，等，2008. 三峡库区不同植被覆盖对土壤碳的影响［J］. 生态环境，17(5)：2037-2040.

姜丽芬，曲来叶，周玉梅，2006. 土壤呼吸与环境［M］. 北京：高等教育出版社.

蒋艾平，姜景民，刘军，2016. 檫木叶片性状沿海拔梯度的响应特征［J］. 生态学杂志，35(6)：1467-1474.

蒋三乃，翟明普，贾黎明，2001. 混交林种间养分关系研究进展［J］. 北京林业大学学报，23(2)：72-77.

蒋有绪，1995. 世界森林生态系统结构与功能的研究综述［J］. 林业科学研究，8(3)：314-321.

金振洲，2002. 滇川干热河谷与干暖河谷植物区系特征［M］. 昆明：云南科技出版社.

金振洲，欧晓昆，1998. 滇川干热河谷植被布朗布朗喀群落分类单位的植物群落学分类［J］. 云南植物研究，20(3)：279-294.

金振洲，欧晓昆，2000. 元江、怒江、金沙江、澜沧江干热河谷植被［M］. 昆明：云南大学出版社.

金振洲，杨永平，陶国达，1995. 西南干热河谷种子植物区系的特征、性质和起源［J］. 云南植物研究，17(2)：129-143.

康冰，刘世荣，蔡道雄，等，2009. 马尾松人工林林分密度对林下植被及土壤性质的影响［J］. 应用生态学报，20(10)：2323-2331.

李彬，2013. 干热河谷赤桉和新银合欢人工林碳库特征及其固碳潜力研究［D］. 北京：中国林业科学研究院.

李彬，唐国勇，李昆，等，2013a. 元谋干热河谷20年生人工恢复植被生物量分配与空间结构特征［J］. 应用生态学报，24(6)：1479-1486.

李彬，唐国勇，李昆，等，2013b. 干热河谷20年生2种人工植被恢复个体生长特性研究［J］. 北京林业大学学报，35(2)：45-50.

李春初, 1962. 滇南地区的地貌条件及其对自然景观形成与演变的影响 [J]. 地理 (1)：16-20.

李吉跃, 贾利强, 郎南军, 等, 2003. 金沙江干热河谷车桑子的光合特性 [J]. 北京林业大学学报, 25(5)：20-24.

李昆, 2007. 金沙江干热河谷适宜树种选择与植被恢复研究 [D]. 北京：北京林业大学.

李昆, 陈玉德, 1995. 元谋干热河谷人工林地的水分输入与土壤水分研究 [J]. 林业科学研究, 8(6)：651-657.

李昆, 崔永忠, 张春华, 等, 2003. 金沙江干热河谷退耕还林区造林树种的育苗技术 [J]. 南京林业大学学报, 27(6)：89-92.

李昆, 侯开卫, 张治钧, 等, 1998. 云南南涧干热区极度退化山地的造林技术 [J]. 林业科学研究, 11(2)：208-213.

李昆, 刘方炎, 杨振寅, 等, 2011. 中国西南干热河谷植被恢复研究现状与发展趋势 [J]. 世界林业研究, 24(4)：55-60.

李昆, 孙永玉, 杨成源, 等, 2003. 久树开花结实习性及繁殖技术研究 [J]. 林业科学研究, 16(2)：153-158.

李昆, 曾觉民, 1999. 金沙江干热河谷造林树种蒸腾作用研究 [J]. 林业科学研究, 12(3)：244-250.

李昆, 曾觉民, 赵虹, 1999. 金沙江干热河谷造林树种游离脯氨酸含量与抗旱性关系 [J]. 林业科学研究, 12(1)：103-107.

李昆, 张昌顺, 马姜明, 等, 2006. 元谋干热河谷不同人工林土壤肥力比较研究 [J]. 林业科学研究, 19(5)：574-579.

李昆, 张志钧, 陈玉德, 1991. 干热河谷地区长防林工程营建技术探讨 [J]. 云南林业科技(2)：55-58.

李玲, 肖和艾, 苏以荣, 等, 2008. 土地利用对亚热带红壤区典型景观单元土壤溶解有机碳含量的影响 [J]. 中国农业科学, 41(1)：122-128.

李怒云, 吕佳, 2009. 林业碳汇计量 [M]. 北京：中国林业出版社.

李文杰, 张祯皎, 赵雅萍, 等, 2022. 刺槐林恢复过程中土壤微生物碳降解酶的变化及与碳库组分的关系 [J]. 环境科学, 43(2)：1050-1058.

李亚男, 许中旗, 郭云艳, 2015. 抚育间伐对冀北山地典型生态公益林林分生长的影响 [J]. 河北农业大学学报, 38(2)：31-36.

李勇, 1989. 试论土壤酶活性与土壤肥力 [J]. 土壤通报, 26(4)：190-193.

李忠佩, 张桃林, 陈碧云, 2004. 可溶性有机碳的含量动态及其与土壤有机碳矿化的关系 [J]. 土壤学报, 2004, 41(4)：544-551.

廖利平, 邓仕坚, 于小军, 等, 2001. 不同连栽代数杉木人工林细根生长、分布与营养物质分泌特征 [J]. 生态学报, 21(4)：569-573.

廖声熙, 李昆, 陆元昌, 等, 2009. 滇中高原云南松林目标树优势群体的生长过程分析 [J]. 林业科学研究, 22(1)：80-84.

刘方炎，李昆，马姜明，2008. 金沙江干热河谷几种引进树种人工植被的生态学研究 [J]. 长江流域资源与环境，17(3)：468-474.

刘耕武，李代芸，黄翡，等，2002. 云南元谋盆地上新世甘棠组植物和孢粉组合及其古气候意义 [J]. 古生物学报，41(1)：1-9.

刘国凡，邓廷秀，1986. 几种豆科树木结瘤固氮的初步研究 [J]. 植物生态学与地植物学学报，10(3)：228-233.

刘浩栋，陈巧，徐志扬，等，2020. 海南岛霸王岭陆均松天然群落物种多样性及地形因子的解释 [J]. 生态学杂志，39(2)：394-403.

刘娟妮，2008. 基于 GIS 的黄龙山主要森林类型碳储量的时空分析 [D]. 杨凌：西北农林科技大学.

刘旻霞，南笑宁，张国娟，等，2021. 高寒草甸不同坡向植物群落物种多样性与功能多样性的关系 [J]. 生态学报，41(13)：5398-5407.

刘淑珍，黄成敏，张建平，等，1996. 云南元谋土地荒漠化特征及原因分析 [J]. 中国沙漠，16(1)：2-8.

刘文耀，刘伦辉，荆桂芬，等，2000. 云南松林和常绿阔叶林中枯落叶分解研究 [J]. 云南植物研究，22(3)：298-306.

刘文耀，刘伦辉，邱学忠，等，1995. 云南南涧干热退化山地水分调蓄与植被恢复途径的试验研究 [J]. 自然资源学报，10(1)：35-42.

刘文耀，盛才余，刘伦辉，等，1999. 南涧干热河谷退化山地植被恢复重建的研究 [J]. 北京林业大学学报，21(3)：9-13.

刘兴良，宿以明，向成华，等，2001. 川西云杉人工林养分含量、贮量及分配的研究 [J]. 林业科学，37(4)：10-18.

刘中天，任金成，1993. 新平县干热河谷生态林业"综示"为热区合理开发开创了新途径 [J]. 云南林业调查规划(3)：29-30.

卢元添，1989. 酸雨危害森林情况综述 [J]. 福建林学院学报，9(4)：398-401.

吕超群，孙书存，2004. 陆地生态系统碳密度格局研究概述 [J]. 植物生态学报，28(5)：692-703.

吕国红，周广胜，周莉，等，2006. 土壤溶解性有机碳测定方法与应用 [J]. 气象与环境学报，22(2)：51-55.

吕宪国，2005. 湿地生态系统观测方法 [M]. 北京：中国环境科学出版社：94-100.

罗长维，陈友，李昆，等，2007. 元谋干热河谷赤桉纯林与混交林昆虫群落多样性比较 [J]. 东北林业大学学报，35(3)：53-55.

罗明没，2022. 干热河谷新银合欢人工林土壤有机碳储量、活性碳组分特征及其稳定性 [D]. 昆明：云南大学.

罗天浩，李文政，1983. 云南松纯林生态效益的初步调查 [J]. 云南林学院学报，13(1)：76-81.

马焕成，2001. 干热河谷河谷造林新技术 [M]. 昆明：云南科技出版社.

马焕成，MCCONCHIE J A，陈德强，2002. 元谋干热河谷相思树种和桉树类抗旱能

力分析 [J]. 林业科学研究, 15(1): 101-104.

马焕成, 吴延熊, 陈德强, 等, 2001. 元谋干热河谷人工林水分平衡分析及稳定性预测 [J]. 浙江林学院学报, 18(1): 41-45.

马焕成, 伍建榕, 郑艳玲, 等, 2020. 干热河谷的形成特征与植被恢复相关问题探析 [J]. 西南林业大学学报(自然科学), 40(3): 1-8, 197.

马姜明, 李昆, 2006. 元谋干热河谷人工林的土壤养分效应及其评价 [J]. 林业科学研究, 19(4): 467-470.

毛子军, 2002. 森林生态系统碳平衡估测方法及其研究进展 [J]. 植物生态学报, 26(6): 731-738.

孟广涛, 方向京, 李贵祥, 等, 2008. 干热河谷不同引进草种水土保持效果对比 [J]. 水土保持学报, 2(5): 65-67, 114.

孟宪宇, 2007. 测树学 [M]. 北京: 中国林业出版社.

莫彬, 曹建华, 徐祥明, 等, 2006. 岩溶山区不同土地利用方式对土壤活性有机碳动态的影响 [J]. 生态环境, 15(6): 1224-1230.

欧晓昆, 1988. 元谋干热河谷植物区系研究 [J]. 云南植物研究, 10(1): 11-18.

欧晓昆, 1994. 云南省干热河谷地区的生态现状与生态建设 [J]. 长江流域资源与环境, 3(3): 271-276.

欧晓昆, 金振洲, 1987. 元谋干热河谷植被的类型研究 [J]. 云南植物研究, 9(3): 271-288.

潘超美, 杨凤, 蓝佩玲, 等, 1998. 南亚热带赤红壤地区不同人工林下的土壤微生物特性 [J]. 热带亚热带植物学报, 6(2): 158-165.

潘根兴, 周萍, 李恋卿, 等, 2007. 固碳土壤学的核心科学问题与研究进展 [J]. 土壤学报, 44(2): 327-337.

彭辉, 杨艳鲜, 潘志贤, 等, 2010. 干热河谷不同林地土壤有机碳和颗粒态有机碳的含量比较 [J]. 安徽农业科学, 38(23): 12506-12508.

彭少麟, 1996. 南亚热带森林群林群落动态学 [M]. 北京: 科学出版社: 93-101.

彭少麟, 2003. 热带亚热带恢复生态学研究与实践 [M]. 北京: 科学出版社: 101-103.

彭兴民, 张燕平, 赖永祺, 等, 2003. 印楝生物学特性及引种栽培 [J]. 林业科学研究, 16(1): 75-80.

钱方, 周国兴, 1991. 元谋第四纪地质与古人类 [M]. 北京: 科学出版社: 158-170.

钱纪良, 林之光, 1965. 关于中国干湿气候区划的初步研究 [J]. 地理学报, 31(1): 1-14.

秦随涛, 龙翠玲, 吴邦利, 2018. 地形部位对贵州茂兰喀斯特森林群落结构及物种多样性的影响 [J]. 北京林业大学学报, 40(7): 18-26.

权伟, 徐侠, 王丰, 等, 2008. 武夷山不同海拔高度植被细根生物量及形态特征 [J]. 生态学杂志, 27(7): 1095-1103.

任安芝, 高玉葆, 王金龙, 2001. 不同沙地生境下黄柳(Salix gordejevii)的根系分布和

冠层结构特征 [J]. 生态学报, 21(3): 399-404.

任海, 彭少麟, 1998. 大叶相思的生态生物学特征 [J]. 广西植物, 18(2): 146-152.

任海, 彭少麟, 2002. 恢复生态学导论 [M]. 北京: 科学出版社.

沈国舫, 翟明普, 1997. 混交林研究 [M]. 北京: 中国林业出版社.

沈宏, 曹志洪, 胡正义, 1999. 土壤活性有机碳的表征及其生态效应 [J]. 生态学杂志, 18(3): 32-38.

沈泽昊, 刘增力, 伍杰, 2004. 贡嘎山东坡植物区系的垂直分布格局 [J]. 生物多样性, 12(1): 89-98.

盛才余, 刘伦辉, 刘文耀, 2000. 云南南涧干热退化山地人工植被恢复初期生物量及土壤环境动态 [J]. 植物生态学报, 24(5): 575-580.

盛炜彤, 2001. 人工林的生物学稳定性与可持续经营 [J]. 世界林业研究, 14(6): 14-21.

盛炜彤, 2014. 中国人工林及其育林体系 [M]. 北京: 中国林业出版社.

石培礼, 杨修, 钟章成, 1997. 桤柏混交林的氮素积累与生物循环 [J]. 生态学杂志, 16(5): 14-18.

史作民, 程瑞梅, 刘世荣, 等, 2002. 宝天曼植物群落物种多样性研究 [J]. 林业科学, 38(6): 17-23.

四川植被协作组, 1980. 四川植被 [M]. 北京: 人民出版社.

孙长忠, 沈国舫, 2001. 对我国人工林生产力评价与提高问题的几点认识 [J]. 世界林业研究, 14(1): 76-80.

孙素琪, 王玉杰, 王云琦, 等, 2015. 重庆缙云山 4 种典型林分土壤氮素动态变化 [J]. 环境科学研究, 28(1): 66-73.

谭桂霞, 刘苑秋, 李莲莲, 等, 2014. 湿地松林分结构调整对土壤活性有机碳的影响 [J]. 应用生态学报, 25(5): 1307-1312.

汤懋苍, 沈志宝, 陈有虞, 1979. 高原季风的平均气候特征 [J]. 地理学报, 34(1): 33-42.

唐国勇, 黄道友, 童成立, 等, 2006. 红壤丘陵景观单元土壤有机碳和微生物生物量碳含量特征 [J]. 应用生态学报, 17(3): 429-433.

唐国勇, 李昆, 孙永玉, 等, 2010. 干热河谷不同利用方式下土壤活性有机碳含量及其分配特征 [J]. 环境科学, 31(5): 1365-1371.

唐国勇, 李昆, 孙永玉, 等, 2011. 土地利用方式对土壤有机碳和碳库管理指数的影响 [J]. 林业科学研究, 24(6): 754-759.

唐国勇, 李昆, 孙永玉, 等, 2012a. 干热河谷 4 种固氮植物根瘤固氮潜力及其影响因素 [J]. 林业科学研究, 25(4): 432-437.

唐国勇, 李昆, 孙永玉, 等, 2012b. 干热河谷林地燥红土固碳特征及 "新固定" 碳表观稳定性 [J]. 环境科学, 33(2): 551-557.

唐国勇, 李昆, 张昌顺, 2009. 施肥对干热河谷生态恢复区林木生长和土壤碳氮含量的影响 [J]. 水土保持学报, 23(4): 185-189.

唐国勇，吴金水，苏以荣，等，2009. 亚热带典型景观单元土壤有机碳含量和密度特征 [J]. 环境科学，30(7)：2047-2052.

唐建维，庞家平，陈明勇，等，2009. 西双版纳橡胶林的生物量及其模型 [J]. 生态学杂志，28(10)：1942-1948.

唐志尧，方精云，2004. 植物物种多样性的垂直分布格局 [J]. 生物多样性，12(1)：20-28.

田大伦，项文化，康文星，2003. 马尾松人工林微量元素生物循环的研究 [J]. 林业科学，39(4)：1-8.

田大伦，项文化，闫文德，2004. 马尾松与湿地松人工林生物量动态及养分循环特征 [J]. 生态学报，24(10)：2207-2210.

王道杰，崔鹏，朱波，等，2004. 金沙江干热河谷植被恢复技术及生态效应：以云南小江流域为例 [J]. 水土保持学报，18(5)：95-98.

王豁然，江泽平，阎洪，1994. 论澳大利亚植被与中国林木引种的关系 [J]. 热带地理，14(1)：73-82.

王军邦，王政权，胡秉民，等，2002. 不同栽植方式下紫椴幼苗生物量分配及资源利用分析 [J]. 植物生态学报，26(6)：677-683.

王珺，刘茂松，盛晟，等，2008. 干旱区植物群落土壤水盐及根系生物量的空间分布格局 [J]. 生态学报，28(9)：4120-4127.

王克勤，起家聪，2000. 元谋干热河谷赤桉林生长规律研究 [J]. 西南林学院学报，20(2)：67-73.

王克勤，沈有信，陈奇伯，等，2004. 金沙江干热河谷人工植被土壤水环境 [J]. 应用生态学报，15(5)：809-813.

王清奎，汪思龙，高洪，等，2005. 土地利用方式对土壤有机质的影响 [J]. 生态学杂志，24 (4)：360-363.

王淑平，周广胜，高素华，等，2003. 中国东北样带土壤活性有机碳的分布及其对气候变化的响应 [J]. 植物生态学报，27(6)：780-785.

王小丹，钟祥浩，2003. 生态环境脆弱性概念的若干问题探讨 [J]. 山地学报，23(增刊)：21-25.

王宇，1990. 云南省农业气候资源及区划 [M]. 北京：气象出版社：201-233.

魏汉功，叶厚源，1991. 金沙江干热河谷旱季土壤含水率评价立地质量的研究 [J]. 云南林业科技(2)：48-51.

温佩颖，金光泽，2019. 地形对阔叶红松林物种多样性的影响 [J]. 生态学报，39(3)：945-956.

吴楚，王政权，范志强，2005. 氮素形态处理下水曲柳幼苗养分吸收利用与生长及养分分配与生物量分配的关系 [J]. 生态学报，25(6)：1282-1290.

吴建国，张小全，徐德应，2004. 六盘山林区几种土地利用方式下土壤活性有机碳的比较 [J]. 植物生态学报，28(5)：657-664.

吴金水，林启美，黄巧云，等，2006. 土壤微生物生物量测定方法及其应用 [M]. 北京：气象出版社：54-64.

吴鹏，丁访军，陈骏，2012. 中国西南地区森林生物量及生产力研究综述 [J]. 湖北
农业科学，51(8)：1513-1518，1527.

吴庆标，王效科，郭然，2005. 土壤有机碳稳定性及其影响因素 [J]. 土壤通报，36
(5)：105-109.

吴征镒，1980. 中国植被 [M]. 北京：科学出版社.

吴征镒，朱彦丞，1987. 云南植被 [M]. 北京：科学出版社.

伍聚奎，周蛟，1996. 云南中部高原干热河谷薪炭林树种选择营造技术及经营模式研
究综述[J]. 西南林学院学报，16(4)：191-204.

项文化，田大伦，2002. 不同年龄阶段马尾松人工林养分循环的研究 [J]. 植物生态
学报，26(1)：89-95.

解宪丽，孙波，周慧珍，等，2004. 中国土壤有机碳密度和储量的估算与空间分布分
析 [J]. 土壤学报，41(1)：35-43.

徐长林，2016. 坡向对青藏高原东北缘高寒草甸植被构成和养分特征的影响 [J]. 草
业学报，25(4)：26-35.

徐明岗，于荣，孙小凤，等，2006a. 长期施肥对我国典型土壤活性有机质及碳库管
理指数的影响 [J]. 植物营养与肥料学报，12(4)：459-465.

徐明岗，于荣，王伯仁，2006b. 长期不同施肥下红壤活性有机质与碳库管理指数变
化 [J]. 土壤学报，43(5)：723-729.

徐庆祥，卫星，2013. 水曲柳落叶松带状混交林结构调整对水曲柳林带土壤理化性
质的影响 [J]. 林业资源管理 (2)：64-70.

徐远杰，陈亚宁，李卫红，等，2010. 伊犁河谷山地植物群落物种多样性分布格局及
环境解释 [J]. 植物生态学报，34(10)：22-34.

许泉，芮雯奕，何航，等，2006. 不同利用方式下中国农田土壤有机碳密度特征及区
域差异 [J]. 中国农业科学，39(12)：2505-2510.

许再富，陶国达，禹平华，等，1985. 元江干热河谷山地五百年来植被变迁探讨 [J]. 云
南植物研究，7(4)：403-412.

阎德仁，刘永军，王晶莹，1996. 落叶松人工林土壤肥力与微生物含量的研究 [J]. 东
北林业大学学报，24(3)：46-50.

燕腾，彭一航，王效科，等，2015. 云南省森林生态系统植被碳储量及碳密度估
算 [J]. 西部林业科学，44(5)：62-67.

杨国清，赵贵，郑日红，等，1997. 农林复合经营研究：桉树间种白灰毛豆对林木和
土壤的影响 [J]. 热带亚热带土壤科学，6(2)：71-75.

杨瑞吉，杨祁峰，牛俊义，2004. 表征土壤肥力主要指标研究进展 [J]. 甘肃农业大
学学报，39(1)：86-91.

杨树军，尤国春，肖巍，等，2015. 沙地樟子松人工林结构调整技术研究 [J]. 防护
林科技，139(4)：16-19，28.

杨万勤，王开运，宋光煜，等，2002. 金沙江干热河谷典型区生态安全问题探

析 [J]. 中国生态农业学报, 10(3)：116-118.

杨玉盛, 陈光水, 谢锦升, 等, 2002. 杉木-观光木混交林群落 N、P 养分循环的研究 [J]. 植物生态学报, 26(4)：473-480.

杨忠, 熊东红, 周红艺, 等, 2003. 干热河谷不同岩土组成坡地的降水入渗与林木生长 [J]. 中国科学 E 辑：技术科学, 33(增刊)：85-93.

杨忠, 张建平, 王道杰, 等, 2001. 元谋干热河谷桉树人工林生物量初步研究 [J]. 山地学报, 19(6)：503-510.

杨忠, 庄泽, 秦定懿, 等, 1999. 元谋干热河谷水保林营造技术研究 [J]. 水土保持通报, 19(1)：38-42.

叶厚源, 魏汉功, 1991. 金沙江干热河谷防护林营造技术试验研究 [J]. 云南林业科技(2)：43-47.

叶绍明, 郑小贤, 杨梅, 等, 2008. 尾叶桉与马占相思人工复层林生物量及生产力研究 [J]. 北京林业大学学报, 30(3)：37-43.

于海群, 刘勇, 李国雷, 等, 2008. 油松幼龄人工林土壤质量对间伐强度的响应 [J]. 水土保持通报, 28(3)：65-70.

余丽云, 舒清态, 高洁, 1997. 元谋干热河谷植被恢复造林树种的引种试验研究初报 [J]. 西南林学院学报, 17(2)：25-29.

余作岳, 彭少麟, 1997. 热带亚热带退化生态系统植被恢复生态学研究 [M]. 广州：广东科技出版社.

喻占仁, 1992. 元江河谷热区自然优势及其开发 [J]. 自然资源学报, 7(3)：235-239.

袁铁象, 张合平, 欧芷阳, 等, 2014. 地形对桂西南喀斯特山地森林地表植物多样性及分布格局的影响 [J]. 应用生态学报, 25(10)：2803-2810.

曾从盛, 钟春棋, 仝川, 等, 2008. 土地利用变化对闽江河口湿地表层土壤有机碳含量及其活性的影响 [J]. 水土保持学报, 22(5)：125-129.

曾小红, 伍建榕, 马焕成, 2008. 干热河谷豆科树种结瘤调查及其影响因子 [J]. 西北林学院学报, 23(1)：28-33.

张昌顺, 李昆, 马姜明, 等, 2006. 施肥对印楝幼林土壤酶活性的影响及其调控土壤肥力的作用 [J]. 林业科学研究, 19(6)：750-755.

张鼎华, 叶章发, 范必有, 等, 2001. 抚育间伐对人工林土壤肥力的影响 [J]. 应用生态学报, 12(5)：672-676.

张国斌, 2008. 岷江上游森林碳储量特征及动态分析 [D]. 北京：中国林业科学研究院.

张建辉, 2002. 金沙江干热河谷典型区土壤特性与植被恢复技术 [D]. 成都：成都理工大学.

张建辉, 李勇, 杨忠, 2001. 金沙江干热河谷区人工林生长与土壤母质-母岩的关系 [J]. 山地学报, 19(3)：231-236.

张建利, 柳小康, 沈蕊, 等, 2010. 金沙江流域干热河谷草地群落物种数量及多样性

特征 [J]. 生态环境学报, 19(7)：1519-1524.

张建利, 沈蕊, 施雯, 等, 2010. 金沙江流域干热河谷上中下游草地植物群落结构与相似性 [J]. 生态环境学报, 19(6)：1272-1277.

张建平, 张信宝, 杨忠, 等, 2001. 云南元谋干热河谷生态环境退化及恢复重建试验研究 [J]. 西南师范大学学报(自然科学版), 26(6)：733-739.

张鹏, 李新荣, 贾荣亮, 等, 2011. 沙坡头地区生物土壤结皮的固氮活性及其对水热因子的响应 [J]. 植物生态学报, 35(9)：906-913.

张萍, 2009. 北京森林碳储量研究 [D]. 北京：北京林业大学.

张荣, 余飞燕, 周润惠, 等, 2020. 坡向和坡位对四川夹金山灌丛群落结构与物种多样性特征的影响 [J]. 应用生态学报, 31(8)：2507-2514.

张荣祖, 1992. 横断山区干旱河谷 [M]. 北京：科学出版社.

张小全, 吴可红, 2001. 森林细根生产和周转研究 [J]. 林业科学, 37(3)：126-138.

张晓林, 王红华, 潘艳华, 等, 2006. 云南3个基本农田环境质量动态监测结果及分析 [J]. 西南农业学报, 19 (4)：616-620.

张信宝, 安芷生, 陈玉德, 1998. 半干旱区植被恢复与岩土性质 [J]. 地理学报, 53 (增刊)：134-140.

张信宝, 杨忠, 张建平, 2003. 元谋干热河谷坡地岩土类型与植被恢复分区 [J]. 林业科学, 39(4)：16-22.

张彦东, 沈有信, 白尚斌, 等, 2001. 混交条件下水曲柳落叶松根系的生长与分布 [J]. 林业科学, 37(5)：16-23.

张彦东, 孙志虎, 沈有信, 2005. 施肥对金沙江干热河谷退化草地土壤微生物的影响 [J]. 水土保持学报, 19(2)：88-91.

张燕平, 赖永祺, 彭兴民, 等, 2002. 印楝的世界地理分布与引种栽培概况 [J]. 林业调查规划, 27(3)：98-101.

张友民, 杨允菲, 王立军, 2006. 三江平原沼泽湿地芦苇种群生产与分配的季节动态 [J]. 中国草地学报, 28(4)：1-5.

张治军, 唐芳林, 周红斌, 等, 2011. 云南省森林生态系统服务功能及其价值评估 [J]. 林业建设(4)：3-9.

章家恩, 2007. 生态学常用实验研究方法与技术 [M]. 北京：化学工业出版社.

赵彬彬, 牛克昌, 杜国桢, 2009. 放牧对青藏高原东缘高寒草甸群落27种植物地上生物量分配的影响 [J]. 生态学报, 29(3)：1596-1606.

赵俊臣, 杨焕宗, 1992. 干热河谷经济学初探 [D]. 香港：中国经济文化出版社.

赵林, 殷鸣放, 陈晓非, 等, 2008. 森林碳汇研究的计量方法及研究现状综述 [J]. 西北林学院学报, 23(1)：59-63.

赵琳, 郎南军, 郑科, 等, 2009. 云南干热河谷退化生态系统植被恢复影响因子的特征分析 [J]. 西部林业科学, 38(3)：39-44.

赵世伟, 卢璐, 刘娜娜, 等, 2006. 子午岭林区生态系统转换对土壤有机碳特征的影响 [J]. 西北植物学报, 26(5)：1030-1035.

赵之伟, 任立成, 李涛, 等, 2003. 金沙江干热河谷(元谋段)的丛枝菌根 [J]. 云南植物研究, 25(2): 199-204.

中国生态系统研究网络科学委员会, 2007. 陆地生态系统土壤观测规范 [M]. 北京: 中国环境科学出版社.

周国模, 2006. 毛竹林生态系统中碳储量、固定及其分配与分布的研究 [D]. 杭州: 浙江大学.

周丽霞, 蚁伟民, 丁明懋, 等, 2003. 广东省豆科植物结瘤固氮及根瘤菌资源的初步研究 [J]. 生物多样性, 11(4): 309-321.

周麟, 1996. 云南省元谋干热河谷的第四纪植被演替 [J]. 山地研究, 14(4): 239-343.

周麟, 1998. 云南元谋干热河谷植被恢复初探 [J]. 西北植物学报, 18(3): 450-456.

周萍, 刘国彬, 侯喜禄, 2009. 黄土丘陵区不同坡向及坡位草本群落生物量及多样性研究 [J]. 中国水土保持科学, 7(1): 67-73.

周跃, 1987. 元谋干热河谷植被的生态及其成因 [J]. 生态学杂志, 6(5): 39-43.

周跃, 金振洲, 1987. 元谋干热河谷植被的类型研究 [J]. 云南植物研究, 9(4): 417-426.

朱俊杰, 曹坤芳, 2008. 元江干热河谷毛枝青冈和三叶漆抗氧化系统季节变化 [J]. 植物生态学报, 32(5): 985-993.

朱喜, 何志斌, 杜军, 等, 2015. 间伐对祁连山青海云杉人工林土壤水分的影响 [J]. 林业科学研究, 28(1): 55-60.

宗亦臣, 郑勇奇, 张川红, 等, 2007. 元谋干热河谷地区新银合欢天然更新的初步调查 [J]. 生态学杂志, 26(1): 135-138.

邹碧, 李志安, 丁永祯, 等, 2006. 南亚热带4种人工林凋落物动态特征 [J]. 生态学报, 26(3): 715-720.

ABAKER W E, BERNINGER F, SAIZ G, et al., 2016. Contribution of *Acacia senegal* to biomass and soil carbon in plantations of varying age in Sudan [J]. Forest Ecology and Management, 368: 71-80.

ACTON P, FOX J, CAMPBELL E, et al., 2014. Carbon isotopes for estimating soil decomposition and physical mixing in well-drained forest soils [J]. Journal of Geophysical Research Biogeosciences, 118(4): 1532-1545.

ANDERSON T H, DOMSCH K H, 1993. The metabolic quotient for CO_2 (qCO_2) as a specific activity parameter to assess the effects of environmental conditions, such as pH, on the microbial biomass of forest soils [J]. Soil Biology and Biochemistry, 25(3): 393-395.

ANTOLIN M C, MURO I, SANCHEZ-DIAZ M, 2010. Application of sewage sludge improves growth, photosynthesis and antioxidant activities of nodulated alfalfa plants under drought condition [J]. Environmental and Experimental Botany, 68(1): 75-82.

AULD T D, O'CONNELL M A, 1991. Predicting patterns of post-fire germination in 35 eastern Australian Favaceae [J]. Australian Journal of Ecology, 16: 53-70.

AUSLANDER M, NEVO E, INBAR M, 2003. The effects of slope orientation on plant growth, developmental instability and susceptibility to herbivores [J]. Journal of Arid Environment, 55(3): 405-416.

BARUCH Z, 1984. Ordination and classification of vegetation along an altitudinal gradient in the Venezuelan páramos [J]. Vegetation, 55: 115-126.

BASHAN Y, SALAZAR B G, MORENO M, et al., 2012. Restoration of eroded soil in the Sonoran Desert with native leguminous trees using plant growth-promoting microorganisms and limited amounts of compost and water [J]. Journal of Environmental Management, 102: 26-36.

BELAY-TEDLA A, ZHOU X H, SU B, et al., 2009. Labile, recalcitrant, and microbial carbon and nitrogen pools of a tallgrass prairie soil in the US Great Plains subjected to experimental warming and clipping [J]. Soil Biology and Biochemistry, 41: 110-116.

BERNAL B, MCKINLEY D C, HUNGATE B A, et al., 2016. Limits to soil carbon stability: deep, ancient soil carbon decomposition stimulated by new labile organic inputs [J]. Soil Biology and Biochemistry, 98: 85-94.

BILLINGS S A, 2006. Soil organic matter dynamics and land use change at a grassland/forest ecotone [J]. Soil Biology and Biochemistry, 38(9): 2934-2943.

BINKLEY D, 2005. How nitrogen-fixing trees change soil carbon [C]//BINKLEY D, MENYAILO O. Tree species effcets on soils: implication for global change: 155-164.

BINKLEY D, DUNKIN K A, DEBELL D, et al., 1992. Production and nutrient cycling in mixed plantations of *Eucalyptus* and *Albizia* in Hawaii [J]. Forest Science, 38: 393-408.

BINKLEY D, SENOCK R, BIRD S, et al., 2003. Twenty years of stand development in pure and mixed stands of *Eucalyptus saligna* and nitrogen-fixing *Facaltaria moluccana* [J]. Forest Ecology and Management, 182: 93-102.

BIRCH J C, NEWTON A C, AQUINO C A, et al., 2010. Cost-effectiveness of dryland forest restoration evaluated by spatial analysis of ecosystem services [J]. Proceedings of the National Academy of Sciences of the United States of America, 107 (50): 21925-21930.

BLAIR G J, LEFROY R D B, LISLE L, 1995. Soil carbon fractions based on their degree of oxidation, and the development of a carbon management index for agricultural systems [J]. Australian Journal of Agricultural Research, 46(7): 1459-1466.

BLUNIER T, CHAPPELLAZ J, SEHWANDER J, et al., 1995. Variations in atmospheric methane concentration during the Holocene epoch [J]. Nature, 374: 46-49.

BONGIORNO G, BÜNEMANN E K, OGUEJIOFOR C U, et al., 2019. Sensitivity of labile carbon fractions to tillage and organic matter management and their potential as comprehensive soil quality indicators across pedoclimatic conditions in Europe [J]. Ecological Indicators, 99: 38-50.

BOUILLET J P, LACLAU J P, GONCALVES J L M, et al., 2008. Mixed-species plantations of *Acacia mangium* and *Eucalyptus grandis* in Brazil: 2: nitrogen accumulation in the stands and biological N₂ fixation [J]. Forest Ecology and Management, 255 (12): 3918-3930.

BOUILLET J P, LACLAU J P, GONÇALVES J L M, et al., 2013. *Eucalyptus* and *Acacia* tree growth over entire rotation in single-and mixed-species plantations across five sites in Brazil and Congo [J]. Forest Ecology and Management, 301: 89-101.

BRAY J R, CURTIS J T, 1957. An ordination of the upland forest communities of southern Wisconsin [J]. Ecological Monograph, 27(4): 325-349.

BRISTOW M, VANCLAY J K, BROOKS L, et al., 2006. Growth and species interactions of *Eucalyptus pellita* in a mixed and monoculture plantation in the humid tropics of north Queensland [J]. Forest Ecology and Management, 233: 285-294.

BROWN S, LUGO A E, 1982. The storage and production of organic matter in tropical forests and their role in the global carbon cycle [J]. Biotropica, 14(3): 161-187.

CAO Y, ZHANG P, CHEN Y M, 2018. Soil C : N : P stoichiometry in plantations of N-fixing black locust and indigenous pine, and secondary oak forests in Northwest China [J]. Journal of Soils and Sediments, 18(4): 1478-1489.

CHADOEUF H R, TAYLORSON R B, 1985. Enhanced phylocrome sensitivity and its reversal in *Amaranthus abbus* seeds [J]. Plant Physiology, 78: 228-231.

CHAPMAN K, WHITTAKER J B, HEAL O W, 1988. Metabolic and faunal activity in litters of tree mixtures compared with pure stands [J]. Agriculture, Ecosystem and Environment, 24(1-3): 33-40.

CHEN X L, CHEN H Y H, CHEN X, et al., 2016. Soil labile organic carbon and carbon-cycle enzyme activities under different thinning intensities in Chinese fir plantations [J]. Applied Soil Ecology, 107: 162-169.

CHENG X L, CHEN J Q, LUO Y Q, et al., 2008. Assessing the effects of short-term *Spartina alterniflora* invasion on labile and recalcitrant C and N pools by means of soil fractionation and stable C and N isotopes [J]. Geoderma, 145(3-4): 177-184.

CHENG X, LUO Y, XU X, et al., 2011. Soil organic matter dynamics in a North America tallgrass prairie after 9 yr of experimental warming [J]. Biogeosciences, 8 (6): 1487-1498.

CHOW A T, TANJI K K, GAO S D, et al., 2006. Temperature, water content and wet-dry cycle effects on DOC production and carbon mineralization in agricultural peat soils [J]. Soil Biology and Biochemistry, 38: 477-488.

CHRISTENSEN B T, 1992. Physical fractionation of soil and organic matter in primary particle size and density separates [J]. Advanced Soil Science, 20: 1-90.

COQ S, SOUQUET J, MEUDEC E, et al., 2010. Interspecific variation in leaf litter tannins drives decomposition in a tropical rain forest of French Guiana [J]. Ecology, 91: 2080-2091.

COTÉ B, BÉLANGER N, COURCHESNE F, et al., 2003. A cyclical but asynchronous pattern of fine root and woody biomass production in a hardwood forest of southern Quebec and its relationships with annual variation of temperature and nutrient availability [J]. Plant and Soil, 250: 49-57.

CÉCILLON L, DEMELLO N A, DEDANIELI S, et al., 2010. Soil macroaggregate dynamics in a mountain spatial climate gradient [J]. Biogeochemistry, 97(1): 31-43.

DANQUAH J A, APPIAH M, PAPPINEN A, 2012. Effect of African mahogany species on soil chemical properties in degraded dry semi – deciduous forest ecosystems in Ghana [J]. International Journal of Agriculture and Biology, 14(3): 321-328.

DEBELL D S, KEYES C, GARTNER B L, 2001. Wood density of *Eucalyptus saligna* grown in Hawaiian plantations: effects of silvicultural practices and relation to growth rate [J]. Austrian Forest, 64: 106-110.

DENG L, WANG K B, TANG Z S, et al., 2016. Soil organic carbon dynamics following natural vegetation restoration: evidence from stable carbon isotopes (δ^{13}C) [J]. Agriculture, Ecosystems and Environment, 221: 235-244.

DETWILER R P, HALL C A S, 1988. Tropical forests and the global carbon cycle [J]. Science, 239(4835): 42-47.

DIGNAC M F, KGEL–KNABNER I, MICHEL K, et al., 2002. Chemistry of soil organic matter as related to C : N in Norway spruce forest floors and mineral soils [J]. Journal of Plant Nutrition and Soil Science, 165: 281-289.

DIXON R K, HOUSHTON R A, 1994. Carbon pools and flux of global forest ecosystems [J]. Science, 263: 185-190.

DOBSON A P, BRADSHAW A D, BAKER A J M, 1997. Hopes for the future: restoration ecology and conservation biology [J]. Science, 277(5325): 515-522.

D'ANNUNZIO R, ZELLER B, NICOLAS M, et al., 2008. Decomposition of European beech (*Fagus sylvatica*) litter: combining quality theory and ^{15}N labelling experiments [J]. Soil Biology and Biochemistry, 40: 322-333.

ENQUIST B J, NIKLAS K J, 2002. Global allocation rules for patterns of biomass partitioning in seed plants [J]. Science, 295: 1517-1520.

EVINER V T, HAWKES C V, 2008. Embracing variability in the application of plant–soil interactions to the restoration of communities and ecosystems [J]. Restoration Ecology, 16(4): 713-729.

FANG J Y, CHEN A P, PENG C H, et al., 2001. Changes in forest biomass carbon storage in China between 1949 and 1998 [J]. Science, 292(5525): 2320-2322.

FENSHAM R J, FAIRFAX R J, BUTLER D W, et al., 2003. Effects of fire and drought in a tropical eucalypt savanna colonized by rain forest [J]. Journal of Biogeography, 30 (9): 1405-1414.

FORRESTER D I, BAUHUS J, COWIE A L, 2005. Nutrient cycling in a mixed-species plantation of *Eucalyptus globulus* and *Acacia mearnsii* [J]. Canadian Journal of Forest Research, 35: 2942-2950.

FORRESTER D I, BAUHUS J, COWIE A L, et al., 2006. Mixed-species plantations of *Eucalyptus* with nitrogen-fixing trees: a review [J]. Forest Ecology and Management, 233: 211-230.

FORRESTER D I, SCHORTEMEYER M, STOCK W D, et al., 2007. Assessing nitrogen fixation in mixed-and single-species plantations of *Eucalyptus globulus* and *Acacia mearnsii* [J]. Tree Physiology, 23: 1319-1328.

FREEMAN J E, JOSE S, 2009. The role of herbicide in savanna restoration: effects of shrub reduction treatments on the understory and overstory of a longleaf pine flatwoods [J]. Forest Ecology and Management, 257(3): 978-986.

GALE M R, GRIGAL D E, 1987. Vertical root distributions of northern tree species in relation to successional status [J]. Canadian Journal of Forest Research, 17: 829-834.

GARCÍA-PALACIOS P, BOWKER M A, MAESTRE F T, et al., 2011. Ecosystem development in roadside grassland: biotic control, plant-soil interactions, and dispersal limitations [J]. Ecology Applications, 21(7): 2806-2821.

GARTEN C T, 2006. Relationships among forest soil C isotopic composition, partitioning, and turnover times [J]. Canadian Journal of Forest Research, 36(9): 2157-2167.

GARTZIA-BENGOETXEA N, KANDELER E, DE ARANO I M, et al., 2016. Soil microbial functional activity is governed by a combination of tree species composition and soil properties in temperate forests [J]. Applied Soil Ecology, 100: 57-64.

GAUTAM M K, LEE K S, SONG B Y, et al., 2017. Site related δ^{13}C of vegetation and soil organic carbon in a cool temperate region [J]. Plant and Soil, 418(1-2): 293-306.

GEORGE E, SEITH B, SCHAEFFER C, et al., 1997. Responses of *Picea*, *Pinus* and *Pseudotsuga* roots to heterogeneous nutrient distribution in soil [J]. Tree Physiology, 17: 39-45.

GIAI C, BOERNER R E J, 2007. Effects of ecological restoration on microbial activity, microbial functional diversity, and soil organic matter in mixed-oak forests of southern Ohio, USA [J]. Applied Soil Ecology, 35(2): 281-290.

GOLL D S, BROVKIN V, PARIDA B R, et al., 2012. Nutrient limitation reduces land carbon uptake in simulations with a model of combined carbon, nitrogen and phosphorus cycling [J]. Biogeosciences, 9(9): 3547-3569.

GONÇALVES J L M, ALVARES C A, HIGA A R, et al., 2013. Integrating genetic and silvicultural strategies to minimize abiotic and biotic constraints in Brazilian eucalypt plantations [J]. Forest Ecology and Management, 301: 6-27.

GONÇALVES J L M, STAPE J L, LACLAU J, et al., 2004. Silvicultural effects on the productivity and wood quality of eucalypt plantations [J]. Forest Ecology and Management, 193: 45-61.

GRACE J, RAYMENT M, 2000. Respiration in balance [J]. Nature, 404 (6780): 819-820.

GRAHAM C H, FINE P V A, 2010. Phylogenetic beta diversity: linking ecological and evolutionary processes across space in time [J]. Ecology Letter, 11(12): 1265-1277.

GRANT J C, NICHOLS J D, YAO L, et al., 2012. Depth distribution of roots of *Eucalyptus dunnii* and *Corymbia citriodora* subsp. *variegata* in different soil conditions [J]. Forest Ecology and Management, 269: 249-258.

HAMMOND R A, HUDSON M D, 2007. Environmental management of UK golf courses for biodiversity: attitudes and actions [J]. Landscape and Urban Planning, 83(2-3): 127-136.

HANSON P J, EDWARWS N T, GARTEN C T, 2000. Separating root and soil microbial contributions to soil respiration: a review of methods and observations [J]. Biogeochemistry, 48(1): 115-146.

HARDY R W F, BURNS R C, HOLSTEN R D, 1973. Applications of the acetylene-ethylene assay for measurement of nitrogen fixation [J]. Soil Biology and Biochemistry, 5(1): 47-81.

HARMON M E, FERRELL W K, FRANKLIN J F, 1990. Effects on carbon storage of conversion of old-growth forests to young forests [J]. Science, 247: 699-702.

HAYNES R J, 2000. Labile organic matter as an indicator of organic matter quality in arable and pastoral soils in New Zealand [J]. Soil Biology and Biochemistry, 32(2): 211-219.

HAYNES R J, 2005. Labile organic matter fractions as central components of the quality of agricultural soils: an overview [J]. Advances in Agronomy, 85: 221-268.

HE Z L, WU J, O'DONNAL D S, et al., 1997. Seasonal response in microbial biomass carbon, phosphorus and sulphur in soils under pasture [J]. Biology and Fertility of Soils, 24(4): 421-428.

HILL B H, ELONEN C M, HERLIHY A T, et al., 2018. Microbial ecoenzyme stoichiometry, nutrient limitation, and organic matter decomposition in wetlands of the conterminous United States [J]. Wetlands Ecology and Management, 26(3): 425-439.

HOU Y H, HE K Y, CHEN Y, et al., 2021. Changes of soil organic matter stability along altitudinal gradients in Tibetan alpine grassland [J]. Plant and Soil, 458(1-2): 21-40.

HOUGHTON R A, 1995. Land-use change and the carbon cycle [J]. Global Change Biology, 1(4): 275-287.

HUANG Y, SUN W J, 2006. Changes in topsoil organic carbon of croplands in mainland China over the last two decades [J]. Chinese Science Bulletin, 51(15): 1785-1803.

HUSTON M A, 1999. Local processes and regional patterns: appropriate scales for understanding variation in the diversity of plants and animals [J]. Oikos, 86(3): 393-401.

IPCC, 2001. Climate Change 2001: The Scientific Basis. Contribution of Working Group I to the Third Assessment Report of the IPCC [M]. Cambridge: Cambridge University Press.

JACKSON R B, CANADELL J, EHLERINGER J R, et al., 1996. A global analysis of root distributions for terrestrial biomes [J]. Oecologia, 108: 389-411.

JANZEN H H, 2006. The soil carbon dilemma: Shall we hoard it or use it? [J]. Soil Biology and Biochemistry, 38: 419-424.

JANZEN H H, CAMPBELL C A, BRANDT S A, et al., 1992. Light-fraction organic matter in soils from long-term crop rotations [J]. Soil Science Society of America Journal, 56(6): 1799-1806.

JIA L M, 1998. The review of mixtures of nitrogen-fixing and non-nitrogen-fixing tree species [J]. World Forestry Research, 11(1): 20-26.

JIANG R, GUNINA A, QU D, et al., 2019. Afforestation of loess soils: old and new organic carbon in aggregates and density fractions [J]. Catena, 177: 49-56.

JOHNSON D W, 1993. Atmospheric deposition, forest nutrient status and forest decline: implications of the integrated forest study [M]. Berlin: Springer Verlag: 66-88.

JUAN A B, IMBERT J B, FEDERICO J C, 2009. Thinning affects nutrient resorption and nutrient-use efficiency in two *Pinus sylvestris* stands in the Pyrenees [J]. Ecological Applications, 19(3): 682-698.

JUICE S M, FAHEY T J, SICCAMA T G, et al., 2006. Response of sugar maple to calcium addition to northern hardwood forest [J]. Ecology, 87: 1267-1280.

KINDLER R, SIEMENS J, KAISER K, et al., 2011. Dissolved carbon leaching from soil is a crucial component of the net ecosystem carbon balance [J]. Global Change Biology, 17(2): 1167-1185.

LACLAU J, NOUVELLON Y, REINE C, et al., 2013. Mixing *Eucalyptus* and *Acacia* trees leads to fine root over-yielding and vertical segregation between species [J]. Oecologia, 172: 903-913.

LACLAU J, RANGER J, GONÇALVES J L M, et al., 2010. Biogeochemical cycles of nutrients in tropical *Eucalyptus* plantations: main features shown by intensive monitoring in Congo and Brazil [J]. Forest Ecology and Management, 259: 1771-1785.

LAIK R, KUMAR K, DAS D K, et al., 2009. Labile soil organic matter pools in a calciorthent after 18 years of afforestation by different plantations [J]. Applied Soil

Ecology, 42: 71-78.

LAL R, 2004. Soil carbon sequestration impacts on global climate change and food security [J]. Science, 304: 1623-1627.

LAL R, 2005. Forest soils and carbon sequestration [J]. Forest Ecology and Management, 220: 242-258.

LAMB D, ERSKINE P D, PARROTTA J A, 2005. Restoration of degraded tropical forest landscapes [J]. Science, 310(5754): 1628-1632.

LARNEY F J, ANGERS D A, 2012. The role of organic amendments in soil reclamation: a review [J]. Canadian Journal of Soil Science, 92(1): 19-38.

LAURENT A, CARLO B, PIERS R F, et al., 2004. Eight glacial cycles from an Antarctic ice core [J]. Nature, 429: 623-625.

LAVALLEE J M, SOONG J L, COTRUFO M F, 2020. Conceptualizing soil organic matter into particulate and mineral – associated forms to address global change in the 21st century [J]. Global Change Biology, 26(1): 261-273.

LEFROY R D, BLAIR G J, STRONG W M, 1993. Changes in soil organic matter with cropping as measured by organic carbon fractions and ^{13}C natural isotope abundance [J]. Plant and Soil, 155-156: 399-402.

LEVINE J M, 2000. Species diversity and biological invasions: relating local process to community pattern [J]. Science, 288: 852-854.

LI D J, NIU S L, LUO Y Q, 2012. Global patterns of the dynamics of soil carbon and nitrogen stocks following afforestation: a meta-analysis [J]. New Phytologist, 195(1): 172-181.

LI Y Q, XU M, ZOU X M, et al., 2005. Comparing soil organic carbon dynamics in plantation and secondary forest in wet tropics in Puerto Rico [J]. Global Change Biology, 2005, 11(2): 239-248.

LI Y Y, SHAO M A, 2006. Change of soil physical properties under long-term natural vegetation restoration in the Loess Plateau of China [J]. Journal of Arid Environment, 64(1): 77-96.

LIAO C Z, PENG R H, LUO Y Q, et al., 2008. Altered ecosystem carbon and nitrogen cycles by plant invasion: a meta-analysis [J]. New phytologist, 177(3): 706-714.

LITTON C M, RAICH J W, RYAN M G, 2007. Carbon allocation in forest ecosystems [J]. Global Change Biology, 13: 2089-2109.

LIU D, HUANG Y M, SUN H Y, et al., 2018. The restoration age of Robinia pseudoacacia plantation impacts soil microbial biomass and microbial community structure in the Loess Plateau [J]. Catena, 165: 192-200.

LIU F, WANG X, CHI Q, et al., 2021. Spatial variations in soil organic carbon, nitrogen, phosphorus contents and controlling factors across the "Three Rivers" regions of southwest China [J]. Science of the Total Environment, 794: 148795.

LIU W F, FAN H B, XIE Y S, et al., 2008. Nutrient accumulation and distribution in a Masson pine stand in northwestern Fujian [J]. Forest Ecology and Environment, 17 (2): 708-712.

LIU X, YANG T, WANG Q, et al., 2017. Dynamics of soil carbon and nitrogen stocks after afforestation in arid and semi-arid regions: a meta-analysis [J]. Science of the Total Environment, 618: 1658-1664.

LLOYD J, BIRD M I, VELLEN L, et al., 2008. Contributions of woody and herbaceous vegetation to tropical savanna ecosystem productivity: a quasi-global estimate [J]. Tree Physiology, 28(3): 451-468.

LU Y C, 2009. Nursing China's ailing forests back to health [J]. Science, 325: 556-558.

LURLINE E M, RAYMOND B, DYREMPLE B M, et al., 2006. Temperature effects on *Bradyrhizobium* spp. growth and symbiotic effectiveness with pigeonpea and cowpea [J]. Journal of Plant Nutrition, 29(2): 331-346.

MA J Y, SUN W, LIU X N, et al., 2012. Variation in the stable carbon and nitrogen isotope composition of plants and soil along a precipitation gradient in northern China [J]. PLoS ONE, 7(12): e51894.

MAIZE N, WATANABE A, KIMURA M, 2004. Chemical characteristics and potential source of fulvic acids leached from the plow layer of paddy soil [J]. Geoderma, 120: 309-323.

MARIN-SPIOTTA E, SILVER W L, SWANSTON C W, et al., 2009. Soil organic matter dynamics during 80 years of reforestation of tropical pastures [J]. Global Change Biology, 15(6): 1584-1597.

MARK W, 1992. A leaf-height-seed (LHS) plant ecology strategy scheme [J]. Plant Soil, 199(2): 213-227.

MONTÈS N, BERTAUDIÈRE-MONTES V, BADRI W, et al., 2002. Biomass and nutrient content of a semi-arid mountain ecosystem: the *Juniperus thurifera* L. woodland of Azzaden Valley (Morocco) [J]. Forest Ecology and Management, 166: 35-43.

MUROZ C, MONREAL C M, SCHNITZER M, et al., 2008. Influence of *Acacia caven* (Mol) coverage on carbon distribution and its chemical composition in soil organic carbon fractions in a Mediterranean-type climate region [J]. Geoderma, 144: 352-360.

MYNENNI R B, DONG J, TUCKER C J, et al., 2001. A large carbon sink in the woody biomass of northern forests [J]. Proceedings of the National Academy of Sciences of the United States of America, 98(26): 14784-14789.

NICHOLS J D, BRISTOW M, VANCLAY J K, et al., 2006. Mixed species plantations: prospects and challenges [J]. Forest Ecology and Management, 233: 383-390.

NIU X Z, DUIKER S W, 2006. Carbon sequestration potential by afforestation of marginal agricultural land in the midwestern U. S. [J]. Forest Ecology and Management, 223 (1-3): 415-427.

NOUVELLON Y, LACLAU J, EPRON D, et al., 2012. Production and carbon allocation in monocultures and mixedspecies plantations of *Eucalyptus grandis* and *Acacia mangium* in Brazil [J]. Tree physiology, 32: 680-695.

NOVARA A, GRISTINA L, MANTIA T L, et al., 2013. Carbon dynamics of soil organic matter in bulk soil and aggregate fraction during secondary succession in a Mediterranean environment [J]. Geoderma, 193: 213-221.

PACALA S W, HURTT G C, BAKER D, et al., 2001. Consistent land and atmosphere-based U. S. carbon sink estimates [J]. Science, 292(5525): 2316-2320.

PANG D B, CUI M, LIU Y G, et al., 2019. Responses of soil labile organic carbon fractions and stocks to different vegetation restoration strategies in degraded karst ecosystems of southwest China [J]. Ecological Engineering, 138: 391-402.

PARROTTA J A, 1999. Productivity, nutrient cycling, and succession in single - and mixed-species plantations of *Casuarina equisetifolia*, *Eucalyptus robusta*, and *Leucaena leucocephala* in Puerto Rica [J]. Forest Ecology and Management, 124: 45-77.

PAUL K, POLGLASE P, NYAKUENGAMA J, et al., 2002. Change in soil carbon following afforestation [J]. Forest Ecology and Management, 168(1-3): 241-257.

PEH K S H, SONKÉ B, TAEDOUNG H, et al., 2012. Investigating diversity dependence of tropical forest litter decomposition: experiments and observations from Central Africa [J]. Journal of Vegetation Science, 23: 223-235.

PENG S L, CHEN A Q, FANG H D, et al., 2013. Effects of vegetation restoration types on soil quality in Yuanmou dry-hot valley, China [J]. Soil Science and Plant Nutrition, 59(3): 347-360.

PHILLIPS O L, MALHI Y, HIGUCHI N, et al., 1998. Changes in the carbon balance of tropical forests: evidence from long-term plots [J]. Science, 282(5388): 439-442.

RAICH J W, SCHLESINGER W H, 1992. The global carbon dioxide flux in soil respiration and its relationship to vegetation and climate [J]. Tellus, 44(2): 81-99.

RAVINDRANATH N H, OSTWALD M, 2009. 林业碳汇计量 [M]. 李怒云, 吕佳, 编译. 北京: 中国林业出版社.

RESH S C, BINKLEY D, PARROTTA J A, 2002. Greater soil carbon sequestration under nitrogen - fixing trees compared with *Eucalyptus* species [J]. Ecosystems, 5(3): 217-231.

RICHARDS A E, DALAL R C, SCHMIDT S, 2007. Soil carbon turnover and sequestration in native subtropical tree plantations [J]. Soil Biology and Biochemistry, 39(8): 2078-2090.

ROVIRA P, VALLEJO V R, 2002. Labile and recalcitrant pools of carbon and nitrogen in organic matter decomposing at different depths in soil: an acid hydrolysis approach [J]. Geoderma, 107(1-2): 109-141.

RUIZ-JAÉN M C, AIDE T M, 2005. Vegetation structure, species diversity, and ecosystem processes as measures of restoration success [J]. Forest Ecology and Management, 218(1-3): 159-173.

SANTOS R S, OLIVEIRA F C C, FERREIRA G W D, et al., 2020. Carbon and nitrogen dynamics in soil organic matter fractions following eucalypt afforestation in southern Brazilian grasslands (Pampas) [J]. Agriculture, Ecosystems and Environment, 301: 106969-106988.

SARDANS J, PEUELAS J, 2013. Plant-soil interactions in Mediterranean forest and shrublands: impacts of climatic change [J]. Plant and Soil, 365(1-2): 1-33.

SCHOLES R J, ARCHER S R, 1997. Tree-grass interactions in savannas [J]. Annual Review of Ecology and Systematics, 28: 517-544.

SCHWINTZER C R, BERRY A M, DISNEY L D, et al., 1982. Seasonal patterns of root nodule growth, endophyte morphology, nitrogenase activity, and shoot development in *Myrica gale* [J]. Canadian Journal of Botany, 60: 746-757.

SEHINDLER D W, 1999. The mysterious missing sink [J]. Nature, 398: 105-106.

SEHULZE E, WIRTH C, HEIMANN M, 2000. Managing forests after Kyoto [J]. Science, 289(5487): 2058-2059.

SHI S W, PENG C H, WANG M, et al., 2016. A global meta-analysis of changes in soil carbon, nitrogen, phosphorus and sulfur, and stoichiometric shifts after forestation [J]. Plant and Soil, 407(1): 323-340.

SHINNEMAN D J, BAKER W L, LYON P, 2008. Ecological restoration needs derived from reference conditions for a semi-arid landscape in western Colorado, USA [J]. Journal of Arid Environment, 72(3): 207-227.

SOON Y K, ARSHAD M A, HAP A, et al., 2007. The influence of 12 years of tillage and crop rotation on total and labile organic carbon in a sandy loam soil [J]. Soil and Tillage Research, 95: 38-46.

SPARLING G, VOJVODI-VUKOVI M, SCHIPPER L A, 1998. Hot-water-soluble C as a simple measure of labile soil organic matter: the relationship with microbial biomass C [J]. Soil Biology and Biochemistry, 30(10-11): 1469-1472.

STEVEN G W, 2005. Repairing Damaged Wildlands: a Process-orientated, Landscape-scale Approach [M]. Cambridge: Cambridge University Press: 1-23.

SWANSTON C W, TORN M S, HANSON P J, et al., 2005. Initial characterization of processes of soil carbon stabilization using forest stand-level radiocarbon enrichment [J]. Geoderma, 128(1-2): 52-62.

TAN Z, LAL R, OWENS L, et al., 2007. Distribution of light and heavy fractions of soil organic carbon as related to land use and tillage practice [J]. Soil and Tillage Research, 92(1-2): 53-59.

TANG G Y, LI K, 2013. Tree species controls on soil carbon sequestration and carbon stability following 20 years of afforestation in a valley-type savanna [J]. Forest Ecology and Management, 291: 13-19.

TANG G Y, LI K, ZHANG C H, et al., 2013. Accelerated nutrient cycling *via* leaf litter, and not root interaction, increases growth of *Eucalyptus* in mixed-species plantations with *Leucaena* [J]. Forest Ecology and Management, 310: 45-53.

TANG G, LI K, 2014. Soil amelioration through afforestation and self-repair in a degraded valley-type savanna [J]. Forest Ecology and Management, 320: 13-20.

TANS P, FUNG I P, TAKAHASH I T, 1990. Observational constraints on the global atmospheric CO_2 budget [J]. Science, 247(4949): 1431-1438.

THURIES L, PANSU M, LARRE-LARROUY M C, et al., 2002. Biochemical composition and mineralization kinetics of organic inputs in a sandy soil [J]. Soil Biology and Biochemistry, 34: 239-250.

TILMAN D, 2000. Causes, consequences and ethics of biodiversity [J]. Nature, 405: 208-211.

TILMAN D, DOWNING J A, 1994. Biodiversity and stability in grasslands [J]. Nature, 367: 363-365.

TOMAR O S, MINHAS P S, SHARMA V K, et al., 2003. Performance of 31 tree species and soil conditions in a plantation established with saline irrigation [J]. Forest Ecology and Management, 177(1-3): 333-346.

TROUVE C, MARIOTTI A, SCHWARTZ D, et al., 1994. Soil organic carbon dynamics under *Eucalyptus* and *Pinus* planted on savannas in the Congo [J]. Soil Biology and Biochemisty, 26(2): 287-295.

TRUMBORE S E, CHADWICK O A, AMUNDSON R, 1996. Rapid exchange between soil carbon and atmosphere carbon dioxide driven by temperature change [J]. Science, 272: 393-396.

TURNBULL L A, CRAWLEY M J, REES M, 2000. Are plant populations seed-limited? A review of seed sowing experiments [J]. Oikos, 88: 225-238.

VON LÜTZOW M, KÖGEL-KNABNER I, EKSCHMITT K, et al., 2007. SOM fractionation methods: relevance to functional pools and to stabilization mechanisms [J]. Soil Biology and Biochemistry, 39(9): 2183-2207.

WALTER H, 1979. Vegetation of the Earth and Ecological Systems of the Geobiosphere [M]. New York: Springer-Verlag.

WANG C, HOULTON B Z, LIU D W, et al., 2018. Stable isotopic constraints on global soil organic carbon turnover [J]. Biogeosciences, 15(4): 987-995.

WANG F M, LI Z A, XIA H P, et al., 2010. Effects of nitrogen-fixing and non-nitrogen-fixing tree species on soil properties and nitrogen transformation during forest restoration in southern China [J]. Soil Science and Plant Nutrition, 56(2): 297-306.

WANG F, ZHU W, ZOU B, et al., 2013. Seedling growth and soil nutrient availability in exotic and native tree species: implications for afforestation in southern China [J]. Plant and Soil, 364: 207-218.

WANG G, WANG C Y, WANG W Y, et al., 2005. Capacity of soil to protect organic carbon and biochemical characteristics of density fractions in Ziwulin Haplic Greyxems soil [J]. Chinese Science Bulletin, 50(1): 27-32.

WANG Q K, WANG S L, 2008. Soil microbial properties and nutrients in pure and mixed Chinese fir plantations [J]. Journal of Forestry Research, 19(2): 131-135.

WANG W Y, WANG Q J, LU Z Y, 2009. Soil organic carbon and nitrogen content of density fractions and effect of meadow degradation to soil carbon and nitrogen of fractions in alpine *Kobresia* meadow [J]. Science in China Series D: Earch Sciences, 52(5): 660-668.

WANG Y, SHEN Q R, YANG Z M, et al., 1996. Size of microbial biomass in soils of China [J]. Pedosphere, 6(3): 265-272.

WARCUP J H, 1980. Effects of heat treatment of forest soil on germination of buried seed [J]. Australian Journal of Botany, 28: 567-571.

WEI X R, QIU L P, SHAO M G, et al., 2012. The accumulation of organic carbon in mineral soils by afforestation of abandoned farmland [J]. PLoS ONE, 7 (3): e32054.

WESTOBY M, 1998. A leaf-height-seed (LHS) plant ecology strategy scheme [J]. Plant and Soil, 199(2): 213-227.

WICK B, TIESSEN H, 2008. Organic matter turnover in light fraction and whole soil under silvopastoral land use in semiarid northeast Brazil [J]. Rangeland Ecology and Management, 61(3): 275-283.

WILFRED M P, JOHN P, ZINKE P J, et al., 1985. Global patterns of soil nitrogen storage [J]. Nature, 317: 613-616.

WU Z T, WU J J, LIU J H, et al., 2013. Increasing terrestrial vegetation activity of ecological restoration program in the Beijing-Tianjin sand source region of China [J]. Ecological Engineering, 52: 37-50.

XIANG Y, CHENG M, HUANG Y M, et al., 2017. Changes in soil microbial community and its effect on carbon sequestration following afforestation on the Loess Plateau, China [J]. International Journal of Environmental Research and Public Health, 14(8): 948.

XIONG X, LIU J X, ZHOU G Y, et al., 2021. Reduced turnover rate of topsoil organic carbon in old-growth forests: a case study in subtropical China [J]. Forest Ecosystems, 8(1): 58.

XU H W, QU Q, WANG M G, et al., 2020. Soil organic carbon sequestration and its stability after vegetation restoration in the Loess Hilly Region, China [J]. Land Degradation and Development, 31(5): 568-580.

YANG X, WANG D, LAN Y, et al., 2018. Labile organic carbon fractions and carbon pool management index in a 3-year field study with biochar amendment [J]. Journal of Soils and Sediments, 18(4): 1569-1578.

YANG Y S, GUO J F, CHEN G S, et al., 2005. Carbon and nitrogen pools in Chinese fir and evergreen broadleaved forests and changes associated with felling and burning in midsubtropical China [J]. Forest Ecology and Management, 216: 216-226.

YANG Z, ZHANG J H, XU J Z, et al., 2000. Growth responses of *Eucalyptus Camaldulensis* Dehuh artificial population to slopes in arid-hot valleys, Yuanmou, Yunnan [J]. Journal of Soil and Water Conservation, 14 (5): 1-6, 34.

YU D S, SHI X Z, WANG H J, et al., 2007. Regional patterns of soil organic carbon stocks in China [J]. Journal of Environmental Management, 85(3): 680-689.

YUAN Z Y, LI L H, HAN X G, et al., 2005. Nitrogen resorption from senescing leaves in 28 plant species in a semi-arid region of northern China [J]. Journal of Arid Environments, 63: 191-202.

ZHANG F, DASHTI N, HYNES R K, et al., 1996. Plant growth promoting rhizobacteria and soybean [*Glycine max* (L.) Merr.] nodulation and nitrogen fixation at suboptimal root zone temperatures [J]. Annals of Botany, 77(5): 453-459.

ZHANG H, GUAN D S, SONG M W, 2012. Biomass and carbon storage of *Eucalyptus* and *Acacia* plantations in the Pearl River Delta, south China [J]. Forest Ecology and Management, 277: 90-97.

ZHANG Y J, GUO S L, LIU Q F, et al., 2015. Responses of soil respiration to land use conversions in degraded ecosystem of the semi-arid Loess Plateau [J]. Ecological Engineering, 74: 196-205.

ZHANG Y, CAO C Y, HAN X S, et al., 2013. Soil nutrient and microbiological property recoveries *via* native shrub and semi-shrub plantations on moving sand dunes in northeast China [J]. Ecological Engineering, 53: 1-5.

ZHANG Y, WEI Z C, LI H T, et al., 2017. Biochemical quality and accumulation of soil organic matter in an age sequence of *Cunninghamia lanceolata* plantations in southern China [J]. Journal of Soils and Sediments, 17(9): 2218-2229.

ZHAO M X, ZHOU J B, KALBITZ K, 2008. Carbon mineralization and properties of water-extractable organic carbon in soils of the south Loess Plateau in China [J]. European Journal of Soil Biology, 44: 158-165.

ZHU Y M, LU X X, ZHOU Y, 2008. Sediment flux sensitivity to climate change: a case study in the Longchuanjiang catchment of the upper Yangtze River, China [J]. Global and Planetary Change, 60(3-4): 429-442.

ZOBEL M, OTSUS M, LIIRA J, et al., 2000. Is small-scale species richness limited by seed availability or microsite availability? [J]. Ecology, 81: 3274-3282.